Andreas Wagner

Zwischen Reben und Rüben

Andreas Wagner

Zwischen Reben und Rüben

Eine Geschichte von Trauben, Wein und fünf Generationen

WALLSTEIN VERLAG

Meinen Eltern

Bibliografische Information der Deutschen Nationalbibliothek
Die Deutsche Nationalbibliothek verzeichnet diese Publikation in der Deutschen Nationalbibliografie; detaillierte bibliografische Daten sind im Internet über http://dnb.d-nb.de abrufbar.

www.wallstein-verlag.de
Geiststr. 11, 37073 Göttingen
www. wallstein-verlag.de
info@wallstein-verlag.de
Vom Verlag gesetzt aus der Stempel Garamond
Umschlaggestaltung: Eva Mutter (evamutter.com)
Umschlagfoto: Vesper bei der Weinlese 1963 (Foto: Privat)
Druck und Verarbeitung: Pustet, Regensburg
978-3-8353-5822-5

Inhalt

Wandlungen

Das Grab ist tief und stille
Und schauderhaft sein Rand
Es deckt mit finstrer Hülle
Ein unbekanntes Land.

Das Lied der Nachtigallen
Tönt nicht in seinem Schoß;
Nur Frühlingsblüten fallen
Hier auf des Hügels Moos.

Verlaßne Theure ringen
Auf ihm die Hände wund;
Doch ihre Klagen dringen
Nicht in der Tiefe Grund

Doch sonst an keinem Orte
Wohnt die ersehnte Ruh
Nur durch die dunkle Pforte
Geht man der Heimat zu.

Lieb Kind dich hat hienieden
Schon mancher Sturm bewegt,
Dein armes Herz hat Frieden
Jetzt, weil es nicht mehr schlägt.

Mit diesem von ihm abgewandelten und an die eigene Lebenssituation angepassten Gedicht beendete Peter Strub im Jahr 1868 das Handbuch, das sein Vater Lorenz 1812 begonnen hatte[1]. Beide Strubs, Vater und Sohn, schrieben eifrig und ausführlich in der arbeitsärmeren Winterzeit über ihre Beobachtungen des abgelaufenen Jahres. Als Landwirte und Weinbauern notierten sie die wichtigsten, ihre Arbeit auf den Feldern und in den Weinbergen beeinflussenden Ereignisse. Sie lobten und kritisierten die Erträge und vor allem die Qualität ihrer Getreide- wie auch ihrer Weinernten. Ein üppiger, dünner Jahrgang wie der 1833er erhielt dann schon mal den Spitznamen »Wassermann«, während sein von Trockenheit geprägter karger Vorgänger als »Knochen« tituliert wurde.

Darüber hinaus waren beide interessierte Beobachter der politischen Entwicklungen im Großherzogtum Hessen und in den europäischen Nachbarländern. Sie hingen den Ideen des Vormärz an, die im deutschen Südwesten auch auf den Dörfern verbreitet waren. Lorenz Strubs Bruder war von 1806 an im Heer Napoleons gewesen. Er wird von den neuen freiheitlichen Errungenschaften berichtet haben, ebenso wie von den Leiden der Feldzüge, an denen er teilnahm. In der Völkerschlacht bei Leipzig fiel er schließlich am 18. Oktober 1813. Die Beobachtung freiheitlicher Bewegungen nahm in den Beschreibungen von Lorenz und Peter Strub beträchtlichen Raum ein. Aus ihnen spricht Faszination und Bewunderung.

Am Ende seines Lebens war Peter Strub dennoch ein gebrochener Mann. Seine Frau Christina hatte er schon wenige Tage nach der Geburt ihres Sohnes 1850 zu Grabe tragen müssen. Sie verstarb am »Milchfieber« im Wochenbett. Obwohl erst vierunddreißig Jahre alt, heiratete Peter Strub nicht wieder. Das ist für die Zeit und seine Situation ungewöhnlich. Strub besaß Äcker, Weinberge und Vieh. Es galt, einen bäuerlichen Haushalt zu versorgen, zu dem wahrscheinlich ein Knecht gehörte und während der Erntezeit und der Weinlese eingesetzte Aushilfskräfte. Dazu kam nach dem Tod der Frau der Säugling. Zusammen mit seiner Mutter zog er den Sohn, dem er den eigenen Namen gab, groß.

Peter Strub Junior wurde nur elf Jahre alt. Sein Vater notiert das Leid des Kindes. Er klagte nach der Heimkehr aus der Singschule »über Frost und sein rechtes Beinchen ober dem Knie schmerzte ihn sehr. Das Bein war angeschwollen und er konnte es nicht regen. Der Arzt verordnete Blutegel an das Bein und einreiben mit Salbe und verschrieb vielerlei Medizin zum Einnehmen. Aber kein Mittel half nichts, die Krankheit ging in ein hitziges Nervenfieber über. Ein zweiter Arzt, der gerufen wurde, konnte auch nicht helfen. Die Krankheit nahm immer zu und so ist das liebe Kind unter großen Schmerzen am 20. Dezember morgens 3 Uhr dieser schrecklichen Krankheit unterlegen«.

Der Vater überlebte seinen Sohn um mehr als achtzehn Jahre, »an Seele und Körper nun so gebeugt, daß ich nicht mehr im Stande bin weiter zu schreiben«. Nur noch wenige Eintragungen hat er nach dem Tod des Kindes vorgenommen. Neben den schwermütigen Gedichten sind es zumeist Betrachtungen über das Aussterben der eigenen Familie, die seit 1711 in Essenheim lebte. Der erste Strub war aus Nierstein, vom Rhein kommend in das einen halben Tagesmarsch entfernte Selztal übergesiedelt. Mit der sechsten Generation endete der Stammbaum nach etwas mehr als einhundertfünfzig Jahren. Der erste Strub im Dorf lebte am längsten. Peter Strub konstatierte in einem seiner letzten Einträge, dass jeder männliche Nachkomme in der von ihm aufgestellten Ahnenreihe immer jünger verstarb, »bis der zuletzt Geborene als ein Kind im schönsten Knabenalter schon dahinwelkte«.

Das Schicksal meinte es auch schon nach dem Tod der Ehefrau nicht immer gut mit ihm. Aus dem Handbuch seines Zeitgenossen erfahren wir, dass im September 1853 Peter Strubs Kuhstall und seine Scheune, »angefüllt mit Heu und Frucht«, niederbrannten[2]. Ob er deswegen aus Mangel an Platz und Futter im Folgejahr eines seiner Pferde verkaufte, lässt sich nicht sicher sagen[3]. Möglich wäre auch, dass er seine Ackerfläche reduziert hatte und ein Zugtier weniger benötigte. In den 1860er Jahren taucht Strub im Handbuch von Adam Probst III. und seinem Vorfahren Georg Wolf III. immer wieder als Verkäufer von Äckern auf. 1863 versteigerte er sogar gleich mehrere Parzellen auf einmal. Es macht den Eindruck, dass sich Strubs wirtschaftliche Verhältnisse verschlechtert hatten und er alleine mit seiner Mutter kaum noch alle anfallenden Arbeiten verrichten konnte. Das seelische Leid über den Verlust seiner Frau und später seines einzigen Kindes kamen hinzu.

In der fest gefügten ländlichen Eigentumsstruktur des 19. Jahrhunderts kamen größere Besitzungen selten auf den Markt. In Rheinhessen wurde das Erbe zwischen allen Kindern zu gleichen Teilen aufgeteilt. Wenn als Folge dieser Realteilung zwischen den Geschwistern ein Erbteil doch einmal zur Versteigerung stand, dann gab es nicht selten sehr lebhaftes Interesse und sich gegenseitig anstachelnde Bieter. Um den Grund und Boden von Strub, der ohne Nachkommen sterben sollte, mühten sich sicherlich etliche der mittleren und größeren Bauern im Dorf über viele Jahre. Ob daher im November 1868 »des Abends um sieben Uhr bei dunkler Nacht von einem Bösewicht ein Stein zwei Pfund schwer von der Straße her durch das Fenster in die Stube geschleudert«[4] wurde, lässt sich der kurzen Notiz Strubs in seinem Handbuch nicht entnehmen. »Der Stein flog durch eine Scheibe die zerbrach, daß die Splitter in der Stube herum flogen, der Stein selbst flog mit größter Gewalt meiner alten vierundsiebzigjährigen Mutter ganz nahe am Kopf vorbei. […] Der Stein wird zum Andenken an diese Frevelthat aufbewahrt«.

Es ist nicht ganz abwegig, dass sich mit dem Steinwurf, der in der erleuchteten Stube Mutter und Sohn hätte schwer verletzten können, ein unterlegener Bewerber um Äcker und Weinberge hatte revanchieren wollen. Zu diesem Zeitpunkt war nämlich die Eigentumsnachfolge längst im Stillen geklärt. Peter Wagner V., der zusammen mit seiner Ehefrau über beträchtlichen Besitz an Weinbergen und Äckern im Dorf verfügte, hatte Strub und seine Mutter eine Erklärung unterschreiben lassen. Darin sicherten beide zu, dass sie alles, was sie noch besaßen, an niemand anderen als an Peter Wagner verkauften[5]. Dieser hatte sich somit im Kreis der Cousins und Cousinen durchgesetzt. Sicherlich dürfte ihm dabei hilfreich gewesen sein, dass Peter Strub als sein Taufpate fungiert hatte[6]. Mit diesem Vorkaufsrecht für das verbliebene Ackerland, die Weinberge und die Gebäude mit allen Gerätschaften war der Übergang des Besitzes der erlöschenden Familie Strub auf den sich im Dorf als einen der führenden Bauern positionierenden Peter Wagner V. eingeleitet.

Mit umfangreichen Um- und Neubauten an den Wirtschaftsgebäuden sowie der Errichtung eines neuen Wohnhauses durch seinen Sohn Johann Wagner IX. in den Folgejahren entwickelte sich der ehemalige Strub'sche Besitz in der Elsheimer Straße zu einem stattlichen Betrieb mit Landwirtschaft, Weinbau, Brennerei und einem florierenden Weinhandel. Peter Wagner V. wirtschaftete äußerst erfolgreich. In unserem Familienarchiv ist eine halbe Kiste Kaufverträge und Steigbriefe aus seiner Zeit überliefert.

Auch wenn Peter Strub vom Schicksal arg gebeutelt wurde, so scheint sich doch im Rückblick das kleine boshafte Gedicht seines Vaters Lorenz aus dem Hausbuch bewahrheitet zu haben[7]:

Mein Sohn Peter Strub
Ist gewesen ein schlechter Bub
Er hat verthan die ganze Sach
Daß Er selbst nichts mehr hatte hernach
So geht es in dieser Welt
Der Schlechte verhaseliert alles Geld

Und wenn Er dann am Bettelstab steht
Und sich rechts und links umdreht
Dann wirft Er die Schuld bald dahin bald dort
Denn immer fabelt er von Ort zu Ort
So einem ist nicht zu helfen und zu Rathen
Denn er stickt im Verderben bis zu den Waden
Da muß man sagen am sichersten bist Du
Wenn Du hast die ewige Ruh.

Vielleicht legt man in diese Spottverse auch zu viel Bedeutung, wenn man sie als den klagenden Warnruf des Vaters auslegt, der in den ersten Fehlentscheidungen des heranwachsenden Sohns kein gutes Omen für die Zukunft erblickte. Die Position im Dorf, die die zugezogene Familie Strub sich über drei Generationen erarbeitet hatte, bedurfte einer ständigen Bestätigung. Dass Lorenz Strub dabei auch Konflikten mit den »Herren im Dorf«[8] nicht aus dem Wege ging, beschreibt er selbst. Im Jahr des Hambacher Festes 1832, an dem nicht wenige Rheinhessen teilnahmen, reiften die Trauben so spät, dass die Weinlese erst in den letzten Oktobertagen begann. Nach Regenfällen untersagte der Bürgermeister die Fortsetzung der Lese, wobei sein eigener großer Weinbergsbesitz bereits abgeerntet war. Lorenz Strub widersetzte sich der Anweisung, um seine Trauben vor dem Verderben zu retten, erntete trotz des Verbotes weiter und wurde dafür bestraft. Auf mehreren Seiten seines Hausbuches lässt er sich über das »Oberhaupt der Gemeinde« und den ihm bedingungslos folgenden Gemeinderat aus. Alles große Bauern der führenden Familien im Dorf, die sich zusammengetan hätten, »weil man den Strub fangen wollte, weil man ihm nicht gut war, darum wurde nicht gelesen. […] Weil Strub sich daran aber nicht störte, und sein Eigenthum in Sicherheit bringen wollte, so mußte die Bosheit an ihm ausgeübt werden«[9].

Peter Strub bestätigt diesen Eindruck des Vaters gut dreißig Jahre später, wenn er schreibt, dass er und seine Mutter viel Kummer nicht nur durch Unglück, sondern auch durch »böse Menschen zu ertragen hatten«[10]. Man befand sich als »aussterbende Familie«, die nicht mehr über ein verzweigtes Beziehungsnetzwerk innerhalb der Dorfgesellschaft verfügte, in einer Verteidigungsposition. Während andere durch die Vermählung der Kinder neue Verbindungen knüpften und damit die eigene Stellung sichern oder sogar ausbauen konnten, sah sich der ehemals stolze Strub als letzter Verwalter, dem zunehmend die Kraft fehlte, um den Besitz zu bewirtschaften und sich der Begehrlichkeiten anderer zu erwehren.

Vielleicht ist es diese Gemengelage aus der Frontstellung im Dorf und der Schwäche Peter Strubs in der Betriebsführung, die nach dem Tod der Frau im Kindbett die sonst übliche Wiederverheiratung schon in den 1850ern erschwerte oder sogar unmöglich machte. In den bäuerlichen Betrieben bestand auch in der Mitte des 19. Jahrhunderts eine gewisse Notwendigkeit, den verstorbenen Ehepartner zügig zu ersetzen, um den Fortbestand und das Funktionieren von Haus und Hof sicherzustellen. Die Chance auf eine Wiederverheiratung sank jedoch »mit abnehmender ökonomischer Potenz«[11]. Es kann also durchaus ein sachter Zweifel angemeldet werden, wenn Strub im Rückblick notiert, dass er sich bewusst dafür entschieden habe, nach dem Tod der Ehefrau »allein bei seinem Sohn bleiben und ihn groß erziehen« zu wollen[12]. Zudem besaß die bäuerliche Mittel- und Oberschicht dieser Zeit durchaus ein Bewusstsein dafür, dass nur eine ausreichende Kinderzahl den Fortbestand der Familie auch über die nächste Generation hinaus sicherstellte[13]. Nur die Hälfte der Kinder erreichte das Erwachsenenalter. Es wird Strub also durchaus klar gewesen sein, dass sein Sohn zwar eine Aussicht auf eine Nachfolge darstellte, aber die Tatsache, dass er nur ein einziges Kind besaß, auch ein beträchtliches Risiko barg.

Das Aussterben einer Familie in einem durch Acker- und Weinbau geprägten Dorf blieb neben der Versteigerung von Erbanteilen eine der wenigen Möglichkeiten, über den Ankauf die eigene Fläche mit einem einzigen Schritt beträchtlich zu vergrößern. In einer Region, die als Folge der Realteilung von großer Besitzzersplitterung geprägt war, erwuchs in jeder Generation der Zwang, den Teilungsverlust auszugleichen. Nur so konnte die Stellung innerhalb der Dorfgesellschaft erhalten werden[14]. »Das Interesse am Fortbestehen des Hofes bestimmte bis weit ins 20. Jahrhundert die Partnerwahl, die zudem häufig zwischen den jeweiligen Eltern ausgemacht wurde. Dieses Eheanbahnungsverfahren schloss Zuneigung nicht aus«[15]. Der Verlust von Land war nicht sofort, aber doch auf längere Sicht mit dem Verlust von Ansehen und einem nachhaltigen Abstieg im dörflichen Sozialgefüge verbunden.

Eine zentrale Bedeutung kam daher der Auswahl des richtigen Ehepartners zu. Der Stammbaum meiner Familie liest sich mitunter so, als ob der Erhalt von Haus, Hof, Äckern und Weinbergen allem anderen übergeordnet worden sei. Meine Großmutter Emilie Wagner betrieb in ihren jungen Jahren und wieder im hohen Alter ausgiebig Ahnenforschung. Als »Eingeheiratete« aus Gensingen an der Nahe stammend, hatte sie eigentlich den Blick der Außenstehenden auf die Familie, in die es sie 1935 gezogen hatte. Sie wurde dennoch nicht müde zu beteuern, dass es schlicht Zufall sei, wenn in verschiedenen Zweigen des Stammbaums immer wieder der gleiche Nachname auftauchte. Auf bohrende Nachfragen, ob das Eheschließungen innerhalb der Familie gewesen seien, rollte sie stets pikiert den Stammbaum zusammen und deponierte diesen in ihrem Schlafzimmer unerreichbar auf dem mächtigen Kleiderschrank, damit wir als Kinder nicht herankamen und keine weiteren provokativen Fragen stellten.

Von meinem Urgroßvater, Johannes Wagner XI., den alle Jean nannten, ist überliefert, dass er sich in einer hitzigen Diskussion ums Heiraten der Kinder und Enkel ereifert habe, es müsse jetzt ein für alle Mal Schluss sein, dass sich Cousinen und Cousins verehelichten[16]. Er selbst hatte mit der Enkelin von Peter Wagner V. eine Frau geheiratet, die nicht nur den gleichen Nachnamen trug wie er. Peter Wagner und Jeans Großvater Johannes II. waren gar nicht so weit entfernt miteinander verwandt. Ihre Großväter waren Brüder. Alle Wagner-Familien im Dorf gehen auf einen Vorfahren zurück. Unser gemeinsamer Urahn Hans Wagner ist um 1550 geboren. Sein Sohn, der, wie viele Nachkommen auch, Johannes hieß, ist im 17. Jahrhundert für einen längeren Zeitraum als Schultheiß im Dorf nachweisbar[17]. Auch die nachfolgende Generation bekleidete dieses herausgehobene Amt.

Sicherlich ist Jeans Aussage zum Eheverhalten innerhalb der Familie etwas zugespitzt formuliert und einer hitzigen Familiendiskussion geschuldet. Es scheint aber doch durchaus keine Scheu bestanden zu haben, auch in der näheren und weiteren Verwandtschaft nach geeigneten Partnern zu suchen, um den Besitz zu erhalten. Jeans Worte verdeutlichen zumindest, dass eine Denkweise, die heute so antiquiert anmutet, lange Bestand hatte. Der Kommentar meines Urgroßvaters stammt aus den frühen Sechzigern des 20. Jahrhunderts. Er steht im Zusammenhang mit der Frage, wie mein Vater einen landwirtschaftlichen Gemischtbetrieb übernehmen kann, der zum Wachstum verdammt war und aus dem gleichzeitig für die Mitgift zweier älterer Schwestern ein Teil der Substanz entnommen werden musste. Zu diesem Zeitpunkt existierte der Betrieb seit 115 Jahren an der gleichen Stelle[18].

Mein Vater stand in den 1960ern nicht vor der Situation eines Peter Strub, der als Letzter der Familie auf eine hunderfünzigjährige Ahnenreihe blickte, die mit ihm erlosch. Aber er musste sich trotzdem entscheiden, ob es mit dem Familienbetrieb weitergehen sollte. Viele seiner Klassenkameraden aus der Volksschule im Dorf kehrten der Landwirtschaft den Rücken, um eine Lehre in der Industrie zu absolvieren. Die Äcker und Weinberge wurden im Nebenerwerb am Wochenende weiter bearbeitet oder ganz verpachtet. Der technische Fortschritt im Acker- wie auch im Weinbau machte immense Investitionen notwendig. Unter sich wandelnden Rahmenbedingungen war fraglich, ob das Einkommen ausreichte, um die Familie weiterhin von Acker- und Weinbau sowie Viehhaltung ernähren zu können. Aus der Perspektive meines Vaters war es unklar, ob der Betrieb im Strukturwandel noch bestehen konnte.

Am Anfang meiner Beschäftigung mit der historischen Entwicklung unseres Familienbetriebs ging ich von der Annahme aus, dass mein Vater der Erste in einer langen Reihe von Vorfahren war, der eine wirkliche Entscheidung treffen durfte. Der Lebensweg der Generationen davor erschien vorgezeichnet. Für sie stellte sich nie die Frage nach einem anderen Beruf. Sehr schnell kristallisierte sich aber heraus, dass das eine typische Vorstellung unserer heutigen Zeit ist, die einer Neubewertung bedarf. Jeder meiner Vorfahren besaß die Möglichkeit, sich für einen Weg abseits des Guts und der Landwirtschaft zu entscheiden. Auf ganz unterschiedliche Weise haben die verschiedenen Generationen dies auch getan und sich dann doch für die Übernahme des Familienbetriebs entschieden. Ich möchte verfolgen, was sie dazu bewogen hat, nicht der Letzte auf dem Hof zu sein. Ich möchte verstehen, warum meine Vorfahren Bauern und Winzer waren und warum sie es über so viele Generationen geblieben sind. Was hat sie trotz sich beschleunigender Veränderungen und immer neuer Herausforderungen in ihrem Beruf und auf dem Hof gehalten? Welche Stellung hatten sie im Dorf? Wie wurden sie von den anderen wahrgenommen und wie haben sie sich selbst gesehen? Welchen Wandlungsprozessen waren ihr Beruf, der Betrieb und das Zusammenleben in der Familie und der Dorfgesellschaft unterworfen? Von all dem handelt dieses Buch.

Über Kassenbücher, Steigbriefe, Loszettel und lange Gespräche

In unserer Familie scheint sich über Generationen hinweg schon immer ein gewisser Respekt vor allem Niedergeschriebenen erhalten zu haben. Unsere Vorfahren haben gesammelt, aufgehoben und selten etwas weggeworfen. Mein Vater Johannes Rudolf Wagner ging nach dem Besuch der Landwirtschaftsschule in Mainz und der Übernahme der Verantwortung auf dem Hof in den späten 1960ern zügig daran, den Gebäudebestand den Anforderungen einer modernen und mechanisierten Landwirtschaft anzupassen. Etliche Gebäude wurden niedergerissen, um Platz zu schaffen. Mit dem Traktor und einem Anhänger wollte er bequem wenden können und nicht wie bisher von der zunehmend stärker befahrenen Hauptstraße aus umständlich rückwärts rangieren.

Sein Drang zur Modernisierung und Veränderung machte auch vor Gebäuden nicht halt, die wir heute als »Hingucker« in einem der Weinkultur und der Vermarktung dienenden Innenhof herausputzen würden. Kleine Fachwerkgebäude mit Speichenfenstern und der von einem alten Rebstock umrankte Garten im Innenhof mussten weichen. Ein mächtiger Stahlträger sollte ein Schleppdach tragen, unter dem auch der Mähdrescher Platz finden konnte. Die Veränderungen in der Gebäudestruktur behagten nicht jedem in der Familie. Mein Vater berichtet, dass seinem Großvater morgens auf dem Weg zur Mistkaut (Misthaufen) gewahr wurde, wie umfangreich in den Bestand eingegriffen wurde. Wutentbrannt schleuderte er daraufhin den vollen Nachttopf quer über den Hof und brüllte meinen Vater an, ob er denn nun endgültig übergeschnappt sei.

Während mein Vater wenig Respekt vor alten Gebäuden zeigte, die seinen Vorstellungen der zeitgemäßen Landwirtschaft widersprachen, behielt er, wie alle vor ihm auch, die Hochachtung vor den schriftlichen Hinterlassenschaften seiner Vorfahren. An verschiedenen Stellen im Haus deponiert, wurde nichts entsorgt, um Platz zu schaffen. Über die Generationen hinweg ist so ein recht stattliches Familienarchiv entstanden, aus dem ich für meine Arbeit schöpfen konnte.

In einem Umfeld, in dem der Besitz von Land existentielle Bedeutung zukommt, ist vor allem all das aufbewahrt worden, was den Erwerb und die Übertragung von Flurstücken und Gebäuden dokumentiert. Zahlreiche Kaufverträge, die im 19. Jahrhundert meist als Steigbriefe bezeichnet wurden, gewähren Einblicke in den Erwerb und die Veräußerung von Äckern, Wiesen und Weinbergen. Die Dimension des Betriebes kann dadurch bis ins Detail über fünf Generationen hinweg rekonstruiert werden. In vielen Parzellen, die von den Vorfahren erworben wurden, kümmern wir uns noch heute um die Rebstöcke. Es erfüllt einen als Winzer durchaus mit Ehrfurcht, wenn man in Weinbergen arbeitet, die zum Teil schon seit vielen Generationen und mehr als zweihundert Jahren die eigene Familie begleiteten.

Neben den Kaufverträgen geben vor allem Loszettel und Teilungsvereinbarungen einen guten Einblick in das Verhältnis zwischen den Generationen. Aus ihnen lässt sich die Weitergabe des Besitzes an die Kinder rekonstruieren. Diese

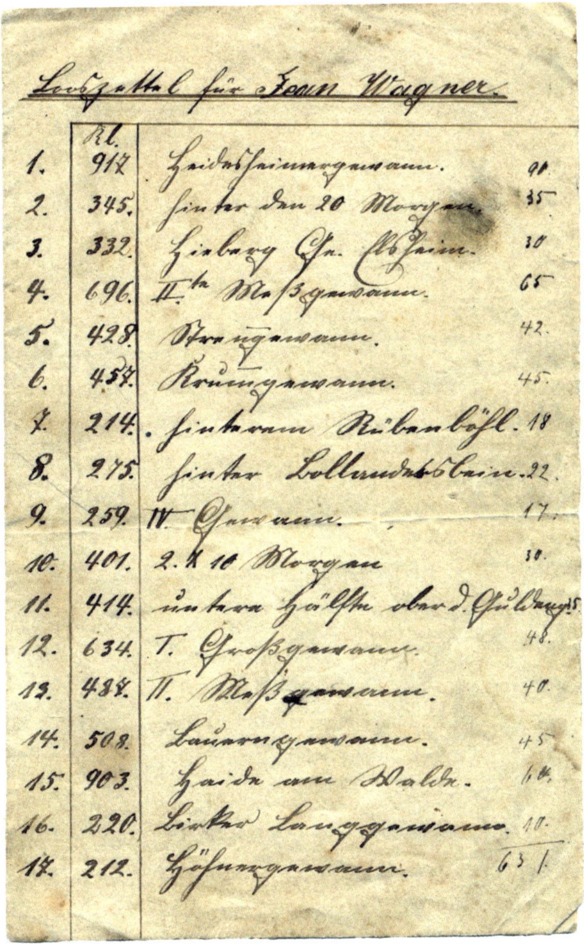

Loszettel für Jean Wagner zur Erbteilung (um 1908).

erfolgte immer zu Lebzeiten. Die Elterngeneration behielt meistens nur einen kleinen Rest Land als letzte Sicherheit und ein verbrieftes lebenslanges Wohnrecht im Haus. Jedes Kind zog ein Los, auf dem die Flurstücke verzeichnet waren, die ihm danach zustanden.

Ab dem letzten Drittel des 19. Jahrhunderts wurden Kassenbücher geführt. Ihre Aussagekraft schwankt stark, und der Umfang der Eintragungen scheint nicht zuletzt von der Motivation der jeweiligen Person abhängig zu sein, die die Bücher führte. In Kombination mit den Kellerbüchern lassen sich dennoch über den gesamten Zeitraum ab den 1870er Jahren Erkenntnisse zur wirtschaftlichen Entwicklung gewinnen. Die Kellerbücher verzeichnen für jeden Jahrgang die Erntemengen und die späteren Käufer der Weine. Meist enthalten sie zusätzliche Notizen zur Güte des Jahrgangs.

Darüber hinaus lässt sich aus den überlieferten schriftlichen Quellen die einem stetigen Wechsel unterworfene Schwerpunktbildung zwischen Ackerbau, Viehzucht und Weinbau verfolgen. Die wirtschaftliche Überlebensfähigkeit während der Weltkriege, der Wirtschaftskrisen und Inflationen scheint nur durch die über Generationen praktizierte Diversifizierung möglich gewesen zu sein. Diese beendete unser Vater mit der Verpachtung des gesamten landwirtschaftlichen Betriebszweigs im Jahr 1997. Von diesem gravierenden Einschnitt, der unser Gut komplett veränderte, wird noch die Rede sein. Das Jahr 1997 markiert daher eine Art Endpunkt der Betrachtung. Ein Ausblick darüber hinaus soll aber dennoch unternommen werden.

Für das Selbstbild und die Außendarstellung sind auch die vielen Fotoalben als Quelle herangezogen worden. Ab der Zeit vor dem Ersten Weltkrieg sind Fotografien vorhanden, die oft, auch wenn sie arrangiert waren, etwas mehr Deutung zulassen als die Ahnengemälde der Generationen davor.

Ein zentrales Element meiner Spurensuche bilden neben der Auswertung des Familienarchivs drei Interviews, die ich im Winter 2023/24 mit meinem Vater, meiner Mutter und der älteren Schwester meines Vaters, Hiltraud Frank, geführt habe. Ein umfangreicher Fragebogen diente als Leitlinie. In dem achtstündigen Interview mit meinem Vater bildete zunächst der lange Zeitraum, den er überblickt, einen Schwerpunkt. Durch die schwere Kriegsverletzung seines Vaters rückte er frühzeitig in die Verantwortung. Einen Teil seiner frühen Kindheit erlebte er als »Zimmergenosse« mit seiner Schlafstelle neben dem eigenen Großvater. Die Erinnerungen meines Vaters an die Erzählungen des eigenen Großvaters lassen sich zumindest zum Teil mittels der Quellen überprüfen. Motivationen für die Übernahme des Betriebs, für notwendige Veränderungen und den Wandel des Selbstbildes als Acker- und Weinbauer lassen sich für die Zeit meines Vaters, aber auch, mit der gebotenen kritischen Distanz, für die Zeit seines Vaters und Großvaters skizzieren.

Gerade für diesen Bereich sind die beiden mit meiner Mutter und meiner Tante Hiltraud geführten Interviews von großer Aussagekraft. Meine Mutter kam 1973 in den Betrieb. Sie wurde nur wenige Häuser entfernt groß und stammt aus kleinbäuerlichen Verhältnissen. Ihr Vater war schon früh gezwungen, neben der Landwirtschaft zunächst als Gemeinderechner die Kassenbücher der Ortsgemeinde zu führen und später dann als Sachbearbeiter an der Mainzer Universität zu arbeiten. Seine Betriebsfläche reichte nicht aus, um die Mechanisierung zu finanzieren. Meine Mutter erinnert sich an die Zeit als Kind und Jugendliche in der Nachbarschaft. Sie kann den Blickwinkel der Außenstehenden wiedergeben. Zusammen mit meinem Vater hat sie dann ab den 1970ern den Wandel und die Anpassung an veränderte Rahmenbedingungen gestaltet.

Meine Tante Hiltraud ist den umgekehrten Weg gegangen. Sie hat den Betrieb Mitte der 1960er Jahre verlassen, als sich abzeichnete, dass ihr Bruder die Nachfolge antreten würde. Ihr Blick zurück auf die eigene Kindheit und Jugend sowie die stetige Beobachtung der Entwicklungen in ihrer alten Heimat waren für mich von großem Interesse.

Den für das Interview mit meinem Vater entworfenen Fragebogen habe ich für die beiden Interviews mit meiner Mutter und meiner Tante leicht abgewandelt. Insgesamt sind etwas mehr als fünfzehn Stunden Gesprächsmaterial entstanden, die transkribiert wurden. Viele Fragen habe ich ganz bewusst auch allen dreien gestellt, um die unterschiedlichen Sichtweisen darstellen zu können. Der männliche und der weibliche Blick auf die Familie, das Gut und die Herausforderungen sich verändernder Rahmenbedingungen in Landwirtschaft und Weinbau sind es wert, herausgearbeitet zu werden.

»Die Herren im Dorf«

Aus den Forschungsergebnissen von Gunter Mahlerwein über die dörfliche Sozialstruktur Rheinhessens im 18. und 19. Jahrhundert habe ich gelernt, dass unsere Familie zur dörflichen Oberschicht zählte. Nach seiner Definition zeichnete sich diese durch mindestens fünf Hektar Landbesitz aus, durch die ein vollbäuerliches Dasein gewährleistet war und die ausreichten, auch in schlechten Jahren noch einen Überschuss zu produzieren. Angehörige dieser Schicht verfügten oft über ein weit verzweigtes familiäres Netzwerk, das auch in andere Dörfer reichte. Es entstand unter anderem durch das Verheiraten derjenigen Kinder, die nicht den Hof übernahmen, in möglichst ranggleiche Familien. Die Zugehörigkeit zur Oberschicht wurde durch die Größe der Wohn- und Wirtschaftsgebäude, ihre Ausstattung und einen zunehmend an bürgerlichen Vorbildern orientierten distinguierten Kleidungs- und Lebensstil deutlich auch nach außen gezeigt. Mahlerwein schreibt den Bauern der Oberschicht zudem eine gewisse Innovationsfreude zu. Über ihr Netzwerk erfuhren sie von Neuerungen in Landwirtschaft und Weinbau, besuchten die Feste des im frühen 19. Jahrhundert gegründeten Landwirtschaftlichen Vereins für das Großherzogtum Hessen und besaßen die notwendigen finanziellen Ressourcen, um Neuerungen auch umsetzen zu können[19].

Für mich als Historiker ist die Einteilung Mahlerweins nachvollziehbar. Als Spross dieser Familie und Nachfolger im Familienbetrieb muss ich gestehen, dass ich mich mit der Bezeichnung schwertue. Die eigene Familie in den Mittelpunkt einer historischen Untersuchung zu stellen, führt den Historiker ohnehin zwangsläufig zur Frage der gebotenen Distanz. Der Untersuchungszeitraum reicht bis in die selbst erlebte Zeit hinein. Die eigene Wahrnehmung heute stimmt nicht mit den beschriebenen Charakteristika überein. Auch als Kinder in den 1980ern haben wir kein Gefühl dafür entwickelt, einer sich bewusst abgrenzenden Oberschicht anzugehören. Unsere Eltern haben uns dies nicht vorgelebt. Dass die Denkweise dennoch in der Elterngeneration in Resten verankert war, das ist mir spätestens in den Gesprächen, die ich mit meinem Vater nach der Weinlese 2023 geführt habe, deutlich geworden. Die Stellung im Dorf hatte in seiner Generation durchaus noch eine Bedeutung, zumindest für alle die, die den Bezug zur Landwirtschaft bis dahin nicht verloren hatten und aus den alteingesessenen Familien stammten. Er hat von einem Gespräch mit einem Nachbarn erzählt und dabei die typische Situation an einem späten Samstagnachmittag in einem rheinhessischen Dorf entworfen. Nach getaner Arbeit blieb vor dem Sonntag nur noch das Fegen der Straße, das sich nicht selten in einen ausgiebigen Plausch mit der Nachbarschaft und vorbeieilenden Bekannten auswuchs. Über dies und das kam man auf die Familie und die Generationen. Der Nachbar, so berichtet mein Vater, beschrieb unsere Familie. »Ihr habt euch über viele Generationen, fast zweihundert Jahre, immer oben gehalten. Ihr wart immer unter den fünf größten Betrieben, aber nie der Größte. In keiner Generation. Das war vielleicht ganz gut und deswegen gibt es euch noch, denn der Größte war immer zum Abschuss freigegeben«[20]. Mein Vater musste lächeln über diese Aussage. Den Historiker beschäftigt dies länger. Wie war es möglich, dass sich unsere Familie, zumindest für den Außenstehenden, über so lange Zeit in der dörflichen Oberschicht verankern konnte? Welche Strategien sicherten diesen Verbleib trotz sich verändernder Rahmenbedingungen, tiefer gesellschaftlicher und politischer Einschnitte sowie letztlich nicht kalkulierbarer Schicksalsschläge?

Die Entwicklung unseres Betriebes sehe ich vor diesem Hintergrund nicht als klassische Familiengeschichte. Sie steht vielmehr exemplarisch für eine große Zahl bäuerlicher Existenzen, die für Rheinhessen und viele andere Weinbauregionen typisch sind. Während es für die »Spitzen der Oberschicht«[21], also ganz besonders große, überregional vernetzte und dadurch herausgehobene Betriebe, Einzelstudien gibt, ist die Gruppe darunter bisher kaum beachtet[22]. Gunter Mahlerwein beschreibt diese ausführlich in seiner Studie über die »Herren im Dorf« für den Zeitraum von 1700 bis 1850. Seine Arbeit bezieht mehrere Ortschaften des südwestlichen Rheinhessens ein. Die Tiefe und den Detailreichtum seiner Abhandlung werde ich nicht erreichen können. Ich möchte aber Brüche, Entwicklungen und den Strukturwandel in der Landwirtschaft an einem Familienbetrieb über einen Zeitraum von etwa zweihundert Jahren herausarbeiten. Anders als Ewald Frie in seiner Studie »Ein Hof und elf Geschwister« habe ich daher ganz bewusst einen langen Zeitraum über fast hundertfünfzig Jahre gewählt. Mein Fokus ist darauf gerichtet, Veränderungen in der Landwirtschaft, im bäuerlichen Leben und auch den Strukturwandel nachzuzeichnen. Ich möchte zusätzlich heraus arbeiten, welche Faktoren dazu beitrugen, dass der »Abschied vom bäuerlichen Leben« bei uns ausblieb[23].

Johannes der wievielte?

Als Kind und vor allem als Jugendlicher haben mich die Versuche meiner Großmutter Emilie genervt, in mir durch den Blick auf den Stammbaum ein Interesse an der »Ahnenforschung« zu wecken. Mit dem Begriff verbinde ich ermüdende Erläuterungen über Verwandtschaftsbeziehungen, lange zurückliegende Erbstreitigkeiten und eine verwirrende Wiederkehr des immer gleichen Vornamens.

Bis meine Mutter dem einen Riegel vorschob und sich weigerte, auch nur einen ihrer drei Söhne Johannes oder Hans zu nennen, trugen bei uns alle Männer den gleichen Vornamen. Es galt als scheinbar unumstößliche Tradition über mehr als vierhundert Jahre. Schon unser um 1550 geborener Urahn trug diesen Vornahmen. Lediglich Varianten dieses Namens schienen geduldet zu sein. Das führte dazu, dass man auch bei uns, wie bei vielen anderen Familien, die Johannes durchnummerierte. Das erscheint auf den ersten Blick ein verständliches Ordnungssystem, um der Abfolge der Generationen eine gewisse Nachverfolgbarkeit und Struktur zu geben. Wenn man jedoch, wie im Großherzogtum Hessen seit der Verordnung von 1832 vorgeschrieben, alle gleichnamigen Ortsbürger in die fortlaufende Zählung einbezieht, dann kann das den Verständnisrahmen nicht nur eines gelangweilten Jugendlichen, der sich die Erzählungen der Großmutter anhören muss, schnell übersteigen[24].

Am Beginn meiner Betrachtung steht Johannes Wagner II., dessen Frau Anna Elisabetha geborene Weyel 1852 von ihrem Vater das Los mit der Hauptstraße 30 und den dazugehörigen Äckern und Weinbergen zugesprochen bekam. Der Sohn der beiden war Johannes Wagner VIII. Er wurde zur besseren Einordnung von allen späteren Generationen nur »der Geometer« genannt, weil er vor der Übernahme des Betriebs die Vermessung studiert hatte. Sein Sohn wiederum erblickte als Johannes Wagner XI. das Licht der Welt. Er liebte Frankreich, gegen das er einundvierzigjährig mit wenig Begeisterung in den Krieg ziehen sollte. Seine Vorliebe für das Nachbarland, dessen Lebensart und Weinkultur, insbesondere des Champagners, ließ ihn den Beinamen »Jean« führen. Er unterschrieb selbst amtliche Dokumente auf diese Weise und wurde im Dorf von jedem auch Jean gerufen. Der Jean heiratete Marie, geborene Wagner. Ihr Vater war nach der Zählung im Dorf Johannes Wagner IX. Er stammte aus der mit uns – nach allen nicht ganz wahrheitsgetreuen Beteuerungen meiner Großmutter – nicht verwandten Linie, die in unserem Stammbaum mit jenem weiter oben genannten Peter Wagner V. beginnt. Der Schwiegervater von Johannes Wagner IX. war Johannes Wagner III. An diesem Punkt der Erläuterungen meiner Großmutter war ich längst schon ausgestiegen und gedanklich beim nächsten Fußballspiel. Ich gehe davon aus, dass es jedem Leser genauso ergehen wird. Aus diesem Grund habe ich mich dafür entschieden, die häufig vorkommenden Johannes/Johann unseres Familienzweiges für das bessere Verständnis und die einfachere Lesbarkeit des Textes mit ihren »Spitznamen« oder den von ihnen genutzten Rufnamen zu bezeichnen. Offensichtlich wollten auch sie nicht alle Johannes genannt werden. Johannes II., Geometer, Jean, Hans und Rudolf lautet damit die Folge der männlichen Glieder der fünf Generationen, die mit ihren Frauen hier im Mittelpunkt stehen sollen. Die am Ende meines Textes angefügte Übersicht der wichtigsten Personen möge für zusätzliche Klarheit sorgen.

Drei Generationen – fotografischer Stammbaum im Fotoalbum von Emilie Wagner.

»Die den Ackerbau treibenden Bewohner der Provinz beginnen in der Regel mit Tagesanbruch ihr Geschäft, und arbeiten, wenig Ruhestunden abgerechnet, bis zur Abenddämmerung. Der Rheinhesse ist von starkem Körperbau, geschickt und gewandt zu allen Feldarbeiten, welche er mit Lust betreibt. Selbst im Winter, wenn die Witterung es nur einigermaßen zulässt, nimmt er Grundverbesserungen oder Anrottungen von Weinbergen auf seinen Feldern vor. Er kennt die Wahrheit, dass unausgesetzte Bearbeitung des Bodens, Sorge für die Dungbereitung allein den Ertrag der Felder steigern, und ihm die nöthigen Dungmittel für seine Weinberge liefern. Die sorgsame Kultur der Felder und Weinberge, die zu verschiedenen Zeiten eintretende Aernden der Gewächse, welche er baut, beschäftigen ihn von dem Beginn der Feldarbeiten im Frühjahr bis spät in den Herbst. Gern spricht er vom Landbau und, wenn auch in manchen Beziehungen an Vorurtheilen klebend, verschließt er sich nicht gegen zweckmäßige Verbesserungen, sobald er ihren Vortheil durch eigene Wahrnehmung erprobt hat. Der Feld- und Weinbau sind daher stets im Fortschritt begriffen. Von Natur aus mit glücklichen Anlagen und heiterem Sinne begabt, haben die äußeren Verhältnisse, in welchen der Rheinhesse sich bewegt, seine Gewandtheit im Leben erhöht. Leider können wir hier nicht unbemerkt lassen, dass die gründliche Bildung und Entwicklung des Gemüthes und Geistes nicht in gleichem Schritte mit jenen äußeren Einwirkungen gefördert wurde. Die Prozeßsucht, oft Unversöhnlichkeit in den vielfachen Beziehungen des geselligen Verkehrs trüben nicht selten das ruhige Leben der Familien und ganzer Gemeinden«[25].

Mit diesen Worten beschreibt Wilhelm Friedrich Hesse 1835 den Menschenschlag der neuen Provinz. Dem Direktor des Großherzoglich Hessischen Oberschulrats lag der Ausbau des Volksschulwesens in den Dörfern Rheinhessens am Herzen. Die nach der französischen Herrschaft stark verschuldeten Gemeinden konnten die größtenteils veralteten und maroden Schulhäuser nicht aus eigener Kraft erneuern. Hesse bereiste für seine Bestandsaufnahme alle rheinhessischen Dörfer und nahm die Volksschulen vor Ort in Augenschein[26]. Dass er seine Reise durch die Provinz nebenbei dazu benutzte, sich mit der Landwirtschaft und dem Weinbau vor Ort zu beschäftigen, ist offensichtlich. Der studierte Forstwissenschaftler war seit einigen Jahren Präsident des Landwirtschaftlichen Vereins von Rheinhessen. Neben den Schulen scheint er sich bei seiner Rundreise daher ausgiebig mit den Anbaumethoden und den Betriebsstrukturen beschäftigt zu haben.

Er durchreiste eine Region, in der der langfristige »Prozess der Agrarmodernisierung«[27], der seit der Mitte des 18. Jahrhunderts einsetzte, zu einem vorläufigen Abschluss gekommen war. Die über Jahrhunderte betriebene Dreifelderwirtschaft, in der sich Brache, Sommergetreide und Wintergetreide abwechselten, war nach und nach zugunsten neuerer Formen der Fruchtfolge verdrängt worden. Die Brache, die der Erholung des Bodens und der Futtergewinnung für das Vieh diente, wurde langsam zurückgedrängt. Möglich wurde dies durch die Verbreitung des Kleeanbaus. Der Klee ist in der Lage, atmosphärischen Stickstoff aufzunehmen und über seine Wurzeln im Boden anzureichern. Dort steht er dann zum Teil auch anderen Pflanzen für das eigene Wachstum zur Verfügung. Zudem diente er hervorragend als Futterpflanze. Im Gefolge des zunehmenden Kleeanbaus wandelte sich daher auch die Viehhaltung. Das Vieh hielt man von nun an ganzjährig im Stall, fütterte es mit Klee und sammelte den Mist als wertvollen Dünger. Die herrschende Düngerknappheit, die der dringend benötigten Ertragssteigerung für eine wachsende Bevölkerung im Wege stand, konnte damit gelindert werden. Der Misthaufen mit Vertiefung, um »den Abfluss der Jauche zu verhindern«[28], und das »Pfuhlfass«, mit dem diese auf die Felder und in die Weinberge gefahren wurde, gehörten von da an zum festen Inventar der bäuerlichen Wirtschaft.

Diese von Pionieren des Kleeanbaus wie David Möllinger in Monsheim vorangetriebenen Neuerungen verbreiteten sich über innovative Landwirte und deren Vernetzung untereinander nach 1750 in ganz Rheinhessen[29]. Roter Klee, Esparsette und Luzerne, die auch heute im ökologischen Weinbau wieder als stickstoffbindende Pflanzen in den Rebzeilen eingesät werden, veränderten die bisherigen Anbaumethoden grundlegend. Hesse skizziert eine elfjährige Fruchtfolge, die nur noch ein Brachjahr vorsieht. Drei Kleejahre hintereinander dienten der Bodenverbesserung und wie die zwei Kartoffeljahre auch der Versorgung des Viehs. Die Erträge der vier Jahre mit Gerste, Weizen oder Hafer halfen die Eigenversorgung sicherzustellen.

In den flächenmäßig größeren Betrieben der dörflichen Oberschicht verkaufte man die Überschüsse, um damit die notwendigen Investitionen zu tätigen. Die ganzjährige Stallhaltung stellte neue Ansprüche an die Gebäudeausstattung. Mehr Vieh bedeutete mehr Dünger für reichhaltigere Ernten, aber auch mehr Arbeit im Stall. Deutlich vor der Agrarrevolution des 19. Jahrhunderts, die mit mineralischer Düngung, Saatgutverbesserung und Mechanisierung verbunden war, vollzog sich in Rheinhessen ein vorgelagerter Modernisierungsschub, der, von einzelnen Pionieren initiiert, über die bäuerliche Oberschicht Verbreitung erfuhr. Nutznießer der Entwicklung im dörflichen Milieu waren vor allem die bäuerlichen Wirtschaften, die über ausreichend Land verfügten, um die Neuerungen umzusetzen. Das Resultat war eine »auch im europäischen Vergleich einzigartige Steigerung der Erträge«[30]. Das Saat-Ernte-Verhältnis verdoppelte bis verdreifachte sich auf 1:10 bis 1:15.

Es verwundert daher nur auf den ersten Blick, dass Lorenz Strub in seinem Handbuch für das »Hungerjahr« 1816 lediglich notiert, dass »die Frucht und der Wein in einem sehr hohen Preiß waren«[31]. Von Hunger und Entbehrung schrieb er nicht. Wenige Zeilen später stellt er mit einer gewissen Genugtuung aber fest, dass sich all jene verspekuliert hatten, die daraufhin in großen Mengen Trauben des folgenden 1817er Jahrgangs gekauft hätten, weil die hohen Preise gute Aussichten auf einen feinen Gewinn versprachen. Die Qualität sei aber so schlecht gewesen, dass sie »hernach keine Abnahme erhielten und deswegen erstaunliche Summen verloren«[32]. Hunger litt wie auch in späteren schlechten Jahren nur die wachsende Zahl derer, die ihre Lebensmittel kaufen mussten, weil sie über keine eigenen Flächen verfügten oder diese zu klein waren. Stand der eigenen Familie zu wenig Land zur Verfügung, dann führte schon eine einzige schlechte Ernte in eine existenzgefährdende Lage. Die bäuerliche Oberschicht hingegen profitierte von steigenden Getreidepreisen und dem Hunger einer wachsenden Bevölkerung[33].

Die Zeit, in die Johannes II. 1813 hineingeboren wurde und in der er aufwuchs, war von der Realisierung des Modernisierungsschubs in der Landwirtschaft geprägt. Den Zeitraum von 1820 bis 1870 bestimmte ein langfristiger Trend steigender Agrarpreise. Da sich sonstige Produkte und Dienstleistungen nicht im gleichen Maße verteuerten, »sprachen die Zeitgenossen sogar von einem Gesetz der ständig wachsenden Kaufkraft landwirtschaftlicher Produkte«[34]. Gleichzeitig reichte aber das Land für die größer werdende Zahl der Kinder nicht aus. Der Rückgang der Kindersterblichkeit und eine »Zunahme der innerehelichen Fruchtbarkeit«[35] aufgrund besserer Ernährung ließ wie schon im 18. Jahrhundert erneut viele Menschen ihr Heil in der Auswanderung suchen. 1837 verließen 29 Menschen Essenheim in Richtung Nordamerika[36]. Das waren 2,6% der damaligen Einwohnerschaft. Sie gehörten zu drei Familien.

Dabei bot Essenheim aufgrund der Größe der Gemarkung günstige Voraussetzungen. Mit 4.146 Morgen[37] rangierte es im oberen Mittelfeld der 18 Ortschaften des vor den Toren der Stadt Mainz gelegenen Kantons Nieder-Olm[38]. Lediglich Ober-Olm und Bretzenheim verfügten über eine deutlich größere Gemarkung. Bei den Weinbergen lag Essenheim mit 522 Morgen mit Abstand an der Spitze.

Hesses Zeitgenosse Johann Philipp Bronner, der Rheinhessen bereiste und dessen Weinbau ausführlich beschrieb, nennt für das Selztal die »Kleinbergtraube«, den Elbling, als dominierende Rebsorte. »Mitunter werden auch je nach Örtlichkeiten, Rießlinge, Östreicher, Ruhländer und etwas Valteliener gepflanzt«[39]. An roten Rebsorten nennt er Spätburgunder und schwarzen Riesling, den er vor allem in Schwabenheim, Groß-Winternheim sowie Ober- und Niederingelheim verortet. Rote Rebsorten, wie der Spätburgunder, der regional mitunter den Namen Klebroth trug, wurden teilweise auch in Elsheim und Essenheim in kleinem Umfang angebaut. Nach den Notizen von Adam Probst III. zum Weinlesebeginn in den 1880er Jahren müsste es sich bei dem von ihm genannten Burgunder um einen Frühburgunder handeln. Er wurde noch vor dem Portugieser geerntet[40].

In den Kassenbüchern dieser Zeit wird zumeist nicht zwischen den Sorten differenziert. Viele Weinberge waren, wie durchaus üblich, in einem gemischten Satz bepflanzt. Dabei standen verschiedene weiße oder rote Rebsorten durcheinander. Die Trauben wurden zusammen geerntet. Im Keller lag dann Weißwein oder Rotwein im Fass. Mein Vater berichtet, dass es in den 1950ern noch einen Weinberg gab, von dessen Reben es hieß, sie stammten noch aus klösterlichem Besitz. Die mehr als 140 Jahre alten Eblingstöcke in dieser Parzelle standen durcheinander und nicht in Zeilen, wie wir das heute kennen. In der Lage »Auf der Muhl« wuchsen in einem gemischten roten Satz Portugieser, Lemberger und Spätburgunder zusammen[41].

Trotz einer vergleichsweise geringen Fläche an Wiesen zählt Hesse für Essenheim 557 Kühe und 154 Rinder[42]. Die Stallhaltung war realisiert und auch das Verständnis dafür, dass für die große Weinbergs- und Ackerfläche ausreichend Mist aus der Viehhaltung zur Verfügung stand. Die Vielzahl der Wohnhäuser, die zu Lebzeiten Johannes' II. entlang der Hauptstraße durch das Dorf, also an der »ersten Adresse«, entstanden, vermittelt auch heute noch ein gutes Bild davon, dass die bäuerliche Oberschicht trotz schwankender Erträge über einen längeren Zeitraum hinweg von steigenden Getreidepreisen profitierte. Sie verfügte über die nötige Kaufkraft und demonstrierte ihr wirtschaftliches Potenzial in großen zweistöckigen Wohnhäusern mit hohen Decken, für die die gedrungen wirkenden Fachwerkgebäude des 18. Jahrhunderts größtenteils weichen mussten. Wer es sich leisten konnte, der baute ab den 1840ern neu oder erweiterte die bestehenden Gebäude beträchtlich.

Der wachsende Viehbestand und die größere Ertragsfläche ließen auch bei den Wirtschaftsgebäuden Handlungsbedarf notwendig werden. Es brauchte größere Lagerkapazitäten. Die bäuerliche Oberschicht, die nicht nur für die eigene Ernährung, sondern in stetig wachsendem Maße auch für den Markt produzierte, formulierte neue Ansprüche an die Dimensionen ihrer Scheunen und Stallungen. Lorenz Strub stellt in seinem Handbuch immer wieder die

Preise für den Verkauf von Weizen, Gerste, Roggen und Hafer zum Zeitpunkt der Ernte und im darauf folgenden Frühjahr gegenüber. Die im Frühjahr zu erzielenden höheren Preise machten eine Einlagerung eines Teils der Ernte ratsam. Voraussetzung dafür waren ausreichend Platz, das notwendige finanzielle Polster, um nicht auf einen unmittelbaren Verkauf im Spätjahr angewiesen zu sein, und eine gewisse Risikobereitschaft.

Scheunenbrände und die Angst vor dem Feuer waren ständige Begleiter durch das gesamte 19. Jahrhundert hindurch. Adam Probst berichtet in seinem Handbuch von zahlreichen Feuern, die von einer auf die andere der nahe aneinander stehenden Scheunen übersprangen und nur schwer unter Kontrolle zu bringen waren[43]. Durch die Lage des Dorfes am Hang und die Beibehaltung der alten Siedlungsstruktur zog sich ein Scheunengürtel hinter den Höfen entlang.

Hesse zählt für das Jahr 1834 1.119 Einwohner, die sich auf hundertneunzig Gebäude verteilten[44]. Mit einem Anteil von 88 % Protestanten bildete man zusammen mit den Nachbardörfern Stadecken und Elsheim eine evangelische Enklave in einem katholisch dominierten Umland[45]. Nach dem an Mainz angrenzenden Weisenau verfügte man über die zweitgrößte jüdische Gemeinde des Kantons. Die konfessionelle Insellage schränkte die Heiratsmöglichkeiten über die Grenzen des eigenen Dorfes hinaus beträchtlich ein. Mit Nieder-Olm und Ober-Olm grenzten im Westen und Südwesten zwei sehr stark katholisch geprägte Dörfer den Spielraum zusätzlich ein. Die seit dem Beginn des 19. Jahrhunderts kontinuierlich anwachsende Bevölkerungszahl dürfte auch für die Heimatgemeinde Johannes' II. die »Dynamik der Schichtungsverschiebungen«[46] beschleunigt haben. Schon seit der Mitte des 18. Jahrhunderts nahm bei einer wachsenden Bevölkerung die unterbäuerliche Schicht zu, während sich gleichzeitig die Oberschicht reduzierte. Die wachsende Anzahl überlebender Kinder, die das heiratsfähige Alter erreichten und damit einen Erbteil beanspruchten, stellte die Familien vor große Herausforderungen.

Ob Johannes II. wie nicht wenige seiner Zeitgenossen eine Auswanderung erwog, bleibt Spekulation. Es stellte eine Herausforderung für seine Eltern dar, ihn und seine drei Geschwister innerhalb des Dorfes ohne sozialen Abstieg unterzubringen. Unsere Familienüberlieferung lässt hinsichtlich der Verhältnisse des Vaters von Johannes II. wenig konkrete Aussagen zu. Die Familie scheint eher beengt in einem kleinen Haus in einer Seitenstraße gewohnt zu haben. An der Stelle befindet sich heute die Scheune eines größeren Gehöfts. Die Familie gehörte offensichtlich zu dieser Zeit, hinsichtlich ihres Besitzes, nicht zur dörflichen Oberschicht. Die Tatsache, dass sich zudem vier Geschwister das Erbe teilen mussten, ist sicherlich nicht förderlich bei den Heiratsbemühungen gewesen. Wie es Johannes' II. Vater dennoch gelang, seinen Sohn in einer Familie der dörflichen Oberschicht unterzubringen, kann nur vermutet werden.

Seine Frau stammte aus der Familie Weyel. Freundschaftlich war diese mit den Krämers verbunden, die zu den wohlhabendsten Familien gehörten. Die Weyels wie auch die Krämers waren im Dorf gut vernetzt. Johannes' II. Schwiegermutter hatte in zweiter Ehe Johann Peter Weyel geheiratet. Ihr erster Mann stammte aus der Familie Schott. Ein Spross der Familie, Adam Schott, hatte 1810 mit dem Zehnthof das größte Gehöft im Dorf ersteigert[47]. Die Familien Schott, Krämer und Weyel bildeten während des 19. Jahrhunderts ein beständiges Netzwerk. Aus diesen drei Familien stammten vier der zehn Bürgermeister und sechs der elf Ersten Beigeordneten in diesem Zeitraum[48].

Was hat Johann Peter Weyel dazu bewogen, eine seiner beiden Töchter mit Johannes II. zu verheiraten? Die 1852 erfolgte »Häusertheilung« zwischen den beiden Schwestern lässt Vermutungen zu[49]. Johannes II. war zu diesem Zeitpunkt neununddreißig Jahre alt, seine Frau Elisabetha dreiunddreißig. Beide hatten bereits zwei Kinder, eine Tochter und einen Sohn. Elisabethas Schwester war mit Heinrich Schmahl II. verheiratet. Wie auch in den späteren Generationen üblich hatte ihr Vater schon zu Lebzeiten den Besitz übergeben. Der umfangreiche Häuserteilungsvertrag führt die Schwestern bereits als gemeinsame Besitzerinnen an und nimmt Bezug auf das bereits geregelte lebenslange Wohnrecht für den Vater.

Weyel besaß in der Hauptstraße ein stattliches Gehöft. Das Wohnhaus war zweistöckig zu Beginn des 18. Jahrhunderts gegenüber dem Zehnthof errichtet worden[50]. Es war im Erdgeschoss mit Bruchsteinen und im Obergeschoss in Fachwerk erbaute worden. Der große Dachboden bot ausreichend Stauraum für die Einlagerung von Getreide. Aus diesem Grund waren die Balken des Fachwerks sehr massiv. Die Deckenhöhe war für Gebäude dieser Zeit recht hoch gewählt und trug dem Selbstbewusstsein eines vermögenden Bauern Rechnung. Die Bruchsteine zur Straßenseite hin waren groß und ordentlich behauen. Bei der linken Giebelwand hatte man sich größtenteils mit Feldsteinen beholfen, da zu dieser Seite ein kleineres zweites Wohnhaus angebaut war. Das Gehöft vervollständigten die für Rheinhessen typischen, seitlich angeschlossenen Wirtschaftsgebäude mit Stallungen und einem Kelterschuppen sowie zwei Scheunen, die den Innenhof zum Garten hin abschlossen.

Johann Peter Weyel scheint als Vater klar gewesen zu sein, dass er tüchtige Ehemänner benötigte, wenn es ihm nicht gelingen sollte, eine seiner Töchter bei einem Hofnachfolger der großen Familien im Dorf unterzubringen.

Vertrag über die Häuserteilung zwischen den Johannes Wagnerschen und den Heinrich Schmahlschen Eheleuten (1852).

Auf seinem großen Areal war zwar ausreichend Platz auch für zwei Familien. Es bedurfte aber umfangreicher Neubauten, um die Gebäude für die neu etablierte, zeitgemäße Landwirtschaft mit ganzjähriger Stallhaltung und ausreichender Lagerhaltung anzupassen. Die im Teilungsvertrag extra erwähnten, bereits lagernden Baumaterialien und die von Johannes II. in den bestehenden Gebäuden später vorgenommenen Umbauten sowie der Neubau und die Erweiterung der Scheune zeigen, dass auch der bestehende Gebäudebestand des frühen 18. Jahrhunderts den gewachsenen Ansprüchen der Zeit nicht mehr entsprach. Erste bauliche Schritte schienen also bereits in die Wege geleitet. In heutigen Zeiten würde man wahrscheinlich von einem gewissen Sanierungsstau sprechen, den die nachfolgende Generation anzugehen hatte.

Sicherlich auch um dafür geordnete Verhältnisse zu schaffen, entschlossen sich die beiden Schwestern zur Teilung des vom Vater übereigneten Besitzes. Zu diesem Zweck wurden zwei Lose gebildet. Die Ziehung erfolgte beim Notar Carl Wagner in Nieder-Olm. Anwesend waren zusätzlich noch zwei Zeugen aus dem Dorf, die beiden Ehemänner und der Vater. Es muss ein äußerst spannender Moment gewesen sein, weil die beiden Lose sehr unterschiedlich gestaltet waren. Jedes stellte ganz eigene Herausforderungen an die Erben. Das lag an den Gegebenheiten in der Hauptstraße. Auf dem zu teilenden Gelände standen zwei in die Jahre gekommene Scheunen und ein intaktes Wohnhaus. Das zweite kleinere musste abgerissen werden. Die ausführliche Beschreibung im Teilungsvertrag geht bis in die Details. Ob damit im Vorhinein Streitigkeiten zwischen den Schwestern ausgeschlossen oder diese schon bestanden und somit ausgeräumt wurden, muss unbeantwortet bleiben.

Auf den ersten Blick hatten Elisabetha und Johannes II. das eindeutig bessere Los gezogen. Ihnen fiel das bereits existierende Wohnhaus nebst der sich daran anschließenden Wirtschaftsgebäude und einer Scheune zu. Das Wohnhaus ihrer Schwester sollte abgerissen werden. An dessen Stelle schrieb der Vertrag eine gemeinsame Zufahrt mit zwei Toren und genauen Angaben, wie diese zu befestigen und in welche Richtung sie zu öffnen seien, vor. Das von Elisabethas Schwester und ihrem Ehemann »zu erbauende neue Wohnhaus muss binnen drei Jahren von heute vollendet sein«[51]. Bis dahin besaßen sie ein kostenfreies Wohnrecht im Haus der Schwester »in der Stube ebener Erde«. Eine noch zu errichtende Mauer sollte zukünftig den Hof teilen und für eine klare Trennung der seit mehreren Jahren gemeinsam genutzten Gebäude sorgen. Die Weinpresse im Kelterschuppen war das Einzige, bei dem man sich in Zukunft noch arrangieren musste. Die umfangreiche, elfseitige Abschrift des Teilungsvertrages zwischen den Schwestern bestätigte noch einmal das Wohnrecht des Vaters, der nun »so lange er am Leben sein wird, alternierend ein Jahr in einem der oben beschriebenen Häuser seiner Töchter unentgeldtlich« wohnen durfte.

Als Ausgleich hatten die »Johannes Wagner'schen Eheleute« 1.200 Gulden in drei Jahresraten nebst Zinsen an die Schwester und deren Mann zu zahlen[52]. Die Summe kann nicht als vollständige Kompensation zur Errichtung eines neuen Wohnhauses angesehen werden. Nur wenige Jahre nach der Erbteilung baute die Jüdische Gemeinde im Dorf eine Synagoge. Das einfach gehaltene zweistöckige Backsteingebäude nebst Ausstattung soll etwa 4.000 Gulden gekostet haben[53].

Das Wohnhaus, das Elisabethas Schwester Eva zusammen mit ihrem Mann nach der Erbteilung errichtete, dürfte ungleich mehr gekostet haben. Aus ihm spricht das Selbstbewusstsein eines stolzen Bauern, der in der Mitte des 19. Jahrhunderts anscheinend über das notwendige Kapital verfügte und dies gerne auch zeigte. Das zweigeschossige Gebäude aus gleichmäßig gehauenen großen Bruchsteinen verfügt über verzierte Sandsteingewände um die Fenster und die Eingangstür. Ein auffälliges Zahnfries zieht sich am gesamten Gebäude entlang und ist im Giebelbereich besonders ausgebildet. Die Eingangstür ist aus Eiche gearbeitet. Auch sie ist aufwändig verziert. Der großzügige Zuschnitt der Zimmer, ihre Deckenhöhe und der Stuck deuten an, dass man sich bewusst an bürgerlichen Raumformen der Zeit orientierte. Das große Zimmer in der oberen Etage sollte zudem als Gastraum nutzbar sein. Ob dies später auch erfolgte, ist nicht eindeutig zu beantworten. Die Dimensionen des »Sälchens« im Obergeschoss, in das man über eine breite Eichentreppe mit verziertem Geländer gelangte, lassen durchaus auch die Deutung zu, dass es für das Zusammensein im größeren Familienkreis gedacht war. Die verzweigte und im Dorf gut vernetzte Familie wollte man zur Kirchweih und zu Familienfeiern standesgemäß empfangen[54].

Vielleicht mag auch eine ganz bewusste Abgrenzung zur Schwester im Nachbarhaus eine Rolle gespielt haben. Im Vergleich zum 1853/54 errichteten Neubau mit den hohen Decken wirkt das kleinräumige Fachwerkhaus aus dem frühen 18. Jahrhundert, das zum vermeintlich besseren Los gehört hatte, mit der niedrigeren Geschosshöhe nun weit weniger repräsentativ und zeitgemäß. Mit dem Wohnhaus entstand an der Hauptstraße ein neuer Blickfang, der sich mit seinen Verzierungen an der Fassade und am Gebälk noch einmal deutlich von anderen Wohnhäusern in der Nachbarschaft abhob.

Zügig erfolgte danach der Bau der neuen Scheune und Stallungen sowie zweier kleiner Wohnräume für das Gesinde. An die neu errichtete Mauer, die den Innenhof teilte, wurden kleinere Ställe, wahrscheinlich für zwei bis drei Pferde und die der Eigenversorgung dienenden Schweine und Hühner, angefügt. Den neuen Abschluss zum Tor hin markierte ein kleiner Garten. Da sich der Nutzgarten zur Versorgung der Familie und des im Haushalt wohnenden Gesindes hinter der Scheune befand, diente dieser als kultivierter Verweilplatz. Ein ihn einrahmender Rebstock, der über eine verzierte Metallkonstruktion gezogen war, spendete Schatten. Hier wurde an den Sonntagnachmittagen im Sommer Hof gehalten.

Eine längere Familientradition entstand in den neuen Gebäuden nicht. Vielleicht hatte man sich auch mit den Baukosten und der Haushaltung übernommen. Schon in der nächsten Generation gab es Probleme. Im August 1895 brannte die Scheune, die im Frühjahr des Folgejahres wiederaufgebaut werden musste. Nur mit großer Mühe konnte ein Übergreifen auf die Nachbargebäude der Verwandtschaft verhindert werden[55]. Hinzu kamen wohl innerfamiliäre Konflikte. Die Enkeltochter von Eva und Heinrich Schmahl, Mina Huth, verließ am 30. Mai 1896 das Haus. In einem später per Post eintreffenden Brief nahm sie Abschied von den Eltern. Sie wolle bei Nierstein in den Rhein gehen. Eine Woche später wurde sie dort tot angespült. Es »scheint häuslicher Zwist mitgewirkt zu haben«[56]. Geldprobleme einer nur noch halbherzig geführten Wirtschaft mündeten einige Jahre später in die Versteigerung eines Teils der Acker- und Weinbergsflächen[57]. Zu dieser Zeit hatte schon der Enkel von Johannes II. auf dem Nachbarhof das Zepter übernommen. Er konnte insgesamt rund vier Morgen erwerben. Haus und Hof des überschuldet getürmten Hausherrn erwarb später der jüdische Viehhändler Hermann Stern[58].

Auch auf der anderen Seite der trennenden Mauer wurde der Gebäudebestand nach der Hofteilung 1852 kräftig ausgebaut. Johannes II. erweiterte die Scheune beträchtlich. Da Essenheim am Berg liegt, musste dazu auf fünfzehn Metern tief in den Hang gegraben werden. Ein zweiter Kellerraum entstand. Kartoffeln und Wein mussten somit nicht mehr zusammen in beengten Räumlichkeiten untergebracht zu werden. Das Volumen der Scheune bot nun reichlich Platz für das Einlagern von Heu, Stroh und Viehfutter sowie für Getreide.

Über die Größe des Betriebes in dieser Generation liegen keine Zahlen vor. Da die baulichen Gegebenheiten auch noch in den beiden nachfolgenden Generationen ausreichten und keine Vergrößerungen notwendig wurden, kann von einer ähnlichen Flächenausstattung ausgegangen werden. Das, was Elisabetha und Johannes II. aufgebaut hatten, reichte dem Sohn und dem Enkel, um 60 bis 80 Morgen Äcker und Weinberge bewirtschaften zu können. Scheune und Wirtschaftsgebäude boten Platz für alle kleinen Gerätschaften, die Fuhrwerke, den großen Erntewagen, einen Pflug, einen Herbstkarren mit Fass, verschiedene Bütten, eine Traubenmühle zur Zerkleinerung der Trauben vor dem Pressen in der Kelter, einige Stückfässer und das Vieh. Das Inventarium aus dem Haus Peter Wagners V. gibt Aufschluss, welchen Umfang der Tierbestand zu dieser Zeit in einem vergleichbaren Betrieb hatte. Zwei Pferde als Zugtiere reichten aus, um 60 Morgen zu bewirtschaften. Hinzu kamen vier Kühe, ein Rind, zwei Schweine und zwanzig Hühner[59].

Ob Johann Peter Weyel II., der am 13. Mai 1864 dreiundsiebzigjährig verstarb, mit der Auswahl der beiden Schwiegersöhne zufrieden war, darüber kann natürlich nur spekuliert werden. Das, was Heinrich Schmahl II. und Johannes II. ihren Nachkommen hinterließen, konnte sich sehen lassen. Die Schwager hatten zusammen mit ihren Frauen an der Hauptstraße zwei für die Zeit leistungsfähige landwirtschaftliche Betriebe aufgebaut. Das neu errichtete Wohnhaus der Schmahls setzte in der Außendarstellung für die Zeit Maßstäbe im Dorf. Auch das umbaute Volumen der Scheunen, mit den darin integrierten Wirtschaftsräumen, bot ausreichend Platz für eine »rationelle Landwirtschaft«, die nicht alleine der Eigenversorgung diente, sondern auf die Vermarktung der erzeugten Produkte fokussiert war[60]. Dabei verfügte man über so viel Lagerfläche, dass ganze

Weinjahrgänge auch über mehrere Jahre zurückgehalten werden konnten, wenn die Preise als zu niedrig erachtet wurden. Zusätzlich konnte der überschüssige Teil der Getreideernte so lange aufgehoben werden, bis sich im Frühjahr und Sommer des Folgejahres die Preise verbesserten.

Wie erfolgreich ihr Wirtschaften letztlich war, ist nicht dokumentiert. Der langfristige Trend der steigenden Getreidepreise und die hohe Kaufkraft landwirtschaftlicher Produkte im 19. Jahrhundert dürften dabei geholfen haben, die beträchtlichen Investitionen als Folge der Erbteilung zu kompensieren. Das von Elisabetha gezogene Los scheint hierbei im Rückblick doch das bessere gewesen zu sein. Sie und ihr Mann hatten zunächst nur die Wirtschaftsgebäude zu ertüchtigen und zu erweitern. Vielleicht pflegten sie auch eine etwas weniger aufwändige Haushaltsführung als das Paar jenseits der Mauer. Johannes II. war es gewöhnt, mit weniger auszukommen und das verdiente Geld zusammenzuhalten[61]. Am eigenen Wohnhaus nahmen sie keine Veränderungen vor. Verglichen mit den um sie herum an der Hauptstraße nach und nach ab der Mitte des 19. Jahrhunderts entstehenden neuen und großzügigeren Bauernanwesen wirkte es doch recht schmucklos.

Zumindest Johannes II. scheint seinen Nachfahren ein gut bestelltes Feld hinterlassen zu haben. Ihm war es sogar gelungen, den sonst auf den Schultern des Vaters lastenden Druck, für einen Ausgleich des Teilungsverlusts durch eine gute Zuheirat zu sorgen, frühzeitig abzumildern. Während seine Tochter, die mit einem Mossel vermählt war, die Übernahme des Betriebes anstrebte, besuchte sein vier Jahre jüngerer Sohn Johannes VIII. seit 1862 die Technische Schule in Darmstadt. Die unter Volldampf laufende Industrialisierung gierte nach gut ausgebildetem technischen Personal, und der Zweitgeborene schien wenig Interesse an der Arbeit des Ackerbauern zu haben.

Der Geometer – von Feldbüchern, Gemarkungsplänen und der Vermessung des Dorfes

»Die Realschulen sind ja nicht für den sogenannten großen Haufen da, und sicher hat niemand bei ihrer Anlage daran gedacht, daß aus ihren Lehrsälen gewöhnliche Ackerleute und mechanische Arbeiter hervorgehen sollen«[62]. Mit diesen Worten beschrieb 1843 der damalige Direktor der Schule, Theodor Schacht, die Ausrichtung seiner Lehranstalt in Darmstadt. Sie sollte als polytechnische Oberstufe ihren Schülern technische Grundlagen vermitteln. Zunächst noch als »Großherzogliche Real- und Höhere Gewerbeschule« geführt, ab 1864 dann als Technische Schule, wurde sie 1877 zur Technischen Hochschule Darmstadt. Am Darmstädter Kapellplatz wurde für die steigenden Schülerzahlen im Dezember 1844 ein Neubau eingeweiht. Dort verbrachte Johannes VIII. zwei Jahre.

In Rheinhessen, der linksrheinisch gelegenen Provinz des Großherzogtums Hessen, nahm seit der Geburt des Sohns von Johannes II. 1845 die Industrialisierung langsam an Fahrt auf[63]. In der ersten Hälfte des 19. Jahrhunderts überwog noch »industrialisiertes Handwerk«[64]. Erst ab den 1850ern stieg die Anzahl der eingesetzten Dampfmaschinen schneller an, die auch als Antrieb für die Dreschmaschinen in der Landwirtschaft Verwendung fanden. Der Einsatz einer Dreschmaschine ist in Essenheim erst für das Jahr 1890 nachweisbar[65].

Prägender dürfte für die Menschen im Selztal der schrittweise Ausbau der »Hessischen Ludwigsbahn« ab 1853 gewesen sein. Durch das Eisenbahnzeitalter wurde die innere Erschließung Rheinhessens, die mit dem Ausbau der Wege in der Napoleonischen Zeit und danach begonnen hatte, mächtig vorangetrieben. Die damit verbundene Begeisterung, aber auch die Ängste beschreibt der Nieder-Olmer Autor Wilhelm Holzamer eindrücklich in seinem 1908 erschienenen Roman »Vor Jahr und Tag«[66]. Auch wenn der 1870 geborene Holzamer kein unmittelbarer Zeitgenosse des Eisenbahnbaus im Selztal war, so wird aus seinem Text doch der Wandel deutlich, der sich durch den Beginn der Arbeiten an der Bahntrasse ankündigte und durch die Inbetriebnahme vollzog.

Sicherlich war es die Begeisterung für das technische Zeitalter, die Johannes VIII. weg zog. Vielleicht trug aber auch die bewusste Abgrenzung vom Vater mit dazu bei. Johannes II. musste aufbauen. Er drehte jeden verdienten Gulden mehrfach um, bevor er ihn ausgab. Er war ein Acker- und Weinbauer durch und durch. Der spätere Geometer war all dies nicht[67].

Am 9. Februar 1866 wurde Johannes VIII. zum Geometer zweiter Klasse ernannt[68]. Der schwelende Konflikt zwischen Preußen und Österreich um die Vorherrschaft im Deutschen Bund eskalierte im Laufe des Frühsommers. Im Juni 1866 marschierten preußische Truppen im von Österreich besetzten Holstein ein. Das Großherzogtum Hessen stellte sich auf die Seite des Deutschen Bundes und gehörte damit nach der Niederlage der österreichischen Truppen in der Schlacht bei Königgrätz am 3. Juli zu den Verlierern des Krieges. In Mainz wurde daraufhin die Bundesfestung für eine Belagerung vorbereitet[69]. Die preußischen Truppen drangen bis zum Rhein vor. Eine Beschießung der Stadt und das Vordringen der Preußen nach Rheinhessen war zu befürchten.

Ab Anfang August gab es jedoch einen Waffenstillstand. Die Stimmung innerhalb der rheinhessischen Bevölkerung hatte sich mittlerweile gewandelt. War man zu Beginn des Konfliktes noch gegen Preußen gesinnt, so gewann jetzt eine andere Ansicht die Oberhand. Die Mainzer Handelskammer argumentierte für eine Orientierung gen Norden. Dorthin wiesen alle »Verkehrsverhältnisse« und dort lägen somit auch die »besten Absatzgebiete für Frucht und Wein«[70].

Auf den frisch ernannten Geometer, der Anfang des Jahres 1866 seine Prüfung abgelegt hatte, kamen bald ganz andere Probleme zu. Seine Schwester Anna Maria starb im März 1870. Sie hatte 1866 und 1869 ihre beiden Töchter beerdigen müssen. Sie wurden jeweils nicht viel älter als eineinhalb Jahre. Die junge Mutter scheint an den Schmerzen über den doppelten Verlust zugrunde gegangen zu sein. Eine wirkliche Wahl hatte Johannes VIII. nach dem Tod der Schwester nun nicht mehr. Seine bisherige Lebensplanung, die Abkehr von der Landwirtschaft und die Hinwendung zu einem technischen Beruf mit akademischer Vorbildung, spielten durch den Schicksalsschlag keine Rolle mehr. Der von den Eltern aus der Erbteilung heraus mühsam aufgebaute Familienbetrieb musste weitergeführt werden.

Eine Übergabe von Haus, Hof und Land an die Schwester und ihren Mann hatte noch nicht stattgefunden. Das noch immer bestehende hohe Risiko für Frauen, während oder an den Folgen der Geburt zu sterben, hielt die gängige Praxis am Leben. Es wurde zwar zu Lebzeiten der Besitz an die nachfolgende Generation übertragen, aber erst dann, wenn zumindest ein Enkelkind auf der Welt war und dieses ein gewisses Alter erreicht hatte. Der Witwer musste seinen Verlust alleine bewältigen und Platz machen für den Bruder der Verstorbenen. Die mit der Eheschließung verbundenen Hoffnungen und die sich aus dem Tod der Frau ergebende Enttäuschung, das Haus wieder verlassen zu müssen, blieben im Gedächtnis der Betroffenen haften[71].

Dem Geometer schien man durchaus zuzutrauen, dass er zur Führung des Betriebs in der Lage war. Und er musste sich auch als Acker- und Weinbauer schnell bewährt haben. Zumindest deutet darauf seine Eheschließung mit Elisabetha Krämer am 15. Februar 1872 hin. Die Verbindung der Familien war bereits bei der Geburt der Braut gelegt worden. Die Mutter von Johannes VIII. hatte als ihre Taufzeugin fungiert[72]. Mit der Tochter des Bürgermeisters bekam der Geometer eine der wahrscheinlich besten Partien, die es im Dorf in dieser Zeit gab. Die Eheschließung stabilisierte die Etablierung der Familie von Johannes II. in der dörflichen Oberschicht. Im Verzeichnis der Höchstbesteuerten der Gemeinde rangieren Johannes II. und sein Sohn, der Geometer, 1890/91 an Position acht[73].

Für seine zweite Tochter hatte Jakob Krämer VII. auf der Suche nach einem geeigneten Ehemann ins acht Kilometer entfernte, überwiegend evangelische Saulheim ausweichen müssen. Das verwandtschaftliche Netzwerk, das durch solche Verbindungen über die Dorfgrenzen hinweg entstand, wurde auch noch mehrere Generationen später genutzt für berufliche Pläne der Kinder, zum fachlichen Erfahrungsaustausch und die sonntägliche Landpartie[74]. Krämer als Bürgermeister und zu dieser Zeit vielleicht größter Bauer im Dorf brachte seine Kinder ganz gezielt in aussichtsreiche Familien und untermauerte damit nicht zuletzt auch die eigene Position im dörflichen Sozialgefüge.

In zwei Erbteilungen stattete Jakob Krämer VII. seine Tochter 1883 und 1897 mit Acker- und Weinbergsflächen aus.[75] Die Frau des Geometers erhielt insgesamt gut 35 Morgen in den Gemarkungen Essenheim, Elsheim, Stadecken und Nieder-Olm. Ihr Erbteil setzte sich aus 30,5 Morgen Ackerland, 3,2 Morgen Weinbergen und knapp zwei Morgen Wiesen zusammen. Die Zahlen spiegeln ganz gut die unterschiedliche Landnutzung in dieser Zeit wider.

Der Anteil der Wiesen war stark zurückgegangen. Dauerhaft als Grünland wurden weitgehend nur noch die Flächen genutzt, die sich nicht in die Fruchtfolge einbinden ließen. Das waren vor allem stark durchfeuchtete Parzellen nahe am Fluss, die für den Ackerbau kaum nutzbar waren. Der Anteil der Wiesen ging auch in den folgenden Jahrzehnten kontinuierlich weiter zurück. Die Versorgung des Viehs erfolgte über den Anbau von Klee und Luzerne und war damit auf den Ackerflächen möglich.

Das Verhältnis von Ackerland zu Weinbergen, das sich aus Elisabethas Loszetteln von 1883 und 1897 errechnen lässt, ist als charakteristisch für unsere Familie anzusehen. Es bewegte sich schwankend in einem Verhältnis von 10:1. Der Anteil liegt leicht über dem Schnitt der Region. Das verwundert nicht, da Essenheim auch im regionalen Vergleich schon zu Beginn des 19. Jahrhunderts innerhalb des Kantons Nieder-Olm über eine vergleichsweise große Rebfläche verfügte.

Die Ertragsrebfläche Rheinhessens stieg im 19. Jahrhundert, mit Unterbrechungen, kontinuierlich an. 1828 wurden etwa 6.500 ha bewirtschaftet, 1834 schon 8.000[76]. Bis 1883 waren 10.600 ha bestockt. Das Wachstum flachte dann etwas ab. 1893 wurden 10.995 ha gezählt. Über 11.762 ha im Jahr 1900 stieg die Fläche bis 1904 stark auf 12.863 ha an[77].

Für 1838 berechnet Türke den Anteil der Rebfläche an der gesamten landwirtschaftlichen Nutzfläche mit 8%. Der Anstieg ging auf Kosten der Acker- und Wiesenflächen. Ihr Anteil nahm kontinuierlich ab und der Anteil der Rebflächen im gleichen Maße zu. Diese Tendenz setzte sich bis in die 1930er Jahre fort. »Die allgemeine Tendenz deutet auf eine Intensivierung der Landwirtschaft durch Anlage von Sonderkulturen hin, die arbeits- und kapitalintensiv und risikoreich sind, dabei aber höhere Gelderträge versprechen«[78].

Der Bedeutungszuwachs des Weinbaus fällt in eine Zeit, in der zuerst mit den aus Amerika eingeschleppten Pilzerkrankungen Oidium (seit 1845) und Peronospora (seit 1878) und dann mit der Reblaus existenzgefährdende Krankheiten und Schädlinge die Erträge stärker schwanken ließen[79]. Die Bandbreite zwischen krankheitsbedingtem Totalausfall und ertragstarken Jahrgängen nahm zu. Die auf eine wirtschaftliche Betriebsführung ausgerichteten Angehörigen der bäuerlichen Oberschicht glichen in schlechten Jahren nicht selten den eigenen Mangel an Trauben durch umfangreiche Zukäufe auch über die Dorfgrenzen hinaus aus[80]. Im Durchschnitt wurden in der Mitte des 19. Jahrhunderts etwa 2.550 Liter Most auf einem Hektar Rebfläche geerntet[81]. In einem ertragreichen Jahr konnte es auch die doppelte Menge sein. Danach sank der Durchschnittsertrag bis 1900 langsam aber kontinuierlich auf etwa 2.300 Liter je Hektar. Diese Entwicklung ist vor allem der Ausbreitung der Reblaus zuzuschreiben.

Wenige gute Jahrgänge innerhalb eines Jahrzehnts vermochten aber den vereinzelten Totalverlust vollständig auszugleichen[82]. Die im 19. Jahrhundert entlang der Rheinfront wachsenden Weinbaubetriebe und ihre zum Teil prunkvolle Außendarstellung des wirtschaftlichen Erfolgs, die die Gebäude auch heute noch spiegeln, zeugen von dieser Zeit. Der Weinbau barg ein immenses Risiko, entlohnte aber mit Gewinnen, die im Ackerbau nicht zu erzielen waren. Als Betriebsleiter musste man sich dessen bewusst sein.

Auch in Essenheim wurden in der Zeit Johannes' II. und des Geometers Parzellen gerodet und statt der Reben Obstbäume gepflanzt[83]. Obst versprach einen kontinuierlicheren Ertrag. In der Lage Sauermilch standen die Bäume bis in die Zeit der Flurbereinigung und der Mechanisierung im Weinbau, die eine bessere Bodenbearbeitung möglich machte. Neu verlegte Drainagen leiteten das Wasser ab. Dadurch bekam man den Eisenmangel der Pflanze (Chlorose) in schlecht durchlüfteten und von Quellen durchfeuchteten Lagen besser in den Griff.

Die Chancen des Weinbaus schienen nur jene zu nutzen, die sich einen Totalverlust auf einem Teil ihrer Flächen leisten konnten und die das nötige Kapital für Fässer und Keller besaßen, um den Wein einlagern zu können. Sie erweiterten ihre Weinbergsflächen auch in der zweiten Hälfte des 19. Jahrhunderts, die den Auftakt zu einer regelrechten »Goldgräberstimmung« im Weinbau markierte. Aus den Erinnerungen von Jacob Schlamp aus Nierstein wird dies eindrucksvoll deutlich[84]. Wein war Spekulationsobjekt. Gute Preise waren nur dann zu erzielen, wenn man nicht darauf angewiesen war, die Trauben direkt oder den jungen Wein noch im Winter des Erntejahres zu verkaufen[85]. Mitunter lagerten größere Mengen auch über zwei bis drei Jahre, um sie dann zu verkaufen, wenn die Reife günstig war oder durch schlechte Ernten die Preise steil nach oben gingen.

Die durch den französischen Chemiker Jean-Antoine Chaptal entwickelte und für Deutschland durch Ludwig Gall verbreitete Zuckerung von Most während der Gärung zur Erhöhung des Alkohols ermöglichte es, auch schlechtere Jahrgänge so weit zu verbessern, dass sie zu vermarkten waren. Die von Gall modifizierte »Nassverbesserung« mittels in Wasser gelöstem Zucker senkte zudem den Säuregehalt des späteren Weines und machte diesen früher trinkbar.

All diese Neuerungen fielen in die Lebenszeit des Geometers und steigerten die wirtschaftlichen Erfolgsaussichten im Weinbau beträchtlich, wenn man über das nötige Wissen, Risikobereitschaft und Kapital verfügte. Es deutet daher vieles darauf hin, dass von dieser Entwicklung vor allem die bäuerliche Oberschicht profitierte. Wie auch bei der

Einlagerung von Getreide über die Ernte hinaus, konnten meist nur sie es sich leisten, ihre Produkte nicht gleich zu verkaufen. Sie verfügten über eine seit mehreren Generationen bestehende Tradition rationellen Wirtschaftens. Der möglichst gewinnbringende Verkauf landwirtschaftlicher Produkte dominierte ihr Handeln. Und im Weinbau kam der Spekulation ganz besondere Bedeutung zu.

Dass der Geometer sich mit den Neuerungen in der Kellertechnik beschäftigte, ist eher unwahrscheinlich. Seine Interessen galten der Vermessung des Dorfes. Die Entwicklung setzte erst mit seinem Sohn ab den 1890ern ein. Welche Verdienstmöglichkeiten im Weinbau lagen, das musste ihm aber durchaus bewusst gewesen sein. Im Dorf konnte man das gut schon ab der Mitte des 19. Jahrhunderts beobachten. So bauten Peter Wagner V. und dann seine beiden Söhne Wilhelm und Johannes Wagner IX. das von Lorenz Strub übernommene Gehöft zu einer Kellerei und Weinhandlung aus. Peter Wagners Enkelin, die Jean Wagner heiratete, brachte aus ihrem Elternhaus in der Elsheimer Straße ein 4.000 Liter fassendes Holzfass als Mitgift mit in die Hauptstraße. Gebinde in dieser Größe hatte es bis dahin in den Kellern dort nicht gegeben[86]. Mit den Gewinnen aus dem Weinbau gelang es Peter Wagner und seinen beiden früh verstorbenen Söhnen, durch Zukäufe die eigene Betriebsfläche beträchtlich auszubauen. Es gab im Dorf kaum eine Versteigerung von Land, bei der er nicht mitmischte. Der Erfolg seines Wirtschaftens dürfte den anderen Familien der bäuerlichen Oberschicht daher nicht verborgen geblieben sein.

Die beträchtliche Zunahme der landwirtschaftlich und weinbaulich genutzten Fläche des Geometers hingegen ging vor allem auf das zurück, was seine Frau aus dem Besitz der Eltern erhielt. Aus dem Erbteil, den Elisabetha, geborene Krämer zu Lebzeiten des Vaters zugesprochen bekam, lässt sich die Größe des elterlichen Betriebs grob abschätzen. Geht man davon aus, dass die Eltern einen kleinen Teil Land zur Sicherheit behielten und der den Hof übernehmende einzige Sohn einen »Zuschlag« erhielt, weil er den Eltern ein lebenslanges Wohnrecht einräumte, dann bewegte sich der Besitz des Bürgermeisters Krämer um die 120 Morgen.

Die landwirtschaftliche Fläche des Geometers von etwa 41 Morgen wirkt dagegen recht klein. Etwas salopp gesagt: Der Bürgermeister und sein Schwiegersohn spielten eigentlich in sehr unterschiedlichen Ligen. Dass die Verbindung dennoch zustande kam, dafür lassen sich drei Gründe anführen. Es könnte schlicht ein Mangel an geeigneten Partnern aus der bäuerlichen Oberschicht des Dorfes bestanden haben. Diese Erklärung scheidet jedoch aus. Jakob Krämer scheute sich nicht davor, für die zweite Tochter auch über die engen Grenzen des Dorfes hinaus nach einem geeigneten Partner zu suchen. Für den Geometer sprach sicherlich, wie oben bereits erwähnt, die Tatsache, dass er als einziges Kind nicht noch teilen musste. Der zunächst für seine verstorbene Schwester ausgesuchte Ehemann trug zwar den Namen Mossel. Er gehörte aber nicht der Familie mit dem gleichen Namen an, die zur Spitze der dörflichen Oberschicht zählte. Trotz seiner akademischen Ausbildung und der Abwendung vom Betrieb hätte der Geometer seinen Erbteil erhalten und damit den der Schwester beträchtlich gemindert. Die Verbindung mit einer Tochter der führenden Familien im Dorf scheint also erst durch den Tod der Schwester möglich geworden zu sein. Und nicht zuletzt dürfte für die Krämers, in deren Familie Bücher und die Musikstunden für die Kinder fester Bestandteil waren[87], die Aussicht auf einen sich durch den Bildungsgrad heraushebenden Schwiegersohn den mangelnden Landbesitz ausgeglichen haben. Nur in der unmittelbar nachfolgenden Generation war das Missverhältnis von Eigentum zum Zugewinn durch die Heirat noch stärker ausgeprägt[88].

Die Verfügungsgewalt über die wichtigste Resource, das Land, blieb aufgrund der Realteilung noch lange Zeit der entscheidende Faktor für den Erhalt der Stellung im dörflichen Sozialgefüge. Nur langsam gesellten sich weitere Faktoren hinzu, die noch über mehrere Generationen aber in ihrer Bedeutung deutlich zurückstanden. Dass dabei jede Generation und auch jede Familie immer wieder neue Strategien entwickelte und das Bündel der Kriterien bewusst oder unbewusst unterschiedlich gewichtete, soll nicht in Abrede gestellt werden.

Sicherlich haben beide Väter abgewogen, welcher Partner am besten zum eigenen Kind und in die eigene Familie passte. Auch Johannes II. dürfte dies für seinen Sohn getan haben. Insbesondere dann, wenn die Schwiegertochter ins Haus zog und sich in das bestehende familiäre und betriebliche Gefüge einordnen musste. Zum Haushalt in der Hauptstraße gehörten, als Elisabetha Krämer hinzukam, neben Johannes II. und seiner Frau noch ein Knecht und eine Magd. Die Schwiegereltern der zwanzigjährigen Braut waren um die sechzig. Verschiedene Tagelöhner halfen bei den Arbeitsspitzen des Jahres mit. Sie stammten zumeist aus dem Dorf, während das Gesinde mitunter auch von weiter her kommen konnte. Gute Mägde und vor allem Knechte versuchte man längerfristig zu halten. Der Landwirtschaftliche Verein für Rheinhessen zeichnete Gesinde, das lange Zeit in der gleichen Familie blieb, aus. Einen guten Knecht, der die Pferde eigenständig versorgte und erfahren war im Umgang mit Gespann und Pflug, den warb man sich innerhalb das Dorfes gerne auch mal ab[89].

Elisabetha Krämer kannte von daheim die Abläufe und Anforderungen an die Führung eines noch deutlich größeren Haushalts. Die Wirtschaft in der Hauptstraße erschien dagegen weit überschaubarer. An der Seite ihres Mannes kamen aber schnell ganz neue Aufgaben auf sie zu, in die sie zwangsläufig hineinzuwachsen hatte. Auf einem um 1910 aufgenommenen Foto sieht man ihr das arbeitsreiche Leben deutlich an. Sie ist hager und wirkt ausgezehrt. Auch ihre Hände sollen von der schweren Arbeit im Haushalt und draußen auf den Äckern und im Weinberg gezeichnet gewesen sein[90]. Johannes VIII. ging weiterhin gerne seinem erlernten Beruf nach. Sein Fokus war nicht alleine auf den Acker- und den Weinbau gerichtet. Viele Arbeiten überließ er dem Knecht und der eigenen Frau.

Von Jean, ihrem Sohn, ist der Ausspruch überliefert, dass der Betrieb einen zweiten Geometer nicht verkraftet hätte, weil sich der erste schon kaum um die Äcker und Weinberge gekümmert habe. Daraus spricht nicht allein die bewusste Abgrenzung vom eigenen Vater, sondern auch eine ganz offen geäußerte Bestandsaufnahme und Beobachtung der Situation.

Der Geometer begann 1868 stattdessen mit der arbeitsintensiven Erstellung eines vollständigen Katasters für die gesamte Gemarkung Essenheim[91]. Die Vermessung des Dorfes gipfelte darin, dass er für alle interessierten Landbesitzer zusätzlich noch einzelne Ackerbücher erstellte. In diesen aufwändig gezeichneten Darstellungen wurde jede Parzelle des jeweiligen Besitzers auf einer separaten Seite dargestellt[92]. Das Projekt hatte einen immensen Umfang. Der Geometer muss monatelang damit beschäftigt gewesen sein.

Darüber hinaus nahm der Geometer gerne Aufträge im Umkreis an, wenn es um die Einmessung vor dem Baubeginn von Scheunen oder Wohnhäusern ging. Sein Sohn erinnerte sich an diese tagesfullenden Vermessungen in Nachbarorten, für die es eine kaum nennenswerte Entlohnung gab[93]. Er habe seinem Vater vorrechnen müssen, dass

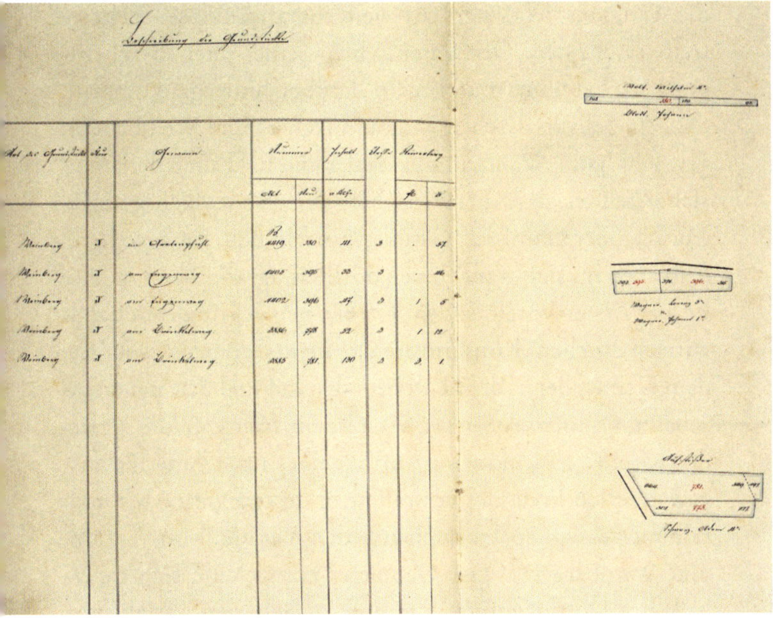

Ausschnitt aus dem Ackerbuch für Adam Mossel, erstellt vom Geometer (um 1868).

man auch für die lange Wegstrecke zu Fuß etwas berechnen müsse. Sonst lohne sich das alles doch überhaupt nicht[94]. Als Tagesgelder waren die Geometer zweiter Klasse 1832 befugt, zwei Gulden in Rechnung zu stellen. Verglichen mit dem Wert eines Stückfasses Wein zur gleichen Zeit, entsprach der Tagessatz damals in etwa dem Verkauf von 20-30 Litern Wein aus einem durchschnittlichen Jahrgang. Das Verhältnis dürfte sich bis in die 1870er Jahre nicht wesentlich verändert haben. Auch darin wird die Kaufkraft landwirtschaftlicher Produkte im Vergleich zu Dienstleistungen für das 19. Jahrhundert noch einmal deutlich.

Für den Sohn des Geometers, der schon in jungen Jahren sehr betriebswirtschaftlich dachte und kalkulierte, musste die Tätigkeit des Vaters als weitgehend nutzloser Zeitvertreib erscheinen. Der Vater schien seiner alten Beschäftigung nachzutrauern und nicht darüber hinwegzukommen, dass ein Schicksalsschlag ihn zum Acker- und Weinbauern gemacht hatte. Während Elisabetha und bald auch der Sohn sicherstellten, dass die Wirtschaft zuhause leidlich geführt wurde, übernahm der Geometer nach und nach weitere Aufgaben im sich wandelnden dörflich-agrarischen Umfeld. Er war Erster Vorsitzender des 1880 neu gegründeten Landwirtschaftlichen Konsumvereins. Der Geometer gehörte dem Gemeinderat, dem Kirchenvorstand und der Steuereinschätzungskommission an. Außerdem führte er die Kasse der Kirchengemeinde. Im Auftrag eines nach Amerika ausgewanderten Freundes verwaltete er dessen Vermögen und kümmerte sich später auch um den Verkauf von Äckern und Weinbergen[95]. Der Geometer entwickelte sich innerhalb des Dorfes durch seine breit gefächerten Tätigkeiten und auch die Ämter, die er übernahm, zu einem geachteten und angesehenen Bürger. Als »studierter Bauer« scheint er zudem eine kommunikative Persönlichkeit gewesen zu sein, der man Vertrauen entgegenbrachte. Seine Position im dörflichen Sozialgefüge war eine herausgehobene. Er wirkte auch über die Grenzen des Dorfes hinaus und hielt Kontakte im näheren regionalen Umfeld.

Die Veränderungen im eigenen Betrieb während der Zeit des Geometers sind hingegen überschaubar und lassen ein zwiespältiges Bild entstehen. In den frühen 1880ern wurden die Seitengebäude, in denen sich die Stallungen für die Kühe befanden, aufgestockt. Damit trug man wahrscheinlich dem Flächenzuwachs aus der Familie der Ehefrau Rechnung. Der über dem Stall entstandene Stauraum brachte zudem eine Arbeitserleichterung bei der täglichen Fütterung der Tiere. Die Wege verkürzten sich. Es ist unmöglich, einzelne Personen innerhalb einer Generation als Motoren für kleine

Rationalisierungsschritte klar zu benennen. Der Geometer wird sicherlich den größten Teil der Arbeiten am Kataster und das Zeichnen der schmuckvollen Ackerbücher in den arbeitsärmeren Wintermonaten unternommen haben. Aber auch in dieser Zeit mussten die Tiere versorgt, das Getreide gedroschen und notwendige Ausbesserungen vorgenommen werden. Meine Tante erinnert sich, dass sich Elisabetha nicht scheute, auch schwere »Männerarbeiten« zu übernehmen, wenn der Geometer nicht da war[96]. Die Erleichterung einzelner Arbeiten durch überschaubare bauliche Maßnahmen dürfte also durchaus auch in ihrem Interesse gewesen sein.

Nicht ganz eindeutig zeitlich einzuordnen ist die Einrichtung eines zweiten Pferdestalls. Er entstand im aufgestockten Seitengebäude, das vom Wohnhaus bis zur Scheune den Hof auf der rechten Seite begrenzte. Mit wie bisher zwei Pferden, für die im linken Teil der Scheune ein Stall mit vorgelagerter Geschirrkammer und einem Schlafraum für den Knecht existierte, konnten die knapp 77 Morgen, die durch die zweite Erbteilung im Hause Krämer und Zukäufe sogar noch auf 84 Morgen anwuchsen, unmöglich bewirtschaftet werden[97].

Da sich für diesen Zeitraum kein zusätzliches Personal feststellen lässt, man verfügte weiterhin über einen Knecht und eine Magd, machte ein drittes Pferd frühestens ab 1890 Sinn. Zu diesem Zeitpunkt war der Sohn fünfzehn und in der Lage, ein Gespann zu führen. Möglich wäre aber auch, dass hierzu im Tagelohn Personal für die Zeit von November bis Weihnachten eingesetzt wurde. In dieser Zeit wurden die Äcker umgebrochen. Bis Mitte Dezember wollte man damit gerne fertig sein, manchmal schaffte man es aber auch erst wenige Tage vor Heiligabend.

Für die zeitliche Verortung des zweiten Pferdestalls spricht auch der nicht unbedeutende Flächenzuwachs zwischen 1892 und 1900, der nicht auf die Erbteilung der

Ehefrau zurückzuführen ist. Für diesen Zeitraum liegen mehrere Kaufverträge und Steigbriefe vor. Um insgesamt knapp sieben Morgen konnte man die eigene Fläche durch Zukäufe erweitern. Etwa die Hälfte entfiel dabei auf die Versteigerung in der Nachbarschaft, jenseits der Mauer, wo die Nachfahren der Schwägerin von Johannes II. 1900 ihren Besitz veräußern mussten[98].

Auf den ersten Blick rücken diese Grundstückskäufe den Geometer in ein anderes Licht. Er scheint sich doch um den Ausbau des Betriebes gesorgt zu haben, zumal er und Elisabetha drei Kinder hatten. Auffällig ist, dass dieses Bemühen um Land erst 1889 einsetzte. Für die Zeit davor sind keine Kaufverträge oder Steigbriefe vorhanden und Flächenveränderungen durch Zukäufe auch über andere Quellen nicht nachweisbar. Der Geometer muss entweder mit vierundvierzig Jahren den Landerwerb für sich neu entdeckt haben oder es war schon sein Sohn, der hier als treibende Kraft anzusehen ist. Für letztere Deutung spricht einiges. Johannes XI., der von allen nur Jean gennant wurde, drängte schon früh in die Lücke, die der Geometer ließ. Wahrscheinlich lernte er dadurch bereits als Jugendlicher Entscheidungen zu treffen und sah sich gezwungen, Verantwortung zu übernehmen, zumal wenn der Geometer für Vermessungen in den Nachbardörfern tageweise unterwegs war.

Mein Vater berichtet im Interview von einer Geschichte, die Jean immer wieder gerne erzählte. Mit vierzehn Jahren, also 1889, habe er schon seine ersten Weine ausgebaut. Als dann der jüdische Weinhändler aus dem Dorf zur Begutachtung des Jahrgangs mit am Fass stand, habe er sich für den Wein des Jungen entschieden, diesen gelobt und das Fass sofort gekauft. Von dem Zeitpunkt an habe ihm der Vater die Herrschaft über den Keller überlassen. Der Geometer sei darüber sogar recht froh gewesen, weil er einen Teil der Verantwortung somit los war[99].

Sicherlich kann solch eine überlieferte Erzählung hinsichtlich des Wahrheitsgehalts kritisch hinterfragt werden. Ganz abwegig erscheint aber der tiefere Gehalt dennoch nicht. Der Betriebsnachfolger wuchs frühzeitig in die Verantwortung und konnte seine Mutter zusammen mit der älteren und später auch der jüngeren Schwester bei den notwendigen Arbeiten unterstützen. Elisabetha wirkte als Bewahrerin in einer Phase des verlangsamten Ausbaus. Sie glich fleißig und arbeitsam den Schöngeist aus, der ihr Mann zeit seines Lebens blieb. Ohne ihre Tatkraft sowie den Verzicht auf einen sichtbar gehobenen Lebensstil, den sie aus dem Elternhaus gewohnt war, hätte der Betrieb in dieser Größe keinen Bestand gehabt.

Die Versicherungsurkunde des Geometers aus dem Jahr 1902 dokumentiert, dass sich die Ausstattung des Betriebes sowie der Gebäudebestand bis auf kleinere Umbauten trotz einer Verdoppelung der landwirtschaftlichen Nutzfläche gegenüber Johannes II. kaum verändert hatte[100]. Diese Beobachtung darf aber auch nicht überbewertet werden. Der technische Fortschritt deutete sich zwar als Schimmer am Horizont bereits an, aber der Bauer des Kaiserreiches arbeitete doch weitestgehend noch mit den Gerätschaften, die auch seine Vorfahren schon kannten[101]. Elisbethas Loszettel bei der Erbteilung im Elternhaus und nicht das umsichtige Wirtschaften ihres Mannes hoben die Familie in die Gruppe der führenden Familien der bäuerlichen Oberschicht. Innerhalb dieser nahm der Geometer durch seine akademische Bildung eine besondere Position ein.

Drei Kinder erreichten das heiratsfähige Alter. Spätestens zu diesem Zeitpunkt würde es sich erweisen, ob auch die anderen begüterten Familien im Dorf den Geometer ähnlich einschätzten und seinen Nachkommen den Verbleib in der Oberschicht ermöglichten.

Der Jean – Aktien, Äcker und das Kurhaus

Im Frühjahr 1926 nimmt die Familie Aufstellung für den Fotografen, der gegenüber der Hauptstraße 30 neben der Gemeindewaage Position bezogen hatte. Johannes Wagner XI., den alle im Dorf Jean nannten, und seine Frau Marie blicken von den breiten Sandsteinstufen des Hauseingangs stolz in die Kamera. Er ist zu diesem Zeitpunkt fünfzig Jahre alt, sie fünf Jahre jünger. Marie steht eine Stufe höher als ihr Mann und überragt ihn dadurch leicht. Sie trägt einen langen Mantel, lederne Handschuhe sowie einen Hut, der an einen gedrungenen Zylinder erinnert. Jeans rechte Hand steckt lässig in der Hosentasche. Unter seinem schwarzen langen Mantel schimmert die silberne Weste, die über Jahrzehnte zu seinem Sonntagsstaat gehörte. Die goldene Taschenuhr mit der langen Kette ist nicht zu sehen. Der Mantel verdeckt sie. Ohne die Taschenuhr ging er nicht aus. Die war immer dabei, auch wenn er bis ins hohe Alter fein herausgeputzt das Haus nur verließ, um mit seinen Freunden in einer der Kneipen des Dorfes Karten zu spielen[102]. Dann hatte er stets, auch wie jetzt wieder, eine Krawatte umgebunden. Feine Kleidung und ein distinguierter Stil prägten sein Auftreten und machten das Selbstbewusstsein eines stolzen Acker- und Weinbauern deutlich. Die Wirkung nach Außen war ihm zeit seines Lebens sehr wichtig.

Die beiden haben sich vor dem Haus postiert. Im Hintergrund sind die reichen Schnitzereien an der großen Eingangstür zu erkennen. Auch wenn die Konstellation so wirkt, als entspräche sie dem typischen Arrangement, das seit 1910 oft in unseren Alben anzutreffen ist – man stellt sich vor das eigene Haus –, spiegelt sich hier doch eine ganz andere Situation. Jean präsentiert seinen ganzen Stolz. Der steht direkt vor ihm und seiner Frau auf der Straße. Da-

Die Familie und der Morris Oxford »Bullnose« (1926).

für hatte man den Fotografen einbestellt. Im neuen Morris Oxford sitzt der ältere Sohn Ernst am Steuer, der sechzehnjährige Hans daneben. Sein Arm liegt auf dem Rand der Beifahrertür. Der englische Wagen, der aufgrund seines gerundeten Kühlergrills den Beinamen »Bullnose« trägt, hat das Lenkrad auf der rechten Seite. Er ist offen. Stilgerecht trägt Ernst eine lederne, eng anliegende Fahrerkappe. Die Schutzbrille hat er auf die Stirn geschoben. Die Familie ist angetreten zur sonntäglichen Ausfahrt in den »Goldenen

Zwanzigern«. Im Dorf gab es zu dieser Zeit nur drei Autos. Eines gehörte dem Doktor. Ein zweites besaß Jeans Nachbar, der Viehhändler Hermann Stern. In einer Phase, die vor allem im Weinbau von großer Unsicherheit geprägt war, unterstrich Jean die ihm seiner Ansicht nach zustehende Position im dörflichen Sozialgefüge mit der Anschaffung eines teuren englischen Cabriolets eindrücklich.

Die guten Zeiten im Weinbau waren zu diesem Zeitpunkt eigentlich längst vorbei. Viele Zeitgenossen beschrieben die Not der Winzer in vielen Regionen der jungen Republik. Nach der Einführung der Rentenmark am 15. November 1923, die der Hyperinflation ein Ende machte, brachen mit leichter Phasenverschiebung 1924 die Weinpreise ein. Der Handel hatte die Keller voll. »Weit unter dem Friedensstande liegende Preise bei schleppendem Geschäftsgang«[103] prägten die folgenden Monate. Billige Auslandsweine »verstopften« als Folge des Handelsvertrages mit Spanien zusätzlich den Markt. Und auch die landwirtschaftliche Produktion hatte lange noch nicht wieder den Vorkriegsstand erreicht[104]. So liest es sich zumindest in der wirtschaftswissenschaftlichen Literatur der 1920er Jahre.

Es war also eigentlich kein guter Moment, in dem man sich in der Hauptstraße 30 ein solch kostspieliges Cabriolet anschaffte. Für den Jean schien das nicht zu gelten. Er wollte demonstrieren, dass die Familie bestens durch die wirtschaftlichen Wirren nach dem verlorenen Weltkrieg gekommen war und sich weiterhin im Kreis der wohlhabenden bäuerlichen Oberschicht bewegte. Dabei legte er großen Wert auf die Außenwirkung. Während sein Vater sich durch den akademischen Bildungsgrad abgehoben hatte, pflegte Jean sein Bild des vermögenden Bauern. Im Dorf nannte man ihn den »reichen Hannes Wagner«. Jean vermittelte den Eindruck, dass er diesen Spitznamen mit einem gewissen Stolz akzeptierte und ihn durch die

Anschaffung des englischen Wagens nur allzu gerne auch selbst bestätigte.

Mein Vater berichtet in den Interviews immer wieder, wie sehr ihn der Jean geprägt habe. Sie verbrachten sehr viel Zeit miteinander. Rudolf unterstreicht im Rückblick die stark betriebswirtschaftliche Orientierung seines Großvaters. Er habe ständig gerechnet, wirtschaftliche Kennzahlen verfolgt und jährliche, detaillierte Aufstellungen von Einnahmen und Ausgaben erstellt[105]. Jean hebt sich dadurch deutlich vom eigenen Vater ab. Als Kind war er häufig mit dem Geometer unterwegs. Wenn das Fuhrwerk daheim für die Arbeit auf den Äckern oder im Weinberg benötigt wurde, dann liefen sie zusammen in die Nachbardörfer, um dort Scheunen und Wohnhäuser zu vermessen. Lange Fußmärsche waren das, über die der Jean im Alter dem eigenen Enkel berichtete. Dass der Geometer für sein Tagwerk, bei dem ihm der Sohn zur Hand gehen musste, kaum Geld bekam, hat sich ihm tief eingeprägt. Für viele kleinere Arbeiten, Zeichnungen und Aufmaße nahm er mitunter gar keine Entlohnung. Eine Dienstleistung war das, die kaum Zählbares einbrachte. Jean scheint schon früh Aufwand und Nutzen der Tätigkeit seines Vaters, für die dieser so viele Stunden opferte, in Frage zu stellen. Ein Blick auf die Getreide- oder Weinpreise dürfte ihn bestätigt haben. Der seit den 1830ern kontinuierliche Anstieg der Agrarpreise wurde erst in den 1880ern unterbrochen. Steigende Erträge vermochten die »Preisdelle« aber weitgehend auszugleichen, bevor sich dann ab 1900 wieder ein stetiges Wachstum einstellte. Die Wertschöpfung pro Hektar wuchs im Ackerbau zwischen 1871 und 1913 um stattliche 122 %[106].

Trotz der starken Orientierung an ökonomischen Faktoren fügte Jean sich offenbar problemlos in die von seinen Eltern vorgelebten bürgerlichen Lebensformen ein, die vor allem in der Gestaltung der arbeitsfreien Zeit zum Tragen kamen. Das Musikinstrument und die Bücher passen dazu. Sieben Jahre lang fuhr er zusammen mit einem Freund an jedem Sonntag nach Mainz. Jean nahm im dortigen Konservatorium Klavierunterricht, sein Freund ging zum Zeichenunterricht. Er stammte aus einer Handwerkerfamilie. Der Vater war der Maurer im Dorf. Der Zeichenunterricht ebnete dem Sohn später den Weg zum Architekturstudium. Die Bildung hatte es dem Geometer ermöglicht, sich innerhalb des Dorfes zu positionieren. Dies schien ihm weiterhin als wichtiger Faktor. Drei Kinder mussten so ausgestattet werden, dass durch die Erbteilung kein nennenswerter Statusverlust eintrat.

Das sich in der zweiten Hälfte des 19. Jahrhunderts von oben nach unten entwickelnde System der agrarischen Wissensvermittlung ließ nach den Hochschulen und den Versuchsanstalten auch Landwirtschaftliche Schulen entstehen[107]. Jean besuchte die Landwirtschaftliche Winterschule. Mit ihm begann die fachliche Ausbildung innerhalb der Familie, die von nun an in jeder Generation fortgeführt wurde. Der Wissenstransfer von außen kam zum innerfamiliären hinzu. Die Wahrnehmung und Einordnung institutionalisierter landwirtschaftlicher Bildung wandelte sich dabei. Zwar sprachen die Winterschulen »mehr als eine schmale Elite an«[108]. Zumeist schickten aber doch zunächst die Familien der bäuerlichen Oberschicht ihre Söhne in die Kurse. Das lag zum einen daran, dass diese Betriebe es sich leisten konnten, auf die Arbeitskraft des Sohnes im Winter zu verzichten. Zum anderen schienen sie nicht zu befürchten, dass das Kind zu gebildet und dadurch »verdorben« würde und dann mit der elterlichen Landwirtschaft nicht mehr zufrieden sei. In der Generation meines Vaters gesellte sich dann in den 1960ern ein zusätzliches Momentum hinzu. Die Söhne der Oberschicht, die den Betrieb übernehmen wollten, gingen nun zu einem großen Teil zur

Landwirtschaftsschule. Ihnen gesellten sich nicht wenige der kleinen Bauern hinzu, die dann später trotzdem ihren Betrieb nur noch im Nebenerwerb fortführten. Dagegen wurde in mittleren Betrieben, die gerade so den Vollerwerb aufrecht erhielten, in dem Besuch der Weinbauschule ein Makel gesehen. Das geschah aus einer bewussten Abgrenzung heraus. Von den Großen distanzierte man sich und zu den Kleinen wollte man nicht gehören. »Unser Sohn muss nicht zur Schule.« Das war nicht selten zu hören[109]. Über die Winterschule entstanden auch Netzwerke, die mitunter ein ganzes Leben Bestand hatten. Landwirtschaftliche Neuerungen fanden auf diesem Weg in die Betriebe.

Mit dieser Ausbildung war für Jean die Grundlage geschaffen. Die zukünftige Stellung innerhalb der dörflichen Sozialstruktur hing aber auch in dieser Generation noch davon ab, ob der Teilungsverlust bei drei Geschwistern durch eine Heirat auszugleichen war. Im Unterschied zu den beiden Generationen davor lässt sich aus mehr Informationen ein besseres Bild zeichnen. Die Ausgangslage war klar. Der Geometer und seine Frau verfügten über einen stattlichen Landbesitz von rund 84 Morgen. Drei Kinder erwarteten ihren Anteil, der dann kaum zum Verbleib in der bäuerlichen Oberschicht ausreichte. Das war auch den Kindern selbst bewusst. Trotzdem folgten sie nicht unbedingt den Wegen, die ihre Eltern ihnen aufzeigten. Meine Großmutter wie auch mein Vater nutzten für das, was man den Vorfahren und wahrscheinlich auch sich selbst an frühen Kontakten und ersten zarten Liebschaften zuschrieb, einen eigenen Begriff. Als Teenies machten wir uns gerne über den »hölzernen« und steifen Unterton, der darin mitschwang, lustig. Wir waren damals mit einer Freundin »zusammen« oder man »ging miteinander«.

Der Jean »hatte Freundschaft zu einem Mädchen aus dem Dorf«[110]. Die Verbindung verteidigte er sogar gegen die zunächst zarten und dann doch deutlichen Hinweise des Geometers, die Familie der Bekannten habe kaum ausreichend Land. Als das nichts nutzte, legte der Geometer, der verschiedene Kassen im Dorf führte, dem Sohn eine Aufstellung der Verbindlichkeiten der Eltern des Kindes vor. Jean verteidigte sich auf seine eigene Art. Er soll nach einigem Suchen in den Unterlagen des Vaters eine Notiz gefunden haben, die Auskunft darüber gab, dass auch dessen Frau aus ihrer Familie Schulden geerbt habe. Geheiratet hat der Jean das Mädchen, mit dem er »Freundschaft hatte«, trotzdem nicht.

Auch wenn das alles anekdotenhaft klingt, ein Kern Wahrheit wird dem trotzdem zu entnehmen sein. Das Heiraten über Schichtgrenzen hinweg war innerhalb der Familie schwer durchzusetzen. Neben den Eltern standen dem nicht selten auch die eigenen Geschwister ablehnend gegenüber. »Sie rührten im Hintergrund mit.«[111] Sie priesen Kandidatinnen an, lobten oder lehnten ab. Sie brachten geeignete Freundinnen nicht ganz selbstlos mit ins Haus und präsentierten sie. Die gute Partie des Bruders schuf auch für den eigenen Erbteil Freiräume. Es reduzierte sich die Gefahr, dass bis aufs Letzte um jede Parzelle gefeilscht werden musste. Wenn der Bruder eine gute Partie gemacht hatte, würde er vielleicht an anderer Stelle beim Teilen großzügiger sein.

Die Eheanbahnung war ein komplexer Prozess. Unterschiedliche Akteure waren daran zum Teil mit eigenen Interessenlagen beteiligt. Das Ziel scheint klar. Der Weg dorthin aber konnte ganz unterschiedlich und mitunter steinig und kurvenreich verlaufen. Manche Eltern stellten an die zukünftige Braut so hohe Ansprüche, dass bald keine gut genug erschien. Die Söhne wurden schwer vermittelbar, je länger sich die Suche hinzog. Nicht selten half dann der »Vermittler«. Lokal und überregional gab es gut vernetzte

Personen, die das zusammenbrachten, was sich ohne ihre Hilfe nicht finden würde. Zumeist waren es die Viehhändler. Sie kamen in viele Häuser, kannten die Sorgen der Bauern und wussten, wer sich bei der Suche nach der richtigen Braut schwertat.

Jeans Nachbar, der Vieh- und Pferdehändler Hermann Stern, hat »im großen Stil« auch Hochzeiten vermittelt. »Er war der Mann für schwierige Fälle. Er hat nicht nur die Kuh abgeholt und über die Straße geführt, wenn die Bauern Krach miteinander hatten, die Kuh aber an den Meistbietenden verkauft werden sollte«[112]. Unter Vermittlung Sterns wurde in einem Fall – es war um die Zeit, als der Morris angeschafft wurde – alles soweit arrangiert, dass der zukünftige Bräutigam an einem Sonntag nur noch zum Kaffeetrinken im Haus der Brauteltern vorbeikommen musste. Der vom Vater davor betriebene Aufwand, um den Sohn standesgemäß und nicht unter Wert in eine Eheverbindung zu bringen, ist in einer umfangreichen Korrespondenz überliefert. Die Briefe sind über Umwege in unserem Familienarchiv gelandet, obwohl sie nicht aus unserer Familie stammen.

Die Korrespondenz nimmt zum Teil groteske Züge an, wenn von fremden Briefschreibern eigene Nichten angepriesen werden. Die Nichte sei die »einzige Tochter, die Eltern haben einen Gutshof bei Kirchheim, Bezirk Kassel und [ich] habe ohne deren Wissen avanciert. Meine Nichte ist 23 Jahre alt, 1,65 m groß und nettes ansehen. […] Meine Frau darf nicht wissen, dass ich avanciert habe, deshalb lasse ich die Briefe nicht in die Wohnung kommen«[113].

Der Vater des Bräutigams in spe schien sich auf diese Initiativbewerbungen nicht verlassen zu wollen und eruierte zusätzlich selbst in alle Richtungen. Unter anderem wurde ein Vermittler in Frankfurt angefragt, »ob er für meinen Sohn nicht eine passende Dame wüsste«[114]. Der betriebliche Kontext, den er dabei in mehreren Schreiben umreißt, ermöglicht einen guten Einblick in die Rangfolge der Kriterien, die in der bäuerlichen Oberschicht zu dieser Zeit für eine Vermählung »auf Augenhöhe« noch immer Bestand hatten. »Mein Gut besteht aus 75 Morgen Weinbergen und Ackerland und ist schuldenfrei. Außerdem besitze ich noch ein größeres Kapitalvermögen«. Damit war die grobe Vermögenslage umrissen und klar, dass sich potentielle Interessenten nur dann zu melden brauchten, wenn sie in einer ähnlichen Größenklasse unterwegs waren. Im Entwurf hatte der Vater die Reihenfolge der Kulturen getauscht. Sein Betrieb schien nach außen besser dazustehen, wenn er den Weinbau zuerst nannte, auch wenn Reben nur auf einem knappen Zehntel der eigenen Flächen wuchsen. Der Betriebsnachfolger sei achtundzwanzig Jahre alt, »ein tüchtiger Landwirt, auch im Weinbau sehr erfahren«. Er habe neben den Äckern und Weinbergen ein Vermögen von 50.000 RM zu erwarten. Die beiden anderen Kinder, eine Tochter und ein weiterer Sohn, sollten außer Haus heiraten. Die Tochter sei bereits verlobt. Neben dem Besitz, der so dargestellt wird, als ob er weitgehend ungeteilt übergehen könne, taucht mit dem Verweis auf die Tüchtigkeit des Sohnes ein weiteres Kriterium auf, das der Vater besonders heraushebt. Land, Geldvermögen, eine bereits in Grundzügen geregelte Nachfolge- und Teilungslösung sowie Fleiß sind in dieser Reihenfolge die wichtigsten Argumente, die der Vater glaubt anführen zu müssen. Mit dem Hinweis auf das sehr schön gestaltete Dorf, in dem sich der Betrieb befinde, und die Nähe zur Stadt Mainz kommt er zum Ende. Ein gewisser Lebensstil und die Möglichkeit eines städtischen Umfeldes in nicht allzu großer Entfernung sind hiermit angedeutet. Der Vater unterstreicht dies zusätzlich mit dem beiläufigen Hinweis auf die weiteren Interessen seines Sohnes. »Von meinem Sohn bemerke ich noch nebenbei, dass er ein guter Klavierspieler ist.« Sicherlich lassen sich aus diesem Einzelfall nur bedingt allgemeingültige Schlüsse ziehen. Dass der Verfasser in seinem Entwurf die eigene Position im Dorf unerwähnt lässt und stattdessen die musikalischen Fähigkeiten des Sohnes heraushebt, verwundert. Zu diesem Zeitpunkt war der Vater fast zwanzig Jahre in verschiedenen kommunalen Ehrenämtern aktiv gewesen und galt als herausgehobene Persönlichkeit. Das Klavier in der guten Stube und der Unterricht der Kinder am Instrument als Zeichen eines distinguierten Lebensstils prägten bereits den Vater, der nun für seinen Sohn eine adäquate Braut suchte. Der suchende Vater entstammte der gleichen Generation wie unser Jean, für den diese Kriterien auch schon gegolten hatten.

Der Geometer brauchte die Hilfe des Viehhändlers oder eines ortsfremden Ehevermittlers nicht. Er schien sich an der Vorgehensweise seines Schwiegervaters orientiert zu haben. Zumindest legt das Endergebnis diese Vermutung nahe. Auch der Schwiegervater hatte bei drei Kindern den zu erwartenden Teilungsverlust auszugleichen gehabt. Für zwei Kinder gelang das dem Geometer im Dorf. Für die jüngste Tochter Wilhelmine Eva fand sich in Ernst Sack II. ein Partner im zwei Ortschaften entfernten, mehrheitlich evangelischen Schwabenheim.

Die ältere Schwester, Elisabetha Margareta, hatte schon ein paar Jahre vorher mit Karl Adam Mossel I. den Sohn einer der bäuerlichen Oberschicht angehörenden Familie geheiratet. Der Betrieb dort war schon zwischen den beiden Brüdern geteilt. Sie wohnten in zwei getrennten Höfen nebeneinander. Karl Adam führte das Zepter im oberen, direkt an der Hauptstraße gelegenen, sein Bruder Johann Jakob Otto Mossel im unteren. Elisabetha zog also nur ein paar Häuser weiter in ein großes Gehöft, zu dem zwei stattliche, unterirdisch miteinander verbundene Tonnengewölbe gehörten, über denen eine mächtige Scheune neu errichtet worden war. Die Ausstattung der beiden Keller mit zahlreichen Fässern bis zu 4.000 Litern Fassungsvermögen und die bis heute erhaltene Korbpresse deuten an, dass es sich hier um einen großen Betrieb handelte. Mossel bewirtschaftete später 75 Morgen Land. Ein gutes Drittel davon stammte vom Geometer und seiner Frau.

Jeans Schwester Elisabetha kam in eine Familie, in der schon seit zwei Generationen ein bäuerlicher Bildungshorizont entstand. Die Bibliothek der Familie ist in sich geschlossen überliefert. Mehrere Generationen haben sie aufgebaut. Sie umfasst knapp zweihundert Bände und bietet einen kleinen Einblick in das, was man in einzelnen Familien der bäuerlichen Oberschicht Rheinhessens im 19. Jahrhundert las[115]. Der größte Teil der Bücher ist ab den 1880ern angeschafft worden. Ein kleinerer Teil des Bestandes wurde zwischen 1830 und 1860 gedruckt und muss daher schon vorher im Besitz der Familie gewesen sein. Das älteste Buch ist aus dem Jahr 1756. Es sind Ciceros Briefe an seine Freunde in Latein und Französisch. Aus der ersten Hälfte des 19. Jahrhunderts stammt Pierers mehrbändiges Universallexikon (1846). Es steht neben einigen historischen Abhandlungen, einer Bibel (1823) und schöner Literatur. Schiller (1838) war zu erwarten. Die *Novellen und Dichtungen* (1857) des liberalen Vorkämpfers Heinrich Zschokke fügen sich in das Interesse breiter Schichten des deutschen Südwestens im Vormärz. *Sämtliche Gedichte* (1854) von August Friedrich Langbein sind eher zur leichten, scherzhaften, mitunter ins Frivole gehenden Literatur zu rechnen. Sie dienten wahrscheinlich dem illustren Zeitvertreib in den arbeitsärmeren Wintermonaten. Darüber hinaus finden sich ins Deutsche übersetzte bekannte Romane der Zeit, wie *Jane Eyre* (1850) der britischen Autorin Charlotte Bronté oder *Der ewige*

Jude (1845) des französischen Schriftstellers Eugène Sue. Sue deutet den rastlos durch die Zeiten wandernden Juden als Verbreiter einer Religion der Liebe. *Jane Eyre* ist einer der meistgelesenen englischen Frauenromane des viktorianischen Zeitalters. Das Interesse für die Fremde zeigt sich in der *Anleitung zum Erlernen der italienischen Sprache* (1834) und zweier Stadtpläne. Der Londoner ist aus dem Jahr 1837, der von Paris ist undatiert, müsste aber aus dem gleichen Zeitraum stammen. Eine Geschichte der Eroberung Amerikas (1845) in spanischer Sprache unterstreicht dieses zarte Fernweh. Die Fachliteratur wird durch die *Zeitschrift für die Landwirtschaftlichen Vereine des Großherzogtums Hessen* abgebildet (1842).

Ab den 1880ern füllte sich die Hausbibliothek zusehends. Schulbücher für Latein, Naturwissenschaften und Deutsch kommen hinzu. Der spätere Ehemann Elisabethas, Karl Adam, besucht das Gymnasium. Er erweiterte ab den 1890ern, mit der Übernahme des elterlichen Betriebs, die Fachliteratur. Verschiedene aktuelle Ratgeber zum Acker-, Wein- und Spargelanbau werden ebenso angeschafft wie Bücher über die Pferde- und Viehzucht sowie den Pflanzenschutz. Dazwischen finden sich vereinzelt die Betriebsanleitungen neu angeschaffter Geräte, wie den Pferderechen von McCormicks, der dazu diente, das gemähte Heu zu Schwaden zusammen zu ziehen. Der Pferderechen ist auch unter dem Namen Hungerharke bekannt.

Etwas schöne Literatur kommt auch am Ende des 19. Jahrhunderts noch hinzu. Es sind gebundene Reclambände der Werke von Goethe und Schiller, die sich – häufig wohl ungelesen – in vielen Bücherregalen unserer Vorfahren sammelten. Die Belletristik im Hause Mossel reicht nun mengenmäßig nicht mehr an die Fachliteratur in diesem Zeitraum heran. In der Mitte des 19. Jahrhunderts war das noch umgekehrt. Später kommen zusätzlich noch kleinere

Schriften zur Tätigkeit eines großherzoglichen Bürgermeisters hinzu und statistische Hefte, wie das landwirtschaftliche Gemeindelexikon. Es ist Fachliteratur, die Karl Adam Mossel für seine Tätigkeit als erster Beigeordneter benötigte. Erstmals taucht 1898 ein neues Themengebiet auf. Der *Ratgeber bei Geldanlagen in Wertpapieren* markiert den Auftakt für die Beschäftigung mit Aktien und Rentenpapieren, in der auch an die Scholle gebundene Acker- und Weinbauern eine Alternative der Geldanlage sahen. Der kleine Überblick macht deutlich, welchen Umfang und auch welchen Grad der Ausdifferenzierung eine Hausbibliothek in einer Familie der bäuerlichen Oberschicht erreichen konnte.

Bei den beiden Töchtern war es dem Geometer gelungen, sie in Familien unterzubringen, die den Verbleib in der bäuerlichen Oberschicht gewährleisteten. Vor allem die Verbindung zu Mossels dürfte in seinem Sinn gewesen sein. Zum Landbesitz gesellte sich wie bei ihm auch ein an bürgerlichen Vorbildern orientierter Bildungsanspruch.

Es hatte sich aber nicht für beide Töchter im Dorf eine Möglichkeit ergeben. Die enge und herzliche Verbindung, die Jean zu seinen beiden Schwestern und insbesondere zu der nach Schwabenheim verzogenen Wilhelmine unterhielt, verdeutlicht, dass der Kontakt dennoch weiter gepflegt wurde[116]. Man besuchte sich zu den großen Familienfesten wie der Konfirmation der Kinder. In jedem Jahr feierte man die jeweiligen Kirchweihen zusammen. Die bei uns und auch in der Familie Mossel überlieferte Festschrift zum hundertjährigen Jubiläum des Schwabenheimer Männergesangvereins im Jahr 1936 deutet darauf hin, dass man bei großen Dorffesten gerne die Schwester besuchte. Mit der Eheschließung der ältesten Tochter war es dem Geometer schon frühzeitig gelungen, die eigene herausgehobene Position im dörflichen Sozialgefüge für eine gute Eheverbindung einzusetzen. Mit den Mossels war nach den Krämers nun eine zweite maßgebliche Familie im Dorf mit ihm und seinen Nachfahren verbunden.

Mit der 1901 erfolgten Heirat seines einzigen Sohns, der den Betrieb in der Hauptstraße 30 übernehmen sollte, wurde dieses Band noch einmal fester gezogen. Nach den anfänglichen Konflikten mit dem Vater schien der Jean nun »auf Linie« zu liegen. Auch ihm schien bewusst zu sein, dass die Position im Dorf und die eigenen Möglichkeiten stark davon abhingen, wie es ihm gelang, den Verlust von knapp zwei Dritteln des Landbesitzes auszugleichen. Das Alter der Betriebsnachfolger bei der Eheschließung dürfte hierbei sicher auch eine gewisse Rolle gespielt haben. Alle waren mindestens sechsundzwanzig Jahre alt, bevor sie heirateten. Der Jean war sogar schon fast dreißig. Da er die Kosten-Nutzen-Rechnung auch bei vielen späteren Entscheidungen anstellte, ist es nicht ganz abwegig, dass sie auch an dieser Stelle sein Handeln zwar nicht maßgeblich bestimmte, aber doch unbewusst mit beeinflusste. Man wusste als junger Mann, welcher Kreis der jungen Frauen im Dorf aufgrund der in der Familie formulierten Ansprüche für einen selbst in Frage kam. Aus diesen wählte man aus.

Mit Anna Marie Wagner heiratete Jean die Enkelin von Peter Wagner V. Marie stammte aus der zweiten Ehe ihrer Mutter. Diese hatte zunächst Wilhelm Wagner V. geheiratet. Nach der Geburt der gemeinsamen Tochter Eva starb Wilhelm. Seine Frau heiratete daraufhin seinen Bruder. Johann Wagner IX. wurde nur siebenundvierzig. Sie überlebte ihn um fünfundzwanzig Jahre. Aus ihrer zweiten Ehe gingen zwei Töchter hervor. Die ältere, Anna Marie, wurde Jeans Braut. Ihre ältere Stiefschwester Eva war zu diesem Zeitpunkt bereits mit dem Bruder des Ehemanns von Jeans Schwester, Johann Jakob Otto Mossel, verheiratet. Die jüngste der drei Schwestern, Elise, ertrank im Januar 1902 zwanzigjährig beim Weinholen im Keller. Während die Familie in der guten Stube beisammensaß, war sie mit dem Krug zu den Fässern hinabgeschickt worden. Die Steinplatte über dem Brunnen muss durchgebrochen sein, während sie darüber ging. Als man sie fand, kam jede Hilfe zu spät. Im Dorf wurde viel darüber geredet. Es ging das Gerücht um, sie habe ein Verhältnis mit einem Knecht gehabt und von diesem ein Kind erwartet. Jean hat dem immer widersprochen. Er beharrte darauf, dass es ein tragischer Unfall war. Sie sei stets zu lebenslustig gewesen, als dass sie sich selbst umgebracht hätte, auch wenn an dem Gerücht mit dem Knecht wirklich etwas dran gewesen wäre. Mehrfach scheint innerhalb der Familie sogar erwogen worden zu sein, den Brunnen trockenzulegen, um die Wahrheit zu heben. War die in der Tiefe liegende Steinplatte zerbrochen, dann konnte es sich nur um einen Unfall handeln. War sie hingegen noch ganz erhalten, dann musste sich Elise das Leben genommen haben. Vielleicht hatte man Angst vor der Wahrheit, die das tote Kind auch nicht wieder lebendig machte. Der Brunnen wurde nicht leer gepumpt[117].

Marie brachte nicht nur ein großes Holzfass mit in die Hauptstraße 30, das auch sechzig Jahre später noch im Kelterraum der Scheune stand. Dem Geometer war es gelungen, seinen Sohn so zu verheiraten, dass der Teilungsverlust mehr als ausgeglichen werden konnte. Marie erhielt aus dem großen Besitz von Peter Wagner V. und seinen früh verstorbenen Söhnen fast 41 Morgen. Sie brachte mehr Land mit, als ihr Ehemann besaß. Das war durchaus ungewöhnlich. So hielt sie dem Jean den eigenen Anteil gerne immer mal wieder vor, wenn er hochtrabende Pläne pflegte, für die er glaubte auch über ihr Vermögen verfügen zu können[118]. Durch die Hochzeit des Geometers mit einer Tochter aus der Familie Krämer sowie das von ihm gesponnene Netzwerk über seine Töchter und den Sohn war man nun mit den meisten der zur Spitzengruppe der dörflichen Oberschicht gehörigen Familien verwandtschaftlich verbunden[119]. Trotz der Größe der Gemarkung war der Kreis derer, die sich für eine Verehelichung eigneten, sehr überschaubar. Der Markt war begrenzt. Es verwundert daher nicht, dass man spätestens beim dritten Kind auf eine der wenigen mehrheitlich evangelischen Gemeinden im Umfeld ausweichen musste.

Mit der Schwiegertochter aus der Elsheimer Straße kam erneut eine fleißige Frau in die Hauptstraße. Ihre Schwiegermutter Elisabetha hatte den Betrieb immer dann am Laufen gehalten, wenn der Geometer die Dörfer vermaß. Mein Vater will hierin eine Konstante durch alle Generationen hindurch erkennen. »Eine, die Seidentapeten will, wäre bei unseren Vorfahren durchgefallen.«[120] Marie zeichnete darüber hinaus das nötige Selbstbewusstsein aus, ihrem Ehemann Paroli zu bieten. Sie wusste sich durchzusetzen, und das bekam Jean schon relativ schnell zu spüren. Sie war eine großzügige Wirtschaft und ein modernes Wohnhaus gewöhnt. Ihr Vater hatte neu gebaut. Seidentapeten gab es in ihrem Elternhaus in der Elsheimer Straße zwar nicht. Marie war aber in einem repräsentativen Backsteingebäude mit hohen Decken und lichten großen Fenstern aufgewachsen. Sie wollte daher ein großes Küchenfenster. Als Erstes musste dafür die Mistgrube weichen, die sich direkt darunter befand. Die schien sie beim Blick auf den Hof zu stören.

Danach ging es an das Badezimmer. Bisher gab es so etwas nicht in dem Gebäude aus dem frühen 18. Jahrhundert. Im Obergeschoss wurde ein Raum dafür hergerichtet. Der Boden bekam einen Estrich. Die Badewanne stand bald darauf. Jahrzehnte später befand sie sich noch immer an der gleichen Stelle. Gebadet hatte darin bis dahin aber niemand. Unbenutzt und ohne Wasseranschluss verkam das Bad im

Rohbau zur Lagerkammer. Irgendwann dazwischen diente die Wanne kurzfristig als Schlafplatz für einen Mitarbeiter. Das ist anscheinend das einzige Mal gewesen, dass eine Person wirklich in ihr lag, wenn auch nur mit einer Bettdecke und ohne wärmendes Wasser[121]. Der ehemalige Mitarbeiter kam Jahre später sogar mit seiner Familie aus den USA und wollte den Kindern die Wanne zeigen, in der er geschlafen hatte. Meine Oma Emilie wusste das beherzt zu verhindern. Sie behauptete, im Obergeschoss sei mittlerweile alles vollständig umgebaut und der betreffende Raum nicht mehr zu erkennen. Ein Badezimmer wurde viel später erst im Untergeschoss eingerichtet, weil es dort einfacher war, einen Wasseranschluss zu verlegen. Bautätigkeit bedeutete Unruhe. Sie kostete Geld und der wirtschaftliche Nutzen ließ sich schwerlich in einer irgendwie gearteten Rendite bemessen. Ob das der Grund dafür war, dass das Badezimmer, das Jean für seine Frau begann, jahrzehntelang im Rohbau festhing und nie fertiggestellt wurde? Selbst mein Vater, der die Wanne später entsorgte und an dieser Stelle in den 1970ern wirklich ein Bad mit Wanne einrichtete, wusste darauf keine Antwort.

In Ansätzen schimmert hier dennoch ein Wesenszug Jeans durch. Er wog genau ab, wofür er sein Geld einsetzte. Feine Kleidung, eine gute Zigarre, der Morris für die Landpartie oder die Ausfahrt nach Wiesbaden, um auf der Wilhelmstraße zum Kochbrunnen und dem Kurhaus zu flanieren, sowie Planungen für einen turmähnlichen Anbau an das frisch verputzte und mit geprägten Jalousieblechen versehene Fachwerkhaus dienten der eigenen Positionierung im dörflichen Sozialgefüge. Er demonstrierte gerne, dass er zu den vermögenden Bauern gehörte. Den Spitznamen der »reiche Hannes Wagner« trug er mit Stolz. So sah er sich selbst, und so wollte er auch im Dorf wahrgenommen werden. Die arbeitsfreie Zeit am Sonntag und die arbeitsärmeren Phasen im Winter wusste er zu füllen. Für Umbauten, die nur bedingt repräsentativen Charakter hatten und nicht von allen im Dorf wahrgenommen wurden, konnte er sich daher wenig begeistern. Sie nahmen Zeit und Geld in Anspruch. Seine finanziellen Mittel aus dem Weinbau und der Landwirtschaft setzte er gerne auf andere Weise gewinnbringender ein.

In seiner Hallenser Dissertation von 1928 hat Fritz Schiffer die Entwicklung der Preise für rheinhessischen Wein und für andere landwirtschaftliche Erzeugnisse von 1899 bis 1914 nachgezeichnet[122]. Alle Kurven schwanken. Erntemenge und Qualität beeinflussen den Weinmarkt dabei weitaus stärker als den der anderen Lebensmittel. Die Preise kennen auf mittelfristige Sicht aber eine deutliche Richtung. Roggen verteuert sich in diesem Zeitraum von nur fünfzehn Jahren um etwa 25 %, Gerste um 30 %, Zuckerrüben um 40 % und Kartoffeln um etwa 30 %.

Bei den Weinen ist es komplizierter. Das Qualitätsstreben und der Wert der Weine einzelner Ortschaften und teilweise ihrer verschiedenen Lagen ist zu diesem Zeitpunkt deutlicher ausdifferenziert. Schon Bronner hat 1834 aufgrund der zu erzielenden Preise sowie der Güte der Weine und der Qualität der Rebpflege zwischen den Ortschaften unterschieden. Den Ingelheimer Grund – das Selztal – nannte er dabei die »Wein-Pfütze«[123], weil hier die Erträge besonders hoch seien.

Die Einteilung Schiffers neunzig Jahre später ist vielschichtiger. Er unterteilt die Weine in sechs Klassen, die er über den Preis definiert, und fügt als zusätzliche Güteklasse noch die Oppenheimer Domänenweine an, die zumeist bei Versteigerungen angeboten wurden und dann Höchstpreise erzielten, die weit über allen anderen lagen. Diese Weine schwankten je nach Qualität des Jahrgangs am stärksten.

Vervierfachungen des Preises von einem zum anderen Jahr waren hier keine Seltenheit. Etwas geringere, aber dennoch ausgeprägte Schwankungen weist auch die erste Güteklasse auf. Am kontinuierlichsten steigend und weniger Schwankungen unterworfen sind die unteren beiden Klassen. Bis 1903/04 fallen diese leicht, um sich dann in einem stabilen Aufwärtstrend bis 1910 mehr als zu verdoppeln. In den beiden folgenden Jahren gaben die Preise wieder nach. Bis zum Kriegsbeginn musste man für ein Stückfass von 1.200 Litern bei den einfacheren Güteklassen aber dennoch 60% mehr zahlen als zum Jahrhundertwechsel.

Der Anstieg der Preise für Wein wie auch für alle wichtigen anderen landwirtschaftlichen Produkte führte zwischen 1871 und 1913 zu einer »Verdoppelung der Einkommen vieler mittel- und großbäuerlicher Betriebe«[124] bei relativ gleichbleibenden Durchschnittserträgen. Erst ab 1900 beginnen durch den zunehmenden Einsatz von Kunstdüngern und neuen Sorten auch die Erträge deutlich anzusteigen. Dies kommt vor allem den Äckern zugute.

Durch die Fachliteratur des 19. Jahrhunderts zieht sich die Düngerknappheit wie ein roter Faden. Die Stallhaltung und der Kleeanbau verschaffen eine erste Linderung. Erst der Kunstdünger aber beendet diese Knappheit. Es gab sogar ganz kurios anmutende Vorschläge, wie man der Düngerknappheit begegnen solle. Ein nicht genannter Autor fordert in der *Zeitschrift der Landwirtschaftlichen Vereine* 1842 die Errichtung von »Abtritten auf dem Lande«, um der »Verschleuderung wichtiger Dungstoffe« Einhalt zu gebieten. Die menschlichen Ausscheidungen seien zu wertvoll, um sie ungenutzt zu verschwenden. Außerdem würden sich dadurch die Erträge in den Hausgärten verbessern, die zum Teil als Ausweichstelle für die Notdurft genutzt würden. Durch das »Übermaß an Dünger« dort seien diese mittlerweile oft »ganz unfruchtbar«[125].

Die Auszehrung der Ackerböden wird dabei nicht selten auf den intensiven Weinbau zurückgeführt, für den man fast den gesamten Stallmist aufwende[126]. Dass diese Argumentation nicht ganz von der Hand zu weisen ist, kann man bei der Weinbergsarbeit mitunter heute noch sehen. Viele Tonscherben und anderer Bruch aus dem 18. und 19. Jahrhundert, der auf dem Misthaufen entsorgt wurde, hat über die Düngung der Reben in den Weinberg gefunden und ist bis heute dort erhalten geblieben. Die traditionell stärkere Düngung der Weinberge hält sich bis in das beginnende 20. Jahrhundert. Noch 1907 stellt Vogeley für die von ihm untersuchten 36 rheinhessischen Betriebe fest, dass im Schnitt 40% der Weinberge jährlich Stallmist erhielten, während es nur 15% der Ackerflächen seien. Dies kompensierten zu diesem Zeitpunkt aber bereits das phosphatreiche Thomasmehl und die Kalisalze[127]. Die Ertragssteigerung ist daher am deutlichsten bei Getreide, Rüben und Kartoffeln zu sehen. Die Erträge in den Weinbergen hingegen stagnierten oder gingen sogar leicht zurück. Grund dafür dürften die Reblaus, die eingeschleppten Pilzerkrankungen und ein überalterter Rebbestand sein[128].

Mit Jean erhielt im Betrieb eine gewinnorientierte Wirtschaftsweise mehr Gewicht. Über seine Frau kam der Weinhandel an Privatkundschaft in die Hauptstraße 30. Er blieb aber in seiner Kleinteiligkeit nur eine kurze Episode. Marie übernahm von ihrem im August 1904 verstorbenen Vater die verbliebenen Kunden. Verschickt wurde Rot- und Weißwein auf Bestellung in kleinen Fässern. Per Postkarte oder Brief kam die Order. Als Transportmittel diente die Bahn. In Nieder-Olm am Bahnhof wurden die Gebinde von 30 bis 100 Liter aufgegeben. Die Bezahlung erfolgte danach per Post und wurde im Kassenbuch vermerkt. Das Fässchen kam auf dem Bahnweg später wieder zurück.

Nur ein kleiner Teil der Kunden wohnte in Mainz. Der Rest war über das Reich verteilt. In manchen Städten wie Berlin, Frankfurt, Hanau, Rüsselsheim oder Hagen gab es gleich mehrere Kunden, die regelmäßig mit Rot- und Weißwein in kleinen Holzfässern beliefert wurden. Aus einzelnen Adressen lassen sich auch heute noch die Anschrift und das erhaltene Haus ermitteln. Die so und über die Berufsbezeichnung gewonnenen Informationen legen den Schluss nahe, dass es sich um Personen handelte, die dem gehobenen städtischen Bürgertum zuzuordnen sind[129].

Der Preis für den Liter Rot- bzw. Weißwein lag etwas über dem sonst üblichen, den man für ein Stückfass erzielen konnte. Die Umsätze in diesem Geschäft mit kleinen Privatkunden schwankten in den drei Jahren, in denen man sich damit noch intensiver befasste, sehr stark. Sie lagen zwischen 30 und 150 Mark im Monat.

Im Hinblick auf die Einnahmen, die mit dem Verkauf landwirtschaftlicher Produkte und Wein an größere Händler umgesetzt wurden, verwundert es nicht, dass nach dem März 1907 kein weiterer Eintrag im Kassenbuch folgte. Es lässt sich vermuten, dass für Jean der Aufwand im Vergleich zum Ertrag in keinem sinnvollen Verhältnis stand. Vielleicht mag es aber auch daran gelegen haben, dass der 1906er Weinjahrgang zum Totalausfall wurde. »Wir haben gar keinen Wein gemacht. Die Weinberge waren in einer Weise […] mit der Peronospora belastet, so dass sämtliche Beeren abfielen. Wir bekamen 2-3 Liter Trauben in 7-8 Morgen«[130]. Der falsche Mehltau, eine Pilzerkrankung, hatte die gesamte Ernte zerstört. Auch wenn es mit der sogenannten Bordelaiser Brühe seit Mitte der 1880er Jahre ein recht wirksames, auf einer Kupfersulfatlösung basierendes Fungizid gab, konnte ein Befall die Ernte noch immer stark gefährden. Ein kontinuierlicher Pflanzenschutz war notwendig, da die Reben nur vorbeugend geschützt

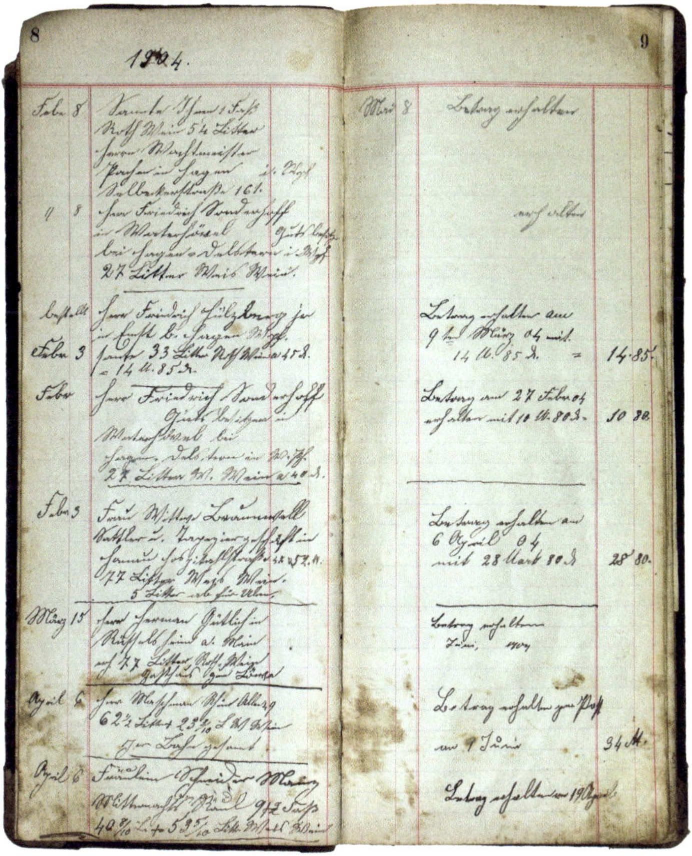

Notizen von Jean im Kassenbuch über Weinverkäufe in kleinen Fässern nach Hagen und Hanau (1904).

werden konnten. Genauen jährlichen Pflanzenschutzplänen folgten einzelne Weingüter bereits vor dem Ersten Weltkrieg[131]. Die Beobachtungen einzelner Winzer als örtlicher Rebschutzwarte wurden an die Lehr- und Versuchsanstalt in Oppenheim übermittelt. Dort erfolgte die Auswertung. Konkrete Maßnahmen wurden daraufhin über die Presse verbreitet[132].

Ein Blick auf die Erträge und die Einnahmen relativiert etwas die Bedrohung, die von den eingeschleppten Krankheiten und Schädlingen ausging. Für den Zeitraum von 1902 bis 1914 liegen Aufstellungen mit detaillierten Erntemengen sowie Einnahmen aus den jährlichen Verkäufen vor[133]. Trotz aller Schwankungen ist ein kontinuierlicher Anstieg der Erträge im Ackerbau zu erkennen[134]. Die durchschnittliche Erntemenge der ersten fünf Jahre (1902-1906) steigt im nächsten Intervall (1907-1911) um knapp 11% an. Im dritten, etwas kürzeren Zeitabschnitt (1912-1914) wiederholt sich das fast noch einmal. Der Anstieg liegt bei etwas über 10%. Der rapide Produktionsanstieg zum Ende des 19. und beginnenden 20. Jahrhunderts prägte die Landwirtschaft bis zum Kriegsbeginn[135]. In den Kriegsjahren 1915-1917 kann Jean dann aufgrund der Knappheit an Düngemitteln nur noch kleinere Ernten beim Getreide einfahren.

Noch deutlicher fällt der Anstieg bei den Verkaufseinnahmen aus[136]. Diese verdoppeln sich fast zwischen 1902 und 1914. Vor allem in den Jahren vor dem Ersten Weltkrieg zogen die Einnahmen Jeans aus dem Verkauf von Getreide, Heu und Vieh stark an. Der seit den ersten Getreidezöllen 1879 immer mehr gegen die ausländische Konkurrenz abgeschottete Markt bot kleineren und mittleren Betrieben durchaus gute Verdienstmöglichkeiten[137].

Den Weinbau in diese Übersicht mit einzubeziehen erweist sich als außerordentlich schwierig. Wein war in der Zeit Jeans ein Spekulationsobjekt. Die Trauben wurden geerntet und der daraus gewonnene Wein so lange eingelagert, bis eine ausreichende Reife erreicht war und der zu erlösende Preis stimmte. Mitunter lagen einzelne Fässer mehrere Jahre, bis sie bei gutem Marktumfeld an verschiedene Weinhändler abgegeben wurden. Stimmte der Ertrag oder der Preis nicht, dann konnte es sein, dass sich auch über drei

Jahre keine Einnahmen aus dem Verkauf von Weinen im Kassenbuch niederschlugen.

Der Ackerbau und die Viehzucht deckten bereits die Kosten des Betriebs im vollen Umfang und ließen gute Gewinne zu. Der Wein, insbesondere aus guten Jahrgängen, war ein arbeitsintensiver, aber lukrativer Zuverdienst, für den man Geduld und die notwendigen finanziellen Reserven benötigte, um nicht dann verkaufen zu müssen, wenn dies alle anderen taten und die Erlöse fielen. Den Jahrgang 1902 verkaufte Jean daher erst 1905, als der leichte Anstieg der Preise ab 1904 den mehrjährigen Rückgang beendete. Zwei Jahre später nutzte er die Verdopplung der Preise vor allem bei den Roten aus, um gleich mehrere Stückfässer abzusetzen.

Die Käufer stammten zum einen aus dem Dorf. Es sind die Gastwirte, die immer wieder in regelmäßigen Abständen ein halbes Stück aufkauften. Die Weine wurden dann im Krug an Gäste ausgeschenkt. Der größte Teil der Weine ging an viele verschiedene Käufer. Zum Teil waren das Gastwirte in Mainz und der näheren Umgebung. Die meisten dürften aber Händler gewesen sein, die teilweise mehrere Fässer auf einmal erwarben, um den Wein dann in kleineren Gebinden weiterzuvertreiben. Auf Flaschen abgefüllt wurde Wein zu dieser Zeit nur in ganz geringem Umfang. Im Unterschied zum Getreide und dem Vieh, das vor allem von Albert Mayer und Hugo Mayer sowie Hermann Stern aufgekauft wurde, sind jüdische Weinhändler unter den Aufkäufern des Weines selten zu finden[138]. Getreide wurde mehrheitlich im Dorf verkauft, während der Wein weitere Wege nahm.

Mit den nächsten Verkäufen ließ sich Jean wieder etwas Zeit. Er passte den Höhepunkt der Preisentwicklung ab und konnte 1911 mit 780 RM für einen Weißwein aus dem Jahrgang 1908 einen Höchstpreis erzielen. Weitere Ver-

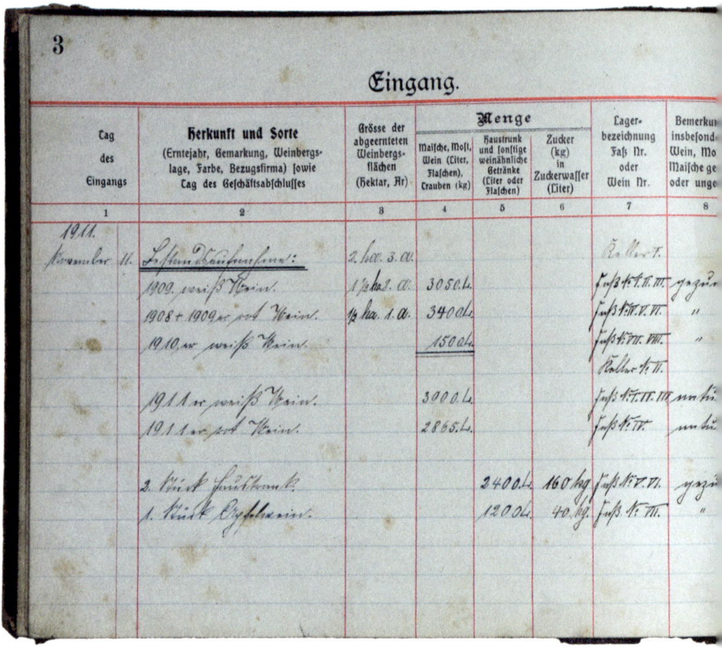

käufe machten das Jahr zum umsatzstärksten Weinjahr seit 1902. Das Spekulieren hatte sich ausgezahlt.

Das Einlagern und Warten auf eine gute Gelegenheit führte ihn im gleichen Jahr aber auch an seine Grenzen. Der Jahrgang war nicht nur qualitativ gut, sondern brachte auch eine ordentliche Menge an Rot- und Weißwein. Da er bei fallenden Preisen anscheinend nicht verkaufen wollte, um Platz zu machen, blieb ihm im nächsten Jahr nichts anderes übrig, als seine Portugieser Trauben abzugeben. Es schien ihm schlicht der Fassraum zu fehlen. Die vorhandenen Fässer im Keller waren alle belegt.

Auf etwas mehr als acht Morgen, das ist ein gutes Zehntel seiner landwirtschaftlichen Nutzfläche, standen Reben. Zwei Morgen waren mit Portugieser bestockt, sechs Morgen mit weißen Rebsorten. Hier werden noch keine einzel-

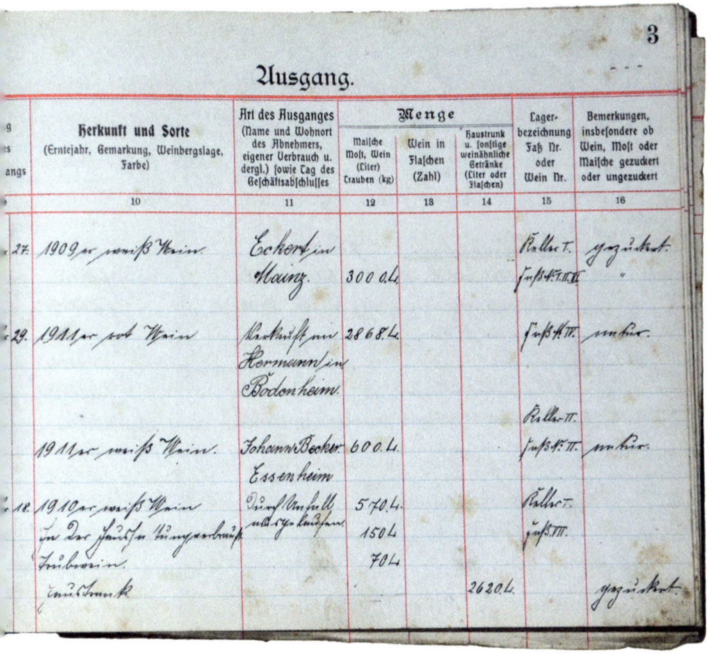

Ausschnitt aus dem Kellerbuch von Jean (1911).

nen Rebsorten benannt. Es dürfte sich zum größten Teil um Silvaner gehandelt haben, der in Rheinhessen mit weitem Abstand dominierte. Der Riesling kam erst viel später. Es kann durchaus noch Kleinberger (Elbling), Traminer oder ein Burgunder darunter gewesen sein[139]. Der Portugieser wurde in diesen Jahrzehnten oft besser bezahlt als der Weißwein. Die bis in die 1940er Jahre auf zehn Morgen leicht anwachsende Rebfläche wurde daher zunehmend rot bestockt. Ab 1934 überwiegen für zehn Jahre die roten Sorten in Jeans Betrieb.

Betrachtet man den Zeitraum von 1902 bis 1914, dann gelang es Jean, mit dem Weinbau auf einem Zehntel seiner gesamten landwirtschaftlichen Fläche ein Drittel seines Umsatzes zu erwirtschaften. Sein Betrieb fällt daher aus dem Rahmen dessen, was Vogeley für den Beginn des Jahrhunderts in seiner Gießener Dissertation herausarbeitet. Die von ihm untersuchten großbäuerlichen Betriebe erwirtschafteten mehr als 80% ihrer Einnahmen aus Ackerbau und Nutzvieh. Der Anteil der Einnahmen aus dem Weinbau belief sich dahingegen auf lediglich 6,3 %[140].

Der Weinbau, besser noch das Spekulative daran, entsprach Jeans Naturell. Das Risiko, in schlechten Jahren kaum etwas zu ernten, schreckte ihn nicht ab. Getreide, Vieh und seine wachsenden Einkünfte außerhalb des Betriebes sicherten ihn in den zweieinhalb von fünf Jahren ab, in denen es einen Totalausfall oder eine nur geringe Ernte gab[141]. In der Zwischenzeit pflegte er den Inhalt der Stückfässer im Keller. Er hatte zeit seines Lebens Spaß an diesen Arbeiten. Über den Winter und bis in den Sommer hinein wurden die Weine bis zu dreimal »abgestochen«. Dazu zog man den klaren Wein aus dem oberen Teil des Fasses ab, um ihn vom Hefedepot zu trennen und dadurch blank zu bekommen. Der geklärte Wein wurde in ein benachbartes Fass gesaugt und die Hefe später aus dem Ursprungsfass herausgeholt. Eine Vielzahl unterschiedlicher Händler und Gastwirte kaufte bei ihm. Das zeigt, dass seine Weine den Qualitätsansprüchen entsprachen und auch von den Gästen geschätzt wurden[142].

Der wirtschaftliche Erfolg lässt sich nur schwer anhand konkreter Zahlen für diesen Zeitraum bemessen. Die Einnahmenseite ist gut dokumentiert. Aber nur ganz vereinzelt sind Aufstellungen zu den Ausgaben überliefert. Und wenn, dann stammen sie aus den Inflationsjahren nach dem Krieg und sind in ihrer Aussagekraft schwer einzuordnen. Arbeitsintensivere Hackfrüchte wie Zuckerrüben baute Jean nur auf kleiner Fläche an. Im Vergleich zu anderen Betrieben in gleicher Größe stand sehr wenig Milchvieh im

Stall, das zweimal täglich gemolken werden musste[143]. Der Betrieb mit 78 Morgen kam daher mit einem kleinen Personalbestand aus, der nur bei Bedarf mit Tagelöhnern aus der Umgebung ergänzt wurde[144]. Die Weinberge benötigten für eine ansprechende Qualität viele Arbeitsstunden. Mit dem Einstieg des Sohnes Hans schien sich der Personalbestand noch einmal zu reduzieren. Der Vater legte Wert darauf, dass der Sohn sich nicht hinter einem Knecht versteckte, der die Arbeit mit dem Gespann machte. Jean schien dabei vor allem aber auch die Kosten im Blick zu behalten, um die Rentabilität mit einer zusätzlichen Arbeitskraft aus der Familie weiter zu steigern.

Die Ausgaben schwankten für die wenigen dokumentierten Jahre zwischen einem Drittel und der Hälfte der Einnahmen. Jean dürfte daher in den meisten Jahren zwischen 2.000 und 3.000 Reichsmark Gewinn erwirtschaftet haben. Das entsprach in etwa dem Gegenwert von drei bis vier Morgen Land bei einer Versteigerung im Dorf[145]. Die Feuerversicherung taxierte den Wert aller Betriebsgebäude und des Wohnhauses auf 18.700 Reichsmark. Der Betriebsgewinn ist also hinsichtlich der Kaufkraft durchaus beachtlich gewesen[146].

Ein Blick auf die Entwicklung der Größe des Betriebes in seiner Zeit macht schnell deutlich, dass er seine finanziellen Mittel nur bedingt zum flächenmäßigen Ausbau eingesetzt hat. Vereinzelt ersteigerte Jean Äcker. Diese Bemühungen bildeten aber bei weitem nicht seine finanziellen Möglichkeiten ab. Als der Erbteil seiner nach Schwabenheim verheirateten Schwester zur Versteigerung anstand, erwarb er von den fast 25 Morgen nur einen winzigen Weinberg von 419 Quadratmetern in der Lage Schmitthans[147]. Immer wieder trieb ihn zwar die Suche nach einem lukrativen landwirtschaftlichen Investment um, realisiert wurde dies aber nie. Zusammen mit seinem Schwager Ernst Sack aus Schwabenheim gab er in den 1930ern ein Gebot für den Windhäuser Hof ab. Das große Gehöft auf dem Hochplateau über der Gemeinde Elsheim mit englischem Landschaftsgarten und eingefriedeten Weinbergen stand zur Versteigerung. Den Zuschlag bekamen die beiden nicht. Es gab jemanden, der mehr bot. Den Konflikt mit seiner Frau Marie musste Jean daher nicht bis zum Ende ausfechten. Sie hatte schon im Voraus ihre Position kurz und knapp auf den Punkt gebracht. »Dorthin, in die Einsamkeit, ziehe ich nicht!«[148]

Noch deutlicher soll sie sich positioniert haben, als Jean im fortgeschrittenen Alter noch einmal mit einer Auswanderung liebäugelte. Der Sohn seines Nachbarn Hermann Stern, Eugen, war 1937 zusammen mit seiner Frau Regina und der sechsjährigen Tochter Lotte nach Argentinien ausgereist. Sie hatten im März 1933 miterleben müssen, wie SA-Leute zuerst »sämtliche Läden an unserem Haus eingeschlagen«[149] haben. Danach führte der Mob Eugen Stern in einem grölenden Umzug wie ein Stück Vieh durchs Dorf. Regina verkroch sich mit ihrer noch nicht zweijährigen Tochter Lotte auf dem Speicher ihres Wohnhauses in der Hauptstraße 28. Als die Repressalien zunahmen und die Tochter aufgrund der Nürnberger Rassegesetze von 1935 nicht eingeschult wurde, entschloss sich die Familie, Deutschland zu verlassen. Sterns verkauften daraufhin alles und wanderten noch rechtzeitig im Spätjahr 1937 aus[150]. Nach dem Krieg hielten die ehemaligen Nachbarn Briefkontakt zueinander. Regina bot Jean 1947 an, in Argentinien für ihn eine schöne Farm zu suchen[151]. Er solle in Essenheim einfach alles verkaufen und nach Argentinien kommen. Hier sei viel Platz für eine große Landwirtschaft. Marie scheint die bei Jean geweckte Idee mit der für sie typischen, aber bestechend einfachen Argumentation im Keim schon erstickt zu haben. »Meinen Erbteil bekommst Du dafür nicht! Du kannst alleine auswandern.«[152]

Jean war es gelungen, sofort nach der Übernahme vom Geometer die Wirtschaft stärker nach Gesichtspunkten der Effektivität und der Gewinnoptimierung auszurichten. Er hinterfragte alle Arbeiten und prüfte, ob sie in einem guten Kosten-Nutzen-Verhältnis standen. Mit ihm hielt die Betriebswirtschaft Einzug. Im Unterschied zum Geometer, der mithalf, aber dennoch weiter gerne seinen Vermessungen nachging, lag der Fokus des Sohnes nun ganz auf dem Betrieb. Acker- und Weinbau waren keine Nebenbeschäftigungen mehr. Die Gewinne, die er dabei erzielte, investierte er aber nur zu einem kleinen Teil wieder in den Betrieb. Mein Vater hat das beim Blick auf das Foto mit dem neuen Morris in unserem Gespräch gut auf den Punkt gebracht: »Der Großvater kaufte ein Auto, während sein bester Freund im Dorf einen Traktor anschaffte. Er hat nichts in die Landwirtschaft investiert. Prestige war etwas anderes. Er wollte zeigen, wer wir sind.«[153] Mit den Ausfahrten im feinen Sonntagszwirn ließ Jean das Bäuerliche, den Acker, die Reben und den Viehstall hinter sich.

Den größten Teil seiner Gewinne investierte er an anderer Stelle mit einer klaren Zielsetzung. Das Verleihen von Geld hat in den großbäuerlichen Familien eine lange Tradition. In zahlreichen Hausbüchern des 18. und 19. Jahrhunderts findet man Notizen dazu[154]. In den wenigen Aufzeichnungen des Geometers finden sich schon Notizen über kleinere oder größere Beträge, die ausgelegt und dann inklusive der Zinsen abbezahlt wurden. Jean betreibt dies in weitaus größerem Rahmen. Seine Aufstellungen geben darüber Auskunft. Die verliehenen Einzelbeträge konnten durchaus eine beachtliche Höhe erreichen. In manchen Jahren vor dem Ersten Weltkrieg waren es bis zu zehn Schuldner, bei denen Kapital lag. Einen Geldbetrag in Höhe eines Jahresgewinns hatte er Ende 1924 an seinen Nachbarn Eugen Stern und dessen

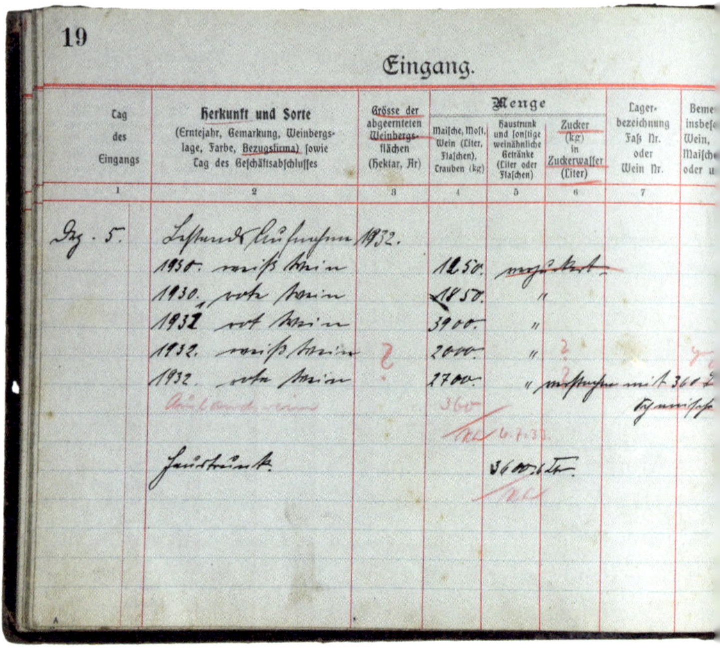

Geschäftspartner Daniel Beretz verliehen, die wahrscheinlich damit den Ausbau ihrer Viehhandlung mit Zweigstellen in Ingelheim und Nordhausen finanzierten[155]. Den Kredit bedienten Stern & Beretz bis ins zweite Halbjahr 1934. Die Geschäftsbeziehungen zwischen den beiden jüdischen Händlern Albert Mayer und Eugen Stern sowie Jean blieben auch nach 1933 intensiv, wie zuvor. Stern kaufte Kühe und brachte Kälber. Mayer nahm Getreide ab, manchmal auch Wein, und lieferte den Zucker zur Erhöhung des Alkohols bei den gärenden Weinen. Dabei finanzierte man sich gegenseitig und verrechnete das Gelieferte mit dem Erhaltenen. Offene Posten blieben auf beiden Seiten stehen, bis sie beim nächsten Geschäft wieder ausgeglichen werden konnten.

Jean suchte neben dem Verleihen von Geld im dörflichen Umfeld schon früh andere Möglichkeiten, die erzielten Ge-

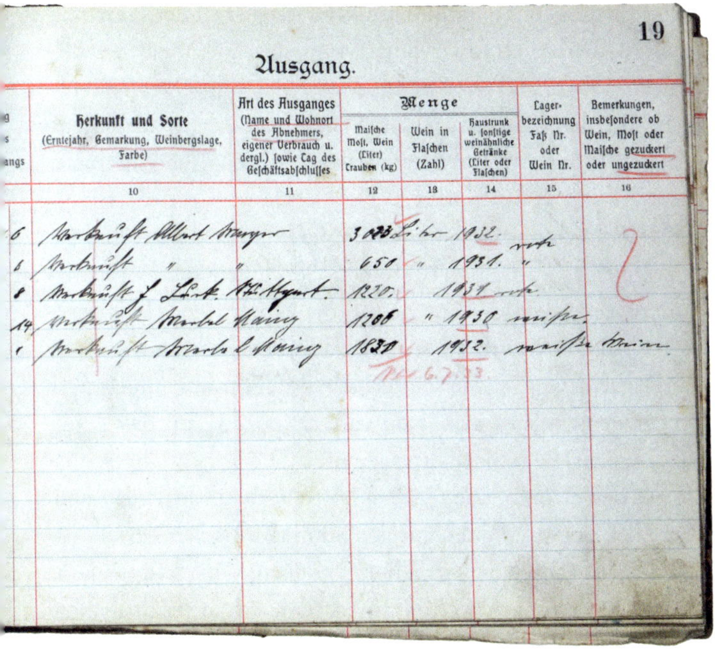

Kellerbuch von Jean: Weinbestand im Dezember 1932 und rote Anmerkungen der Kellerkontrolle vom Juli 1933. Mit Zucker wurde der Alkoholgehalt während der Gärung angehoben. Spanischer Rotwein diente zur farblichen Verbesserung der hellen Portugieser-Weine. Der jüdische Weinhändler Albert Mayer kaufte 1934 einen Teil der Weine.

winne so anzulegen, dass sie Zinsen einbrachten. Dass er damit nicht alleine war, zeigt der weiter oben bereits getätigte Blick in die Bibliothek seines Zeitgenossen und Schwagers Karl Adam Mossel I. Ob der von ihm angeschaffte *Ratgeber bei Geldanlagen in Wertpapieren* von 1898 den Weg über die Hauptstraße zur Verwandtschaft gefunden hat, ist nicht zu verfolgen. Wichtiger für Jean war wohl die enge Beziehung zum fünf Jahre älteren Albert Mayer. Der habe ihm schon früh geraten, in guten Jahren einen Teil des Gewinns außerhalb der Landwirtschaft und des Weinbaus anzulegen[156]. Die ersten Wertpapiere lassen sich in einer Aufstellung für das Jahr 1912 nachweisen. Jean dürfte zu diesem Zeitpunkt aber bereits seit einigen Jahren Rentenpapiere und Aktien gekauft haben. Der Umfang der Aufstellung und der Wert der gehaltenen Papiere deutet darauf hin. Er erwähnt das auch später in einem Schreiben an das Finanzamt und weist darauf hin, dass er die Papiere lange halte und nicht auf eine kurzfristige Spekulation abziele[157].

Der Umfang seines außerhalb des Betriebs angelegten Vermögens beläuft sich 1912 mit 27.500 RM auf das Zehn- bis Zwölffache seines Jahresgewinns. Die hohen Überschüsse aus den ertragreichen Jahren im Ackerbau 1905, 1907 und 1909 hatte er zusammen mit den Summen aus den Verkäufen seines Weines bei der örtlichen Darlehenskasse und bei Banken in Mainz angelegt. Ein Drittel etwa war in verzinslichen Rentenpapieren investiert. Neben verschiedenen Obligationen der Stadt Mainz zu 4% finden sich aber auch Preußische, Ungarische und Kaiserlich Ottomanische festverzinsliche Anlagen. Auch bei den vier Aktien zeigt sich wieder diese Mischung aus regionalen und überregionalen Papieren. Mainzer Aktienbräu und Kupferberg stehen für Erstere, Schwartzkopf und die Allgemeine Elektrizitäts-Gesellschaft (AEG) für den Blick über den regionalen Tellerrand[158]. Die spekulativere Anlage in Aktien nahm mit zwei Dritteln des angelegten Geldes ein deutliches Übergewicht ein. Bis 1914 erhöhte sich sein Kapitalvermögen durch den Zukauf weiterer Rentenpapiere und beträchtliche Kursanstiege, die er separat nicht ohne Stolz addierte, um 70%[159]. Ob sich dabei die neu erworbenen Übersee-Obligationen am Vorabend des Weltkriegs als ein gewinnträchtiges Investment in die Zukunft herausstellen sollten, kann durchaus kritisch hinterfragt werden, muss hier aber offenbleiben.

Seiner Strategie, außerhalb des eigenen Betriebs ein Vermögen aufzubauen, blieb Jean über alle Umbrüche, Kriege und Inflationen hinweg stets treu. Anders als beim Wein spekulierte er hier auf längere Sicht. Viele der Wertpapiere sind auch Jahrzehnte später noch in seinem Besitz. Wenn sie stiegen, dann erfreute er sich bei der Durchsicht der *Frankfurter Zeitung* auch im hohen Alter immer noch daran. Fielen die Kurse hingegen, dann überschlug er den Kursteil schnell und las an anderer Stelle weiter[160].

Mit Jean und seinem Schwager Karl Adam Mossel wird exemplarisch deutlich, dass eine bäuerliche Oberschicht existierte, die ein Nebeneinkommen durch Investitionen am Kapitalmarkt anstrebte. Mit ihren Betrieben erwirtschafteten sie in ihrer Höhe und im Hinblick auf die Kaufkraft in dieser Zeit beträchtliche Gewinne. Für diese benötigte man Anlagemöglichkeiten außerhalb des engen dörflichen Rahmens.

Verzinsliche Rentenpapiere und Aktien übten eine Faszination und Anziehungskraft aus. Der Ertrag war nicht den Unbilden der Natur unterworfen. Ohne dass man sich selbst dafür anstrengen musste, partizipierte man in Form von Zinsen und Kursgewinnen am Aufwärtstrend der Wirtschaft im Reich. Diese bäuerliche Oberschicht passt nicht in das in der älteren wissenschaftlichen Literatur beschriebene Bild der überschuldeten deutschen Landwirtschaft vor 1914[161]. Es scheint, wie Achilles andeutet, eher ein ostelbisches Problem großer Gutsbetriebe gewesen zu sein. Diese hatten durch drückende Zinsleistungen ihren wirtschaftlichen Spielraum schon vor dem Ersten Weltkrieg weitgehend verloren, während die im Vergleich dazu winzigen Betriebe der rheinhessischen bäuerlichen Oberschicht durch die Diversifizierung und den überschaubaren Personaleinsatz Vermögen aufbauen konnten. Zwar wurde bereits betriebsfremder Dünger zugekauft, um die Erträge zu steigern. Die notwendigen Arbeiten wurden aber zum wesentlichen Teil noch mit den Gerätschaften der Väter und Großväter verrichtet. Der technische Fortschritt und die Mechanisierung setzten erst später ein.

Mit einundvierzig Jahren wurde Jean Mitte Juli 1916 einberufen. Nach der Ausbildung im badischen Heuberg kam er ab Oktober zum Landsturm-Infanterie-Bataillon des XIV. Armeekorps. Sein Militärpass verzeichnet die Teilnahme an Stellungskämpfen im Westen bis in den Februar 1917. Welche Gefühle ihn im Krieg begleiteten, darüber können nur Vermutungen angestellt werden. Jean bewunderte Frankreich, die Lebensart der Franzosen und ihre Weine. Die wenigen Karten, die er aus dem Westen schrieb, blieben knapp, auch die an seine Frau. Auf einer ist er selbst im Kreis der Kameraden in der Stellung abgelichtet worden. Zu sechst haben sie sich mit den Gewehren hinter den als Schutz aufgeschichteten Fichtenstämmen in Position gebracht. Die Karte stammt aus dem Oktober 1916. Die Stellung ist im dichten Nadelwald angelegt. Der Landsturm bestand aus Herren im fortgeschrittenen Alter. Jean dürfte bei weitem nicht der Älteste gewesen sein. Er steht in der Mitte. Im Unterschied zu den anderen fünf hatte er die Pickelhaube mit dem feldgrauen Tarnüberzug auf dem Kopf. Die anderen tragen die schirmlose Feldmütze, die von den Soldaten abschätzig als Krätzchen bezeichnet wurde. Nicht nur dadurch unterschied er sich äußerlich vom Rest der Kameraden. Als Einziger trug er einen langen Mantel. Auch wenn er nur, wie die um ihn herum, ein Landsturmmann war, so schien er sich doch auch hier ganz bewusst ein wenig abzuheben.

Über die weitere Verwendung und nachfolgende Stationen im Krieg ist nichts bekannt. Jean hat später wenig darüber geredet[162]. Vielleicht lag es am Erlebten, vielleicht auch daran, dass er im Krieg keinen Sinn sah. Als *homo oeconomicus* vermochte er die volkswirtschaftlichen Folgen

Jean in Stellung im Westen Frankreichs (1916).

einzuschätzen und konnte sich ausrechnen, dass auch der Betrieb zuhause litt. Der einundsiebzigjährige Geometer führte ihn zusammen mit der eigenen Frau, der Schwiegertochter, dem Gesinde und zwei zur Zwangsarbeit abgestellten Kriegsgefangenen[163]. Marie übernahm das Kassenbuch des Mannes. Die erste Seite, die sie anfing, überschrieb sie mit dem Satz: »Von der Zeit an, wo mein Mann eingerückt ist«. Ihre Eigenständigkeit und ihr Selbstbewusstsein scheinen ihr in der neuen Rolle geholfen zu haben. Sie scheute sich auch nicht davor, einen neuen Mantel zu kaufen und alleine an einer Hochzeit in der Nachbarschaft ihres ehemaligen Vaterhauses teilzunehmen. Jean empfand das als reichlich unschicklich, während er im Feld kämpfte, und soll sie deswegen später zur Rede gestellt haben[164].

Das Kassenbuch mit ihren Einträgen zeigt, dass der Betrieb auch in den Kriegsjahren und in der Zeit der Abwesenheit Jeans wie gewohnt weiterlief. Die Weinberge wurden gepflegt. Schwefel und Vitriol für den Pflanzenschutz gegen die Pilzerkrankungen wurden eingekauft. Die Jahrgänge von 1915 bis 1918 brachten durchweg ordentliche Erträge. 1915 konnte man auf zwei Morgen 5.200 Liter Portugieser ernten. Das war ein Rekordergebnis. Den 1917er lobte Jean ausdrücklich. Die Trauben wurden durch den trockenen und warmen Sommer so reif, dass der gärende Most nicht gezuckert werden musste. In mehreren Jahren während des Krieges kaufte er zusätzlich Trauben zu. Zwei Jahre lang gab es keine Verkäufe. Er schien abzuwarten und lagerte ein. Erst ab 1917 sind kontinuierlich jedes Jahr wieder Weine verkauft worden, zunächst an den Gastwirt Johann Becker aus dem Dorf, der gleich mehrere Stückfässer abnahm, und dann auch an Weinhändler in Ingelheim, Mainz und Wiesbaden[165].

Der von Türke für Rheinhessen errechnete schwankende Rückgang der Erträge zwischen 1906 und 1925 ist so für unseren Betrieb nicht festzustellen[166]. Das dürfte vor allem an den Rebsorten gelegen haben. Der Portugieser sicherte einen zuverlässigen Ertrag. Die Zunahme der mit roten Reben bestockten Fläche nach 1910 deutet auf Neuanpflanzungen hin. Diese erreichten in den 1920ern ihre volle Leistungsfähigkeit. In den 1930ern kam ein weiterer Morgen roter Jungfelder langsam in den Ertrag. Damit wurde auch einer Überalterung des Rebbestands vorgebeugt. Jean steckte nur dann Geld in den eigenen Betrieb, wenn daraus ein Mehrwert zu erzielen war. In der Anlage neuer Weinberge und vor allem im Portugieser sah er also ein Chance, eine brauchbare Rendite zu erwirtschaften. Die Rebsorte wurde bereits in den 1860ern wegen ihrer gleichbleibend hohen Erträge geschätzt[167].

Jean investierte in einer Zeit, in der vielschichtige Krisensymptome den Weinbau und die Vermarktung seiner Produkte bedrohten. Durch den Weltkrieg war der Exportmarkt zusammengebrochen. Die anschließende Besetzung der linksrheinischen Gebiete beeinträchtigte den Warenverkehr. Das Rheinlandabkommen vom Juni 1919 »belegte den innerdeutschen Handel über den Rhein als binnendeutsche Grenze mit Zöllen und erschwerte ihn durch bürokratische Genehmigungsverfahren«[168]. Die Inflation zehrte die Kaufkraft auf und ließ den Pro-Kopf-Verbrauch an Wein deutlich zurückgehen. Verunsicherung und Abstiegsängste dürften die Weinlust gebremst haben. Bisher weintrinkende bürgerliche Schichten übten sich zunehmend in Kaufzurückhaltung[169].

Seit der Einführung der »Reichs-Weinsteuer« 1918 hegte die Winzerschaft ohnehin einen gewissen Groll auf die Regierung und auf ihre staatlichen Institutionen vor Ort. Das deutsch-spanische Handelsabkommen von 1924 verschärfte die Situation für die Winzer und sorgte für Proteste in großen Teilen des Berufsstands. Man befürchtete, dass der ohnehin schwache Absatzmarkt durch die Einfuhr günstiger Auslandsweine noch mehr Schaden nehmen könnte.

Die Rheinhessische Bauernschaft und der Weinbauverband unterstützten einen Protest von Winzern im August 1924 in Bodenheim,[170] und am 10. März 1926 kamen 12-15.000 Landwirte und Winzer zu einer Demonstration vor die Mainzer Stadthalle. Die Zeitschrift der Freien Bauernschaft in Rheinhessen spricht von »Sturmzeichen einer Bauernrevolution in Mainz«[171]. Der Landesvorsitzende der Bauernschaft, Gutsbesitzer Ernst Mossel, griff vor allem die Handelsverträge der Reichsregierung mit Spanien und Italien an, die den rheinhessischen Weinbau stark schädigten. Auch Behörden und vor allem die Finanzverwaltung waren immer wieder Ziel scharfer verbaler Attacken in der Zeitschrift der Freien Bauernschaft, dem *Rhein- und Hesse-Bauer*[172].

Im Vergleich zum Bernkasteler Winzersturm vom Februar 1926 blieb es in Rheinhessen jedoch weitgehend friedlich. Die Winzer von der Mosel zogen gegen die Weinsteuer auf die Straße und vor das Finanzamt. Die Stimmung war aufgeheizt und entlud sich bald darauf in Gewalt. Ein Steinwurf ließ die Situation eskalieren. »Immer mehr Menschen drangen ins Finanzamt ein, zerrissen hier die Steuerakten oder warfen sie nebst Tischen, Stühlen, Schreibmaschinen usw. zu den Fenstern hinaus auf die Straße«[173]. Vor dem Gebäude wurden Akten verbrannt. Die Finanzkasse und das Zollamt der Stadt waren als Nächstes dran[174]. Die Not der Moselwinzer beschäftigte daraufhin den Reichstag und mündete in umfassende Notstandskredite für den leidenden Berufsstand. Und auch in vielen anderen Anbaugebieten klagten die Winzer über Absatzprobleme und Überschuldung. »Acht Jahre nach dem Ende des Ersten Weltkrieges befand sich der Weinbau in Deutschland auf dem Weg in die tiefste Krise seit Jahrzehnten«[175].

Im Jahr des Bernkasteler Winzersturms kaufte Jean seinen Morris Oxford. Der Kontrast könnte nicht größer sein. Die Not der Winzer ist zweifelsohne sichtbar. Sie muss aber differenzierter betrachtet werden. Eine existenzbedrohende Situation des gesamten Berufsstandes verzerrt die tatsächliche Situation. Jean ist ein Einzelbeispiel und die Art und Weise, wie er seinen Betrieb führte, ist nur zum Teil zu verallgemeinern. Dennoch gehörte er zur bäuerlichen Oberschicht und damit zu einer Gruppe des Sozialgefüges, die in jedem rheinhessischen Dorf nachzuweisen ist. Es lässt sich an seinem Beispiel erkennen, dass die Schuldenkrise der Landwirtschaft und die Weltagrarkrise ab 1928 landwirtschaftliche Betriebe in ganz unterschiedlicher Wucht trafen[176]. Die bäuerlichen Schichten der Dörfer werden spätestens ab den 1920ern weitgehend über die Verlautbarungen ihrer polternden Standesvertreter der Freien Bauernschaft wahrgenommen. Es greift meiner Meinung nach zu kurz, wenn rein über deren mediale Wirkung die Krisensituation der Bauernschaft im Allgemeinen beschrieben wird. Nicht der Lauteste muss unbedingt Recht haben und seine Aussage Gültigkeit für eine ganze Berufsgruppe besitzen.

Treten wir zeitlich einen Schritt zurück, können wir mit Blick auf die Betriebsstruktur und den Absatz rheinhessischer Wein- und Ackerbaubetriebe die Situation besser differenzieren. Die oben bereits angesprochene Lebensbeschreibung des erfolgreichen Weingutsbesitzers Jacob Schlamp aus Nierstein gibt die nötigen Hinweise[177]. Ihm gelang es, in wenigen Jahrzehnten im Weinbau ein großes Vermögen zu machen. 1832 kaufte er den ersten Weinberg im Orbel. Gut fünfzig Jahre später besaß er mit seinen Söhnen zusammen 75 Morgen Weinberge in den besten Lagen am Rhein. Schlamp schien nicht nur ein sehr guter Winzer, sondern auch ein ausgezeichneter Geschäftsmann gewesen zu sein. Und er hatte den Mut zum Risiko und den richtigen Riecher für gewinnträchtige Chancen, die sich in dieser Zeit eröffneten. Die Verbesserung des gärenden Mostes mit Zucker hat er als einer der Ersten in der Region praktiziert und damit auch leichte und säuerliche Weine kühler Jahrgänge gewinnbringend verkaufen können. Gezielt erwarb er die leichten, einfachen Weine aus den Ortschaften ab vom Rhein. Er lagerte sie ein, verbesserte sie nach der Gall'schen Methode um sie dann im Folgejahr zum sechs- bis siebenfachen Preis weiterzuveräußern. »Die Weinproduzenten, Weinhändler und Weinspekulanten haben Dr. Gall unendlich viel zu verdanken«[178].

Schlamp partizipierte zunächst an dem sich ab den 1830ern rasant entwickelnden Weinbau der Rheinfront in besonderem Maße. In den 1850ern nahm dieser Prozess noch einmal an Tempo zu und katapultierte die sich immer mehr zu reinen Weinbaubetrieben entwickelnden Weingüter wirtschaftlich auf eine ganz andere Ebene. Die herrschaftlichen Wohnhäuser und die Villen der Gründerzeit in Oppenheim und Nierstein aber auch in Nackenheim und

Guntersblum erzählen heute noch von diesem Reichtum. Der Wein vom Rhein genoss höchstes Ansehen und erzielte aufgrund seiner Qualität gute Preise.

Die vom wirtschaftlichen Aufstieg des städtischen Bürgertums und vom Export getragene Weinkonjunktur ließ vor allem am Rhein von Bingen über Ingelheim bis nach Worms, vereinzelt aber auch im Hügelland, auf den Weinbau und den Weinhandel spezialisierte Güter entstehen. Die Rheinromantik des 19. Jahrhunderts mag auch ihren Teil dazu beigetragen haben. Der Rheinwein, einzelne Ortschaften und ihre Lagen fanden in das Bewusstsein der weintrinkenden Zeitgenossen.

Die Unterhaltungsliteratur dieser Zeit spiegelt dies wider. Zahlreiche Autoren nutzten den Rheinwein als Topos. Sein Genuss stand symbolisch für einen gehobenen bürgerlichen Lebensstil, den man unter dem Stuck der Belle Étage in heiterer Runde auch gerne schon zum Frühstück kredenzte. Bei Theodor Fontane taucht der Rheinwein als edles Getränk des Berliner Bürgertums immer wieder auf. Man unterstrich den eigenen Status, wenn man zum krönenden Abschluss einen gereiften, firnen Rheinwein auftragen ließ[179]. Der Ruf dieser Weine zog Kreise. Auch in Frankreich und im Russischen Zarenreich verband man mit den Weinen vom Rhein ganz selbstverständlich bürgerliche Genusskultur[180].

Die Oppenheimer, Niersteiner und Nackenheimer Weißweine sowie die Ingelheimer Spätburgunder wurden, wie die namhaften Weine von Mosel und Saar oder die Rüdesheimer Spätburgunder, in den besten Häusern Berlins angeboten. Weinkarten dieser Zeit vom Hotel Adlon verdeutlichen dies auf eindrucksvolle Weise[181].

Bis zum Ende des 19. Jahrhunderts war im Hinblick auf den Weinbau die wirtschaftliche Teilung Rheinhessens vollzogen. Im Jahr 1904/05 kostete ein Oppenheimer Domänenwein das Zehnfache eines einfachen Weines aus dem Hügelland. Die Weine der nächst niedrigeren Klasse, die auch vom Rhein stammen dürften, waren noch gut viermal teurer[182]. Mit dieser Entwicklung ging auch eine Veränderung im Selbstbewusstsein und der Außendarstellung einher. Am Rhein dominierten die sich als Unternehmer auffassenden »Weinaristokraten«, während im Hinterland Ackerbauern neben der Landwirtschaft auch Weinberge unterhielten. Der auf der einen Seite bewusst zur Schau getragene Reichtum und Standesdünkel sowie Neid auf der anderen verfestigten sich. In den Gesprächen mit meinem Vater blitzt dies in einzelnen Anekdoten als Erinnerung der 1960er Jahre noch auf, wenn er erzählt, dass sein Lehrer an der Mainzer Landwirtschaftsschule ihn mit »Wagner« und den Mitschüler aus einem Niersteiner Weingut mit »Herr Braun« angesprochen habe[183].

Die guten Jahre reichten bis zum Krieg. Wobei schon ab den 1890ern ein Rückgang der Rentabilität für die großen Weingüter attestiert wird. Vor allem die steigenden Lohnkosten, das generelle Problem, geeignete Arbeitskräfte zu finden, und die vor allem durch Pilzerkrankungen stärker schwankenden Erträge macht Friedrich von Bassermann-Jordan als Gründe aus. Die Probleme träfen aber vor allem die größeren Weingüter, die einen hohen Bedarf an fremden Arbeitskräften hätten[184]. Der 1911er »Jahrhundertwein« erzielte zwar 1914 bei den Versteigerungen Höchstpreise, die Schwierigkeiten der auf den Weinbau spezialisierten Betriebe vermochte das aber kaum zu überdecken[185]. Zunächst die kriegsbedingte Kappung der Exportwege, dann die Folgen der Niederlage erschwerten zunehmend die Vermarktung der Weine. Dies traf bis Mitte der 1920er Jahre vor allem die gehobenen Preisklassen. Die niedrigeren Klassen stiegen zunächst noch im Preis, wie auch die über Versteigerungen abgesetzten Spitzengewächse[186].

Im Vergleich dazu mutet die Preiskurve anderer landwirtschaftlicher Produkte wie ein sicherer Hafen an. Gerste stieg im Vergleich zu 1913 um gut 45 %, Roggen um immerhin noch 14 % an. Die zeitgenössische Bewertung fällt daher recht klar zu Ungunsten des Weines aus. »Der Vergleich der Zahlen, besonders der Kurven, ist sehr deutlich und läßt die unbedingt schlechteste Stellung des Weines im Vergleich zu allen anderen Agrarprodukten in der Nachkriegszeit erkennen«.[187]

Niedrige Preise, ein stockender Absatz und der Druck, aufgrund hoher laufender Kosten für Personal und notwendige Betriebsmittel Wein auch bei fallenden Preisen verkaufen zu müssen, verschärften die Probleme vor allem bei den reinen Weinbaubetrieben. Wer im Oktober 1923 Wein oder Trauben verkaufen musste, um seine laufenden Kosten für Personal und Betriebsmittel während der Weinlese zu decken, der lief Gefahr, dass das Geld ein paar Tage später nur noch ausreichte, um einen Besen zu erwerben[188].

Jeans Kellerbuch zeigt für 1922 und 1923 keinerlei Verkäufe. Erst im Oktober 1924, nachdem die Inflation eingedämmt worden war, verließ der erste Wein wieder seinen Keller[189]. Genauso verhielt sich auch sein Schwager in der Nachbarschaft. Karl Adam Mossel besaß noch mehr Lagerraum mit seinen zwei großen unterirdischen Gewölbekellern und anscheinend ausreichend Fässer. Er hielt den größten Teil des 1921er, den gesamten 1922er und den 1923er zurück, die er alle erst 1924 veräußerte[190]. Beide verfügten über die nötigen Rücklagen, um ihre Weine nicht in Zeiten verkaufen zu müssen, in denen das eingenommene Geld wenige Tage später kaum noch etwas wert war.

Im Gegensatz dazu schienen vor allem die alleine auf den Weinbau fokussierten Betriebe in der Krisensituation nach dem Krieg und in Folge der Weltwirtschaftskrise von

1929 durch die ehemals gewinnbringende Spezialisierung besonders anfällig. Die »Goldenen Zwanziger« existierten daher für einen Großteil der spezialisierten Weinbaubetriebe nicht. Die rheinhessische Rebfläche ging in diesem Zeitraum sogar spürbar zurück[191]. Die Einnahmen, die die Betriebe durch den Verkauf ihrer Weine erzielten, reichten nicht mehr aus, um Löhne, Pflanzenschutzmittel und die mitunter kostenintensive und auf Repräsentation ausgerichtete Haushaltung zu decken. Verschuldung und ein sinkender Lebensstandard der Weingutsbesitzer wurden daher lautstark als Probleme artikuliert[192]. Das Schlagwort von der »existenziellen Krise« des Weinbaus dominierte die mediale Wahrnehmung des Themas in den letzten Jahren der Weimarer Republik und zu Beginn der nationalsozialistischen Herrschaft. Und auch die ersten reichsweiten Weinwerbekampagnen unter dem Slogan »Trinkt deutschen Wein« vermochten die Misere nicht zu lindern[193].

Für die Betriebe im Hügelland muss dies relativiert werden. Die Diversifizierung, die sie traditionell praktizierten, machte sie weniger abhängig von den Sonderkonjunkturen einzelner Produkte. Hatten sie nicht in vollem Umfang an den »Goldenen Jahrzehnten« des Weinbaus vor 1914 partizipiert, wie die großen Weingüter am Rhein, so litten sie nun auch nur bedingt an dessen Niedergang. Jeans Kellerbuch zeigt kontinuierliche Verkäufe, die sich durch die späten 1920er und die frühen 1930er ziehen. Die Abnehmer waren nun etwas regionaler. Die Auswahl an Händlern schien sich eingeschränkt zu haben. Jean gab seine Weine im Unterschied zur Zeit vor dem Weltkrieg häufiger an die gleichen Personen ab. Verkauft wurde nach Elsheim an den dortigen Weinkommissionär und Händler Georg Bieser. Dieser vertrieb die Weine dann in kleinen Mengen an die zahlreichen Gastwirtschaften des Dorfes und Privatkunden weiter. Der Verkauf lief anscheinend nicht ganz reibungslos.

Zunächst hatte man sich wohl per Handschlag am Fass geeinigt. Dann muss sich Bieser längere Zeit nicht gemeldet haben. Jean forderte ihn daraufhin auf, die drei Stück Rotwein (3.600 Liter) endlich abzuholen und auch zu bezahlen. »Denn zum Spekulieren in meinem Keller verkaufe ich keinen Wein. Das kann ich selbst machen«[194]. Weitere große Abnehmer saßen in Biebrich oder in Hahnheim.

Sichere Erträge lieferte weiterhin vor allem der Portugieser. In kühlen Jahrgängen brachte die früh reifende rote Rebsorte trotzdem leidliche Qualitäten, die gerne abgenommen wurden. Die dann sehr helle Farbe wurde im Rahmen dessen, was das Weingesetz zuließ, mit zugekauftem dunklen ausländischen Deckrotwein nachgebessert.

Für den Eigenverbrauch und die Versorgung des Gesindes nutzte man die Trestern und setzte sie mit Zucker und Wasser als Haustrunk an[195]. Die Preise, die Jean für seine Weine erzielte, blieben bis 1933 relativ gleich. Erst danach stiegen sie in Folge der von den Nationalsozialisten mit großem Aufwand betriebenen Weinwerbung[196].

Auch das Kellerbuch von Jeans Schwager Karl Adam Mossel deutet in diese Richtung. Sein Weinabsatz blieb über die gesamte Krisenzeit des Weinbaus nach 1929 hinweg relativ stabil[197]. Auch er vermochte einen Teil des erwirtschafteten Gewinns außerhalb der Landwirtschaft zu investieren[198].

Die Entwicklung des von Jean außerhalb des Betriebes angelegten Vermögens zeigt, dass er mit Landwirtschaft, Viehzucht und Weinbau auch in diesem schwierigen wirtschaftlichen Umfeld beträchtliche Gewinne erzielen konnte. Die Aktien der Vorkriegszeit hielt er noch immer. Neu hinzugekommen waren Daimler und die in Berlin ansässigen Bergmann Elektricitäts-Werke. Überregionale Titel nahmen damit an Gewicht deutlich zu.

Zum Ende des Jahres 1930 machte Jean Kassensturz. Auf

einer handschriftlichen Liste addierte er sein Vermögen. Die Aktien hatten durch die Börsenturbulenzen 1929 gelitten. Die Abwärtsbewegung kehrte sich erst ab 1932 langsam um. Ihre alten Höchststände erreichten sie aber zunächst nicht wieder[199]. Zusammen mit dem verliehenen Geld und Barmitteln kam er auf mehr als 55.000 RM. Das entsprach ganz grob den Einnahmen aus dem Verkauf von mehr als zehn Weinjahrgängen. Von einer Notsituation kann also kaum die Rede sein.

Sicherlich ist es schwer, ein Einzelbeispiel zu verallgemeinern. Es macht aber deutlich, dass die existenzielle Krise des Weinbaus und der Landwirtschaft die Betriebe je nach Schwerpunktbildung sehr unterschiedlich traf[200]. Von einer ungünstigen wirtschaftlichen Situation für die gesamte Landwirtschaft während fast der ganzen Weimarer Zeit kann nicht gesprochen werden[201]. Der Konflikt mit dem Weinhändler Bieser zeigt, dass ein Abwarten auf den richtigen Zeitpunkt für die Vermarktung der eigenen Produkte von Bedeutung blieb. Wer es sich leisten konnte einzulagern, der profitierte. In dieser Situation waren sicherlich nur die Betriebe, die über ausreichend Lagerfläche und das nötige finanzielle Polster verfügten. Es ist daher anzunehmen, dass es vor allem die bäuerliche Oberschicht war, die hier einen Vorteil besaß. Dieser Vorteil bestand aber nur dann, wenn sie nicht allein vom Weinbau lebte. Die Diversifizierung fungierte als Stabilisator der Erträge. Eine zusätzliche Absicherung außerhalb des Betriebs bildeten die Einnahmen aus Zinsen und Dividenden. Sie entwickelten sich neben Landwirtschaft, Viehzucht und Weinbau zu einer dritten Einnahmesäule[202]. Jean hatte damit die nötige finanzielle Bewegungsfreiheit, um auch auf kleine Sonderkonjunkturen wie die gute Nachfrage nach Portugieser reagieren zu können. Es verwundert daher nicht, dass die dem Weinbau eingeräumte Fläche gegen den Trend der Zeit bei ihm sogar leicht zunahm[203].

Jean ging daher nicht auf die Straße, um gegen das Handelsabkommen mit Spanien oder für Winzer-Notkredite zu demonstrieren. Das wäre im Hinblick auf seine wirtschaftliche Situation ein Widerspruch gewesen. Ihn zog es am 10. März 1926 nach Mainz vor das Stadttheater[204]. Dort wurde Zuckmayers »Fröhlicher Weinberg« aufgeführt. Zusammen mit Winzern aus ganz Rheinhessen protestierte er gegen das in Berlin so erfolgreiche Theaterstück, das nun auch dort aufgeführt werden sollte, wo es Zuckmayer verortet hatte. Manche Teilnehmer waren mit Mistgabeln und Dreschflegeln bewaffnet. Die Menge hielt Plakate in die Höhe. Zuckmayer berichtet davon in seinen Lebenserinnerungen. »Carlche komm nach Nackenheim, Du sollst uns hoch willkommen sein! Wir schlagen krumm und lahm dich all und sperrn Dich in de Schweinestall, denn da gehörste hi'!«[205] Der Winzerschaft missfiel die Darstellung des Berufsstandes, der ins Lächerliche gezogen wurde. Das Selbstbild des stolzen Acker- und Weinbauern, wie es Jean pflegte, passte schon lange nicht mehr zum provinziell derben, das der Autor überzeichnet auf die Bühne brachte.

Krisengewinner

Mit dem Morris unterstrich Jean die eigene Position und den Stolz auf ein bis dato beachtliches Lebenswerk. Beim zweiten Blick führt das Foto aber noch auf eine andere Motivation für den Kauf, die sich bei der Besatzung im Wagen geradezu aufdrängt. Mit Ernst, dem älteren und Hans, dem jüngeren, mussten zwei Söhne in den nächsten Jahren so verheiratet werden, dass der zu erwartende Teilungsverlust wie bei den Generationen davor ausgeglichen werden konnte. Die ältere Schwester der beiden war schon im Alter von sieben Jahren 1909 an den Folgen einer Blinddarmentzündung gestorben.

War das Auto also das Mittel zum Zweck und eigentlich eine Investition in die Zukunft der Kinder? Ernst nutzte den Wagen von Beginn an ausgiebig, um ein Mädchen in Nieder-Wiesen zu besuchen, mit dem er »Freundschaft hatte«[206]. Hans war noch einige Zeit Beifahrer. Später besaß er ein eigenes Motorrad. Er machte seinem größeren Bruder daher das Auto selten streitig. Den Morris also als nützliches Instrument zu betrachten, mit dem der eigene soziale Status auch bei der Suche nach einer passenden Partnerin herausgehoben werden konnte, ist nicht ganz abwegig.

Jean plante voraus, aber er plante schon seit längerer Zeit in eine ganz andere Richtung. Ernst ging in Mainz aufs Gymnasium. Über die Saulheimer Verwandtschaft liefen bereits Vorbereitungen für die Zeit nach einem Medizinstudium. Die Verbindung, die durch die Heirat des Geometers mit der Tochter des Bürgermeisters Krämer entstanden und auch in der nächsten Generation weiter gepflegt worden war, lieferte die notwendigen Kontakte. Ernst sollte in Saulheim eine kleine Klinik übernehmen, deren Eigentümer kinderlos geblieben waren und perspektivisch einen adäquaten Nachfolger suchten, der in der Lage war, auch die notwendige Ablöse zu zahlen[207]. Und auch für Hans liefen die Planungen des Vaters zunächst auf einen Lebensweg außerhalb des eigenen landwirtschaftlichen Betriebs hinaus. Er sollte nach den Vorstellungen des Vaters auch studieren, um Lehrer zu werden. Jean hatte sich offensichtlich innerlich vom bäuerlichen Leben gelöst. Das deutete sein äußerliches, an bürgerlichen Verhaltensweisen orientiertes Auftreten bereits an. Er investierte nur spärlich in den eigenen Betrieb. Er verkaufte sogar mehrmals Parzellen, um das Geld in Wertpapiere zu investieren, die mehr Rendite versprachen. Einen größeren Verkauf verhinderte seine Frau, die sich vehement und erfolgreich dagegen zur Wehr setze, als er eines ihrer Grundstücke verkaufen wollte[208]. Die beginnende Mechanisierung der Landwirtschaft, die sich auch in Essenheim bereits in Ansätzen andeutete, beobachtete er daher als Außenstehender.

Dem Vater musste aber schon recht frühzeitig eigentlich klar geworden sein, dass es nicht einfach würde, den jüngeren Sohn aus der Landwirtschaft zu lösen und in eine akademische Laufbahn zu drängen. Hans entwickelte als Kind bereits großes Interesse für den Ackerbau. Als kleiner Junge nahm er eine der Etagen des terrassierten Gartens hinter der Scheune in Besitz und unterteilte sie in einzelne Flurstücke. Nach und nach bepflanzte er diese dann mit Getreide, Rüben und Kartoffeln. Er probierte sich an verschiedenen Fruchtfolgen, dehnte seine landwirtschaftliche Fläche auf eine weitere Etage aus und zeigte an diesem Bereich deutlich mehr Interesse als an der Schule[209]. Ab wann sich sein Vater damit abfand, dass er den Sohn nicht zum Lehrer machen konnte, ist unklar. Die Ausbildung, die Hans durchlief, entsprach bereits der eines Betriebsnachfolgers, der seine Erfüllung vor allem in der Praxis auf dem Feld und im Weinberg sah.

Prägend für ihn wurde zum einen die landwirtschaftliche Berufsschule. Der aus Essenheim stammende Lehrer Johannes Wagner unterrichtete die angehenden Landwirte. Er ist mit seinem Wissen und seiner Strenge für eine ganze Generation im Dorf bestimmend gewesen. Er unternahm Veredelungsversuche mit dem Müller-Thurgau auf einer reblausresistenten Unterlage. Eine Rebschule wurde betrieben und sorgte für das erste Pflanzgut der ertragsstarken Sorte. Da der Schwerpunkt des Lehrers auf der richtigen natürlichen Düngung und der Pflege des Misthaufens lag, wurde er von den meisten der »Humus-Jean« oder schlicht »der Humus« genannt[210].

Hans absolvierte darüber hinaus eine Ausbildung im Bereich Viehzucht in der Weschnitzmühle im Odenwald. Er wurde zum Bauern aus Leidenschaft. Er konnte sich an einem Acker erfreuen, auf dem das Getreide gut und dicht stand[211]. Die Sparsamkeit bei betrieblichen Investitionen verband ihn mit seinem Vater. Die frühe Prägung, neben dem Betrieb über Wertpapiere ein zweites Standbein aufzubauen, übernahm er ebenso von ihm. Im Unterschied zu seinem Bruder Ernst grenzte er sich im Auftreten aber deutlich von Jean ab. Stolz war er auf das, was er tat. Die Vorliebe des Vaters für feine Kleidung, die Goldkette und die damit demonstrativ unterstrichene Stellung im dörflichen Sozialgefüge teilte er aber nicht. Im auf Effizienz und Kostenersparnis des Vaters getrimmten Betrieb übernahm er auch die dem Gesinde zugeschriebenen Arbeiten im Stall gerne. Während Ernst das Ausmisten der Kühe als »Knechtarbeit« ablehnte, fügte sich sein jüngerer Bruder auch in diese Tätigkeiten.

Jeans Lebensplanung nahm spätestens durch den Entschluss Ernsts, das Gymnasium zu verlassen und in den landwirtschaftlichen Betrieb zurückzukehren, eine Kehrtwendung. Die Vorstellung des Vaters, den einen Sohn als Mediziner und den zweiten als Lehrer außerhalb unterzubringen, um dann mit sechzig von den eigenen Zinseinnahmen leben und in Wiesbaden zwischen Kurhaus und Wilhelmstraße mit seiner Frau flanieren zu können, rückte in weite Ferne[212]. Ob diese Ideen Jeans einer systematischen Planung entsprachen und wirklich angestrebt worden waren, ist nicht sicher zu sagen. Mein Vater hat diese Andeutungen von seinem Großvater immer wieder gehört. Auch meine Tante bestätigt dies im Interview. In ihrer Erinnerung war es aber nicht Wiesbaden, sondern Darmstadt, das der Großvater als Zielpunkt für seine zweite Lebenshälfte anstrebte[213]. Die Ideen passen zu Jean, seiner zunehmenden

Abgrenzung vom Bäuerlichen und der gleichzeitigen Hinwendung zu bürgerlichen Lebensformen.

Auch wenn Ernst sich bisher kaum für den Hof interessiert hatte, so zog es ihn doch dorthin zurück. Es schien nicht die Landwirtschaft zu sein, die einen Sog entwickelte. Ernsts Leistungen in der Schule ließen über längere Zeit kontinuierlich nach. Versuche, durch zusätzliche Nachhilfe die Lücken zu schließen, blieben erfolglos. Die Motivation war ihm längst abhandengekommen. In den Gesprächen deutet mein Vater an, dass Ernst gerne Vergleiche zwischen dem Einkommen des eigenen Vaters und seinem Besitz sowie den finanziellen Möglichkeiten der Lehrer am Gymnasium anstellte. In einem Studium habe er daraufhin keinen großen Sinn mehr gesehen. Es scheint, er habe die beim Vater beobachtete Kosten-Nutzen-Rechnung auf die eigene schulische Bildung angewandt.

Sein Einstieg in den landwirtschaftlichen Betrieb, dessen Arbeitsalltag und die Entwicklung der damit verbundenen körperlichen Anforderungen scheint nicht reibungslos verlaufen zu sein. Das war nicht seine Welt. Die Ansprüche, die Jean an die eigenen Söhne stellte, widerstrebten ihm. Spannungen, die sich später im Alter zwischen den beiden entluden, hatten wahrscheinlich hier schon ihre Wurzeln. Jean verlangte, dass die eigenen Söhne, die sich nun mal für den Beruf des Acker- und Weinbauern entschieden hatten, vorneweg arbeiteten. Ausreden, wonach es »Knecht- und Herrenarbeiten« gebe, ließ er nicht gelten. Hans nahm das an. Ernst suchte das Weite. Er eiferte dem Vater in der Ferne im Lebensstil nach, ohne jedoch seinen Fleiß und seinen Blick für die Sparsamkeit in anderen Bereichen zu besitzen. Seine in Jugendjahren in großen Bögen im alten Kassenbuch der Mutter vollführten Übungen, den eigenen Vornamen besonders ausladend und schwungvoll zu schreiben, wirken im Rückblick bereits als erste Anzeichen. Wenige Seiten

Ernst und Hans als Kinder beim Füttern der Hühner. Rechts der Zugang zur Mistgrube, die später wieder zum Weinkeller umfunktioniert wurde (um 1918).

später hat er unter die akribische Buchhaltung Jeans von 1913 den Satz »Alles gelogen«[214] gesetzt. Genau zu datieren sind seine Schwungübungen nicht. Seine Wünsche für das Erwachsensein formulierte er aber klar und deutlich. »Ich wünsche mir alles: Erstens: 1000 Jahre alt werden; Zweitens: Ruhiges, feines, tolles Leben haben; Drittens: Feiner Mann werden mit 1.000.000 M barem Geld; Viertens: Feine Villa und noch mehr«. Natürlich sind das die Übertreibungen eines Jugendlichen, aber einen ersten Blick auf seine Vorstellungswelt lassen sie doch zu.

Ernst heiratete an die Nahe. Sein Umzug nach Gensingen führte ihn in einen stattlichen Betrieb, der wie daheim auch Acker- und Weinbau miteinander verband. Der Großvater seiner Braut Margaretha, Jakob Fischborn II., war Bürgermeister in Ippesheim gewesen. Margarethas Vater, Jakob Fischborn III., war 1911 mit dem Pferdefuhrwerk in Kreuznach tödlich verunglückt. Die Mutter zog die drei minderjährigen Kinder alleine auf. Zunächst blieb sie noch in Ippesheim. Nach dem Tod des Bruders und wenig später auch des Vaters siedelte sie aber zurück nach Gensingen. Beide hießen Konrad Gutenberger. Der Bruder Konrad war im Oktober 1914 in Lomme bei Lille gefallen. Der Vater starb fünf Monate später. Christina zog mit ihren Kindern zurück ins Elternhaus und führte den verwaisten Betrieb weiter, zu dem Äcker und Weinberge in Gensingen, Ippesheim, Biebelsheim und Planig gehörten. Wie die Verbindung zwischen Margaretha und Ernst zustande kam, ist heute nicht mehr nachzuvollziehen. Ein familiärer Kontakt in die Nähe von Bad Kreuznach, über den man sich hätte kennenlernen können, ist für diese Zeit nicht nachweisbar. Mit der Eheschließung setzte Ernst die Tradition der Familie fort. Er heiratete innerhalb der bäuerlichen Oberschicht. Das große Gehöft in zentraler Lage am Dorfplatz vermittelt auch heute noch einen guten Eindruck davon, dass die Fischborns seit mehreren Generationen zu den größeren Betrieben des Dorfes gehörten.

Mit dem Ortswechsel seines älteren Bruders war der Weg für Hans frei. Er wuchs in einer Zeit in den Betrieb in der Hauptstraße, die vom Aufstieg der Nationalsozialisten und einer zunehmenden Radikalisierung der Bauernschaft geprägt war[215]. Am 2. Februar 1930 wurde auch in Essenheim eine Ortsgruppe der NSDAP gegründet[216]. Sie war unter dem Einfluss der starken Stadecker Ortsgruppe, die schon seit April 1929 bestand, ins Leben gerufen worden[217]. Die

Essenheimer Nachbargemeinde fungierte als Aktivposten im nördlichen Rheinhessen. Sie wirkte an der Ausbreitung der NSDAP innerhalb der Bauernschaft maßgeblich mit und »war somit federführend an der Durchdringung der Umgebung«[218] beteiligt. Fünfzig örtliche Landwirte waren bei der ersten Versammlung in einem Gasthaus anwesend. Einige weitere Veranstaltungen mit wechselnden, aber nicht unbedeutenden Teilnehmerzahlen sind dokumentiert. Der Erfolg der NSDAP bei den Wahlen vom 14. September 1930, bei der sie in Essenheim mit 27,5 % deutlich über dem reichsweiten Schnitt von 18,5 % lag, deutet auch auf eine rege Werbetätigkeit für die Partei hin.

Ein Blick auf die namentlich bekannten Aktivisten der Partei nach der Gründung zeigt, dass es sich um überwiegend jüngere Männer handelte, die eher der bäuerlichen Unter- oder Mittelschicht[219] angehörten. Mittlere und kleine Bauern sowie ein Landarbeiter bildeten den Kern und wirkten als Funktionsträger in Partei und SA. Ein langwieriges Verfahren, das 1934/35 vor dem Kreisparteigericht der NSDAP in Mainz ausgefochten wurde, ermöglicht einen recht guten Einblick in das aktive Personal der in ländlichen und vor allem protestantischen Regionen so erfolgreichen Bewegung[220]. Um die herausgehobenen Positionen wurde mitunter hart gerungen. Mit Verdächtigungen über einen vermeintlichen Griff in die Parteikasse sowie den Diebstahl von Obst und Viehfutter suchte man den Konkurrenten im Dorf kaltzustellen. Dass man in der neu gewonnenen Position schon vor der Machtergreifung Hitlers eine Möglichkeit zum Aufstieg im dörflichen Sozialgefüge sah, machen die Rivalitäten deutlich. Als der Bürgermeister, Friedrich Wilhelm Schott, der zu einer der großen Bauernfamilien im Dorf zählte, 1932 um Aufnahme in die NSDAP ersuchte, führte ihm der damalige Ortsgruppenleiter die sich wandelnden Machtverhältnisse klar vor Augen. Er vertröstete ihn mit dem Hinweis, dass aktuell leider keine Aufnahmeanträge mehr vorrätig seien. Zeitgleich nahm er aber ihm nahestehende Personen auf. Schott vermutete daher, dass der Ortsgruppenleiter eine Rivalität fürchtete und Angst davor hatte, dass »ich vielleicht an seine Stelle als Ortsgruppenleiter treten würde«[221].

Ernst ließ sich von der neuen und aktiven Partei, die im Dorf entstand und sich in der Nachbargemeinde mit Großveranstaltungen, die mehr als 800 Menschen anlockten, begeistern. Er trat der NSDAP 1930 bei und war eines von 35 Mitgliedern[222]. Sein Elan schien sich schnell in Grenzen zu halten. Woran es letztlich lag, dass er schon 1932 wieder austrat, ist nicht zu ermitteln gewesen. Ernst pflegte gerne die Aura des Sohnes eines großen Bauern, der ein Gymnasium besucht hatte und Latein und Griechisch beherrschte. Dass er, der sich bewusst von der klein- und mittelbäuerlichen Schicht abzugrenzen suchte, sich nun bereitwillig dieser fügte und innerhalb einer Ortsgruppe oder der SA unterordnete, kann durchaus bezweifelt werden. Herkunft, Besitz und Status innerhalb des dörflichen Sozialgefüges, all diese Faktoren haben auch in den frühen 1930ern noch ihre Wirksamkeit entfaltet. Ernst hat diese gerne herausgestellt. Es können also darin durchaus Gründe vermutet werden, die zum Bruch mit der NSDAP und ihrem Führungspersonal auf Ortsebene beitrugen.

Sein Vater Jean geriet früh mit den neuen Machthabern vor Ort in Konflikt. Als in der Nacht vom 18. auf den 19. März 1933 die ersten Steine flogen, versuchte Jean die aufmarschierten SA-Männer davon abzuhalten, weitere Klappläden seiner Nachbarn Hermann und Eugen Stern einzuschlagen. Sie waren seit Jahren befreundet und geschäftlich eng miteinander verbunden. Erfolgreich war er damit aber nicht. Die SA-Männer drohten ihm, er solle verschwinden, sonst würden sie bei ihm gleich weitermachen[223]. Dass sie wenig später Eugen Stern unter Gejohle durch das Dorf führten, konnte er nicht verhindern. Die jüdischen Nachbarn blieben weiter einer der wichtigsten Handelspartner Jeans und seines Sohnes, bis Eugen 1937 Haus und Hof verkaufte, um mit seiner Familie nach Argentinien auszuwandern. Die Briefwechsel nach dem Krieg und der Besuch von Lotte Stern im September 1995 in Essenheim unterstreichen das gute Verhältnis. Sie wollte noch einmal ihr Elternhaus sehen und ihrem Mann zeigen, wo sie die ersten Jahre ihrer Kindheit verbracht hatte. Eugens Eltern sowie seine beiden Brüder und deren Frauen gingen in die Niederlande. Sie wurden von dort 1942 deportiert und in den Vernichtungslagern Auschwitz bzw. Sobibor ermordet[224].

Hans erwarb im März 1937 zunächst die Essenheimer Synagoge in der Klappergasse und Jean im Juli desselben Jahres das Wohnhaus der Familie Stern[225]. Beide Käufe passen nicht zu der bisher üblichen Art und Weise, mit der Jean seine Investitionen außerhalb des Betriebs getätigt hat. Sein Fokus lag auf Wertpapieren, deren Kursentwicklung sich im Börsenteil der *Frankfurter Zeitung* täglich nachverfolgen ließ. Zwar grenzte das Gehöft der Sterns direkt an das eigene, notwendige bauliche Veränderungen lockten Jean und Hans jedoch kaum. Dafür musste Geld aufgewendet werden, das beide gerne woanders anlegten. Obwohl klar war, dass Hans den Betrieb mit seiner Frau weiterführte, bestand zu diesem Zeitpunkt kein zusätzlicher Platzbedarf. Dieser entstand erst in den 1950ern mit der zunehmenden Mechanisierung fast aller Arbeitsbereiche der Landwirtschaft. Es spricht also vieles für die Argumentation meiner Großmutter, die uns berichtete, dass Eugen und Hermann Stern Jean und Hans inständig baten, die beiden Häuser zu übernehmen. Sie wollten auf gar keinen Fall an einen der im Dorf bekannten Nationalsozialisten verkaufen, von denen sich einige um die Hofreite in der Hauptstraße 28 mit Scheune und Wirtschaftsgebäuden bemühten[226]. Dabei soll von Seiten Sterns auch die Hoffnung mitgeschwungen haben, dass man zu einem späteren Zeitpunkt, wenn die NSDAP nicht mehr regierte, vielleicht sogar wieder zurückkommen könne. Ob damit die Tatsache zu erklären ist, dass Jean und Hans über zwei Jahrzehnte keinerlei Veränderungen an den baulichen Gegebenheiten vornahmen, kann nur vermutet werden.

Beide Höfe, die durch die Erbteilung zwischen den Töchtern von Peter Weyel II. 1852 entstanden waren, wurden nun wieder zusammengeführt. Die trennende Mauer blieb jedoch bis in die 1960er trotz der damit verbundenen längeren Wege vollständig bestehen. Es gab über dreißig Jahre hinweg keine Querverbindung, nicht einmal einen Durchbruch in der Mauer. Um vom einen in das andere Gehöft zu kommen, musste man umständlich durch das Hoftor nach draußen in die Zufahrt, um dort durch das zweite, schmale Tor in die andere Hofreite zu gelangen. An diesen Umstand gewöhnten sich alle so sehr, dass nach den baulichen Veränderungen und dem Abriss der trennenden Mauer 1967/68 sogar Moppel einige Zeit brauchte, um sich an den neuen Zustand zu gewöhnen. Das schwere Pferd pflegte noch weiterhin, obwohl die Höfe nun miteinander verbunden waren, bis zum nicht mehr existierenden Tor auf der einen Seite zu trotten, um durch die Zufahrt auf die andere Seite zu gelangen. Mein Vater musste Moppel erst am Zügel nehmen und mehrmals mit ihm die imaginäre Grenze überqueren, bevor er das dann auch selbstständig in Angriff nahm[227].

Die Landwirtschaft und den Weinbau, den Hans in den späten 1920ern langsam übernahm, führte er so weiter, wie er es

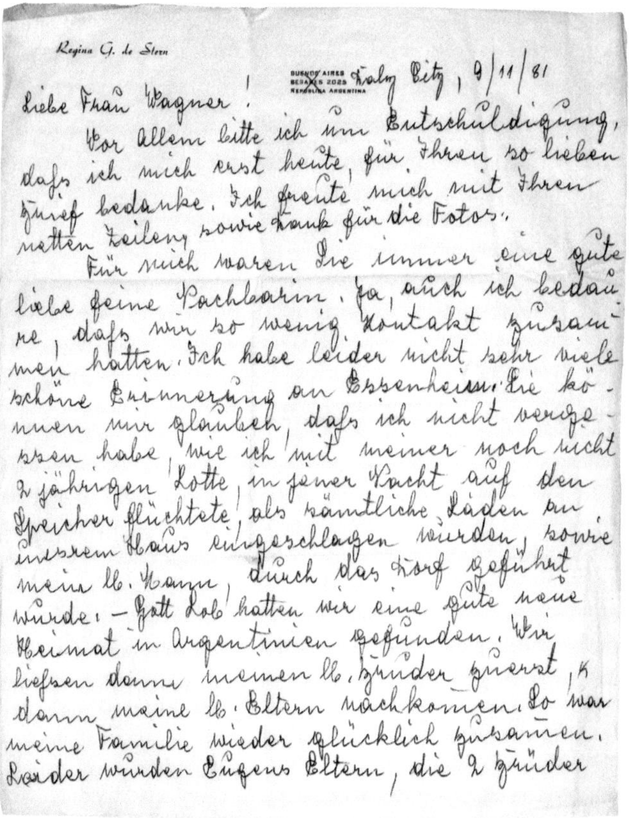

Regina G. de Stern

Daly City, 9/11/81

Liebe Frau Wagner!

Vor allem bitte ich um Entschuldigung, daß ich mich erst heute, für Ihren so lieben Zuruf bedanke. Ich freute mich mit Ihren netten Zeilen, sowie Dank für die Fotos.

Für mich waren Sie immer eine gute liebe feine Nachbarin. Ja, auch ich bedaure, daß wir so wenig Kontakt zusammen hatten. Ich habe leider nicht sehr viele schöne Erinnerung an Essenheim. Sie können mir glauben, daß ich nicht vergessen habe, wie ich mit meiner noch nicht 2 jährigen Lotte, in jener Nacht auf den Speicher flüchtete, als sämtliche Läden an unserem Haus eingeschlagen wurden, sowie mein lb. Mann, durch das Dorf geführt wurde. — Gott Lob hatten wir eine gute neue Heimat in Argentinien gefunden. Wir ließen dann meinen lb. Bruder zuerst, dann meine lb. Eltern nachkommen. So war meine Familie wieder glücklich zusammen. Leider wurden Eugens Eltern, die 2 Brüder

Erste Seite des Briefes von Regina Stern aus Argentinien an Emilie Wagner. Regina Stern beschreibt hier kurz die Erlebnisse im März 1933, als SA-Männer die Scheiben bei ihr einwarfen und ihren Mann durch das Dorf führten (1981).

von seinem Vater kannte. Da auch er gerne seine Gewinne in Wertpapiere investierte, trat mit ihm keine signifikante Änderung in der Führung des Betriebs ein. Im Unterschied zu seinem Vater nutzte er aber die wenigen Möglichkeiten, die sich ihm boten, zum Landerwerb[228]. Die Einstellung zum Geld und zum Vermögensaufbau bei Jean und Hans, die Verfügbarkeit mithelfender Familienangehöriger und externer Arbeitskräfte sowie letztlich auch die extreme Zersplitterung der Gemarkung als Folge der Realteilung standen einer frühen Technisierung zusätzlich im Wege. Vater und Sohn arbeiteten zusammen auf ihren 78 Morgen. Sie blieben finanziell erfolgreich und waren stolz auf ihre gut gepflegten Acker- und Weinparzellen. Veränderungen fanden bis zum Kriegsbeginn statt, aber man muss sie bei uns suchen. Sie bleiben in ihrem Umfang sehr begrenzt. Den Wein- wie auch den Ackerbau betrieb Hans noch weitgehend so wie die Generationen davor. Es waren die gleichen Gerätschaften im Einsatz. Das Pferd dominierte noch für zwei Jahrzehnte als wichtigstes Zuggerät. Das Jahr 1927 markierte zwar den »Umkehrpunkt der Pferdehaltung«[229], die Verbreitung des Traktors vollzog sich zunächst aber vor allem in den großen Gutsbetrieben. Erste Schlepper kamen danach ins Dorf. Sie blieben aber eine Ausnahme. Die erhaltenen Versicherungsurkunden des Geometers von 1902 und seines Enkels Hans von 1951 sind hinsichtlich des aufgeführten Inventars fast deckungsgleich[230]. Erwähnenswert waren der Versicherung bei der Erneuerung des Vertrages lediglich die hydraulische Korbpresse und eine elektrische Weinpumpe. Wein- und Ackerbau blieben Handarbeit, und eine Mechanisierung fand nur sehr punktuell statt. Jean und Hans gehörten nicht zu den Vorreitern, die sich gerne an neuen Gerätschaften ausprobierten. Vor allem dann nicht, wenn diese, wie die ersten Traktoren, sehr anfällig waren und selbst die Fachpresse den betriebswirtschaftlichen Nutzen kritisch betrachtete. Wozu sollte man in ein solch teures Gerät investieren, wenn die Arbeit auch auf die bewährte und weitaus günstigere althergebrachte Weise getan werden konnte?

Eine Führungsrolle bei der Durchsetzung der Mechanisierung strebten sie jedenfalls nie an. Viele Innovationen

Hans auf seiner Imperial (um 1932).

kamen anscheinend, wie mein Vater im Gespräch mehrmals beklagt, bei uns erst sehr verspätet zum Einsatz. Das traf wohl vor allem auf alle Neuerungen zu, die finanzieller Investitionen bedurften. Beim Geometer aus einem gewissen Desinteresse an der Landwirtschaft begründet, setzte sich dieser Wesenszug bei Jean und Hans aus Sparsamkeit fort[231].

Noch offensichtlicher wird dies an einer Anekdote, die gerne bei uns in der Familie erzählt wurde. Als Hans seine Braut fragte, ob er ihr einen schönen Ring zur Verlobung schenken solle, war diese zwar nicht abgeneigt. Sie gab ihm als Antwort aber zurück, dass es vielleicht besser sei, das Geld in einen Selbsttränker für die Kühe zu investieren, damit man sich das anstrengende Schleppen der Wassereimer sparen könne. Von zuhause war sie anscheinend eine solch rückständige Versorgung des Viehs nicht mehr gewöhnt[232]. Auch der Vergleich der Weinlesefotos, die für viele Jahre überliefert sind, legt den gleichen Schluss nahe. Die Aufnahmen aus der Zeit vor dem Ersten Weltkrieg und die von 1953 gleichen sich im Hinblick auf die Ausstattung. Mit dem Pferdewagen, einer hölzernen Bütte und der Traubenmühle fuhr man nach draußen. Das waren die Gerätschaften, die auch schon die Groß- und Urgroßväter nutzten. Auch zehn Jahre später sah es bei der Weinlese noch genau so aus. Im Ackerbau hingegen existierte da bereits neben dem Traktor eine Auswahl neuerer landwirtschaftlicher Geräte, die viele Handarbeiten ersetzten.

Verharrten also die technische Ausstattung und damit der Einsatz der Handarbeit in der Hauptstraße 30 zunächst weiterhin auf einem Stand des 19. Jahrhunderts, so drangen doch auf Umwegen Neuerungen auch bis dahin vor. Ab der zweiten Hälfte der 1920er Jahre zeichnet sich für Rheinhessen ein von wenigen schwachen Weinjahrgängen unterbrochener kontinuierlicher Anstieg der Erträge bis 1935 ab[233]. Die danach folgenden Jahre bis 1939 verharrten im Vergleich mit den 1920ern auch noch auf einem hohen Ertragsniveau. Der Gesamtertrag in Rheinhessen lag für das Jahrzehnt von 1931-1940 um fast 70% höher als in den zehn Jahren davor[234].

Die reicheren Ernten sind nicht auf bloßen Zufall zurückzuführen. Die seit dem Ende des 19. Jahrhunderts den Weinbau gefährdende Reblaus sowie die Pilzerkrankungen Peronospora und Oidium schienen zunehmend besser beherrschbar. Die von der Hessischen Lehr- und Versuchsanstalt für Wein- und Obstbau in Oppenheim ausgehende Betreuung und Beratung der Winzer wurde engmaschiger. Während der Vegetationszeit und vor allem in den empfindlichen Phasen der Reb- und Traubenentwicklung im Juni und Juli wurden konkrete Arbeitsanweisungen für den Pflanzenschutz per Postkarte an die Gemeinden verschickt. Eine kontinuierliche Behandlung der Pflanze mit Kupferkalkbrühe und Schwefel wurde empfohlen. Die Gemeinden hatten »für sofortige ortsübliche Bekanntmachung [...] Sorge zu tragen«[235]. In dem Versand der Postkarten an die weinbautreibenden Ortsgemeinden Rheinhessens ist eine frühe Variante des seit 1906 und bis heute noch existenten Rebschutzdienstes zu sehen[236]. Die Beobachtungen der Lehr- und Versuchsanstalt über das Auftreten von Rebkrankheiten mündeten in konkrete Empfehlungen, die es den Winzern vor Ort ermöglichten, ihre Reben zum richtigen Zeitpunkt zu behandeln und damit vor den Pilzsporen zu schützen.

In vielen Ortschaften schlossen sich die Winzer außerdem zusammen, um gemeinschaftlich die über den Sommer hinweg benötigte Spritzbrühe zur Abholung bereitzustellen. Das gewährleistete, dass alle Weinberge zeitgleich geschützt waren und sich dadurch das Risiko einzelner Krankheitsherde in der Gemarkung minimierte. Neben dem Feuerwehrhaus, am Rand des damaligen Hermann-Göring-Platzes, entstand 1938 in Essenheim eine Spritzbrühanlage. Ihre Errichtung wurde durch den Reichsnährstand unterstützt. Parallel dazu liefen Versuche, durch einen abgewandelten Rebschnitt den Wuchs der grünen Triebe und die Traubenzone luftiger zu gestalten. Auch das sollte die Pflanzen widerstandsfähiger gegen die Ausbreitung der Pilzerkrankungen machen. Eine intensivere Düngung der Weinberge wirkte sich ebenfalls positiv auf die Erntemenge aus.

Im Feldbuch von Hans ist diese Veränderung feststellbar. Über einen Umweg kommt diese Praxis auch den Weinbergen zugute. Eine Steigerung des Düngereinsatzes ist vor allem bei den landwirtschaftlichen Flächen zu erkennen. Der Mineraldünger war im Aufwuchs der Halme händisch einfacher auszubringen und besser zu verteilen als der Mist. Diesen hatte man nun für die Weinberge zur Verfügung und setzte ihn dort großflächiger ein[237].

Die langsame Verbreitung der ertragstarken weißen Rebsorte Müller-Thurgau fällt ebenso in diese Zeit, wie die Arbeit an neuen Unterlagsreben. Sie bildeten einen reblausfesten Wurzelstamm, auf dem die aufgepfropfte Ertragsrebsorte wachsen konnte. In Neupflanzungen kamen sie zunehmend zum Einsatz, auch wenn sie sich erst nach dem Zweiten Weltkrieg durchsetzten.

Die im Weinberg sichtbare Ertragssteigerung, die auf die gezielte Rebgutselektion zurückzuführen ist, überzeugte schnell. Der Weinbau erlebte somit ab den 1920ern als Folge des Krankheits- und Schädlingsdrucks einen wissenschaftlichen Schub, der über die Versuchsanstalt und deren Beratungstätigkeit in die Praxis der Winzer einfloss. Solche Hinweise nahm Hans auf. Ab 1928 sind durchgängig bis in den Krieg hinein junge Weinbergsanlagen in den Aufzeichnungen zu finden. Damit wurde der alte Rebbestand in überschaubarem Umfang, aber fortlaufend erneuert. An den Weinbergsfotos, die man zum Abschluss der Weinlese schoss, ist dies mitunter zu erkennen. Die neuen Pfropfreben ließen dann größere Trauben wachsen, wenn ihr Stamm höher gezogen wurde als früher üblich[238]. Über die neuen Weinberge konnte man also nur noch dann hinwegschauen, wenn man sich auf die Zehenspitzen stellte.

Die beiden riesigen Jahrgänge 1934 und 1935 stellen hinsichtlich der Erntemengen alles in den Schatten, was sich in den Jahrzehnten davor aus den Kellerbüchern rekonstruieren lässt. Überall im Reich gab es nach dem qualitativ hochwertigen 1933er zwei Jahrgänge mit weit überdurchschnittlichen Erträgen[239]. Die Qualität war dennoch gut. Jean vermerkte für den Portugieser eine Erntemenge von 12.000 Litern. Das entspricht 10.100 Litern auf einem Hektar. Im Folgejahr gab es nur geringfügig weniger. Die Weißweinernte erscheint demgegenüber mit 6.300 Litern je Hektar geradezu klein. Da aber hier noch ältere Rebanlagen vorherrschten, ist auch dies beachtlich. Da die Preise nicht nachgaben, verkauften Hans und Jean einen beträchtlichen Teil des Jahrgangs schon vor der nächsten Ernte im Oktober 1935. Weil sich der Behang an Trauben wieder erfreulich darstellte und abermals ein reichlicher Jahrgang zu erwarten war, mussten wahrscheinlich die Fässer geräumt werden. Zwei große Jahrgänge konnte man unmöglich einlagern. Zumal durch die hohe Nachfrage die Preise für Fässer sprunghaft anstiegen.

Der durch die nationalsozialistische Weinpropaganda angefachte Weinkonsum sorgte für eine gute Nachfrage und steigende Preise. Wein wurde zwar nicht, wie schon vor der Machtübernahme der NSDAP propagiert, zum »Volksgetränk«, aber der Pro-Kopf-Verbrauch stieg deutlich an[240]. Das medial stark beworbene »Fest der deutschen Traube und des Weines« sowie die Patenschaften zwischen weinproduzierenden Ortschaften und den weinabnehmenden Städten rückten den Weinkonsum wieder mehr ins Bewusstsein bürgerlicher Schichten. Im Volksmund entstand daraus recht schnell und reichsweit die Parole vom »Saufen für den Führer«[241].

Die ersten kleineren Jahrgänge sorgten dann für einen beträchtlichen Preisanstieg. Der Gedanke vom Wein als »Volksgetränk« für alle Schichten der Bevölkerung verkehrte sich dadurch schnell ins Gegenteil. Das 1934 zum Schutz der Winzer eingeführte Regulativ der Mindestpreise wurde 1937 zum Richtpreis umgewandelt, der nur noch um maximal 30% überboten werden durfte[242].

Die Weinnachfrage in den letzen Friedensjahren bescherte Hans und Jean üppige Gewinne. Solide Erträge, die auch in den reichsweit knapperen Jahren erzielt werden konnten, ließen die Einnahmen zusammen mit dem Verkauf der zum Teil eingelagerten Weine älterer Jahrgänge in den Jahren 1937 und 1938 in die Höhe steigen. Gegenüber 1934 stiegen die Einnahmen 1937 um das 2,3-fache. Die Preise für ein Stück Wein von 1.200 Litern kletterten vom Tiefststand 250 RM im Jahr 1934 auf 615 RM im Jahr 1938 an[243].

Das Kellerbuch zeigt deutlich, dass weiter gerne spekuliert wurde. Soweit es die Kapazitäten im Keller zuließen, hielt man Teile des Jahrgangs auch über die nächste Lese hinweg zurück. Die Kalkulation und das Risiko erscheinen im Rückblick auf die Entwicklung in den Jahrzehnten davor überschaubar. Spätestens der nächste qualitativ oder quantitativ schwache Jahrgang hatte schon immer die Preise steigen lassen. Diesen scheinbaren Gesetzmäßigkeiten folgte man beharrlich. Die Notizen offenbaren, dass anscheinend weiterhin Jean für diesen Bereich verantwortlich zeichnete. Er übernahm alle vorgeschriebenen Eintragungen. Erst ab dem Jahrgang 1951, Jean war zu diesem Zeitpunkt sechsundsiebzig Jahre alt, schien Hans auch diesen Bereich an sich zu ziehen. Hans schrieb nie gerne, ganz im Unterschied zu seinem Vater, dem die Handschrift als Aushängeschild galt[244]. Dies als Argument für die späte Übergabe der Kellerbuchführung an den Sohn zu deuten, greift zu kurz. In den Eintragungen wird vielmehr deutlich, dass Jean der Weinbauer blieb, während Hans den Ackerbau und die Viehzucht übernahm. Das Verhandeln mit den interessierten Aufkäufern, die Probe am Fass und das sich anschließende Feilschen um den besten Preis blieben das Metier des Vaters. Die bunte Bandbreite der Käufer, die letztlich den Zuschlag erhielten, bestätigt diese Vermutung. Sie erinnert an Jeans Verkaufsverhalten in den Jahren vor dem Ersten Weltkrieg. Die starke Nachfrage ließ in den Jahren nach 1936 die Käufer aus dem Dorf und den unmittelbaren Nachbargemeinden in den Hintergrund treten. Jean forderte für seine Weine immer etwas mehr als die anderen[245]. Große Partien gingen an Weinhändler in Wiesbaden und Trier, 1939 auch an Sichel & Söhne in Mainz.

Die jüdischen Inhaber der Weingroßhandlung waren zu diesem Zeitpunkt bereits geflohen[246].

Jean blieb bei seiner Kellerarbeit sogar experimentierfreudig. In den 1950ern probierte er sich an der Versektung nach der Champagnermethode. Einzelflaschen füllte er ab und versah den Wein mit einer Hefezugabe, um die Flaschengärung in Gang zu bringen. Da das im kühlen Keller über den Winter nicht funktionieren wollte, postierte er die Versuchsflaschen in einer Reihe am Herd in der Küche. Dort hatten sie es schön warm. Dass immer mal wieder eine der Flaschen explodierte, weil der Druck zu groß geworden war, bestätigte ihn. Am prickelnden Ergebnis konnte er sich erfreuen. Ob es Marie war, die seine nicht ganz ungefährlichen Versuche aus der Küche verbannte, ist nicht zu sagen[247].

Verliebt – verlobt – verheiratet, und das alles in einem Jahr

Der Betrieb erhielt durch den Eintritt des Sohnes in einem sich positiv entwickelnden wirtschaftlichen Umfeld einen zusätzlichen Schub. Durch den Auszug des älteren Bruders und die anstehende Erbteilung änderte sich zunächst wenig. Die Äcker und Weinberge, die Ernst erhalten sollte, konnten weiter bewirtschaftet werden, sie wechselten nur auf dem Papier den Besitzer. Da der ältere Bruder nun in Gensingen lebte, war es nur eine Frage der Zeit, bis sein Essenheimer Erbteil zum Thema werden würde oder gar öffentlich zum Verkauf stand.

Auch Hans hielt, wie sein Vater gut dreißig Jahre vor ihm, »Freundschaft zu einer jungen Frau« im Dorf, die nicht aus gleichen Verhältnissen stammte. Welchen Einfluss Jean auf die Partnerwahl des Sohnes nahm, lässt sich schwer ermessen. Nachdem der ältere Bruder den Hof verlassen hatte, sprach nach der bisherigen sehr erfolgreichen Strategie der Verehelichung in unserer Familie nichts gegen eine Braut aus einer der bäuerlichen Oberschicht angehörenden Familien des Dorfes. Ob Jeans Parteinahme für den jüdischen Nachbarn Stern und sein auf dem Acker ausgetragenes Wortgefecht mit einem Kollegen, der als glühender Parteigänger der NSDAP galt, die Chancen des Sohnes auf eine Eheschließung im Dorf schmälerten, bleibt Spekulation. Der ehemalige Schulfreund brüllte ihm hinterher, dass sie ihn auch noch dort hinbringen würden, wo er als Freund der Juden hingehöre, nämlich ins KZ nach Osthofen[248].

Hans entschied sich für die Schwägerin seines Bruders in Gensingen. Die Fotos, die die zukünftige Braut – Margarethas jüngere Schwester Emilie – in ihrem Album arrangierte, erwecken den Eindruck, dass hier bewusst bisherige tradierte Muster der Eheanbahnung aufgebrochen wurden. In großen Lettern unterstreicht Emilie, was den Ausschlag für ihre Verbindung gab: »In einem Jahr: verliebt, verlobt, verheiratet«[249].

Sie hat auch uns, ihren Enkeln, gegenüber immer wieder gerne darauf hingewiesen, dass sie ihren Hans nicht wegen der Äcker- und Weinberge geheiratet habe. Aus der Ferne betrachtet scheint aber genau das Gegenteil der Fall gewesen zu sein. Mit Emilies Mitgift konnte der Teilungsverlust elegant und vollständig ausgeglichen werden[250]. Ernst bewirtschaftete in Gensingen ihre Weinberge und Äcker, während Hans im Gegenzug die seines Bruders in Essenheim behielt. In einem späteren Vertrag wurde dieser Tausch sogar notariell vollzogen[251]. Die Heirat mit der Schwester der Schwägerin erscheint so als kluger Schachzug, um den Besitz ungeteilt erhalten zu können. Dem steht entgegen, dass die beiden Geschwister in Gensingen die Verbindung zunächst vehement bekämpften. Margaretha

Umzug zum Erntedankfest in Gensingen. Emilie in der Mitte stehend, links daneben ihr Schwager Ernst (1932).

wollte für ihre jüngere Schwester einen Ehemann, der mehr hermachte und vielleicht auch noch etwas mehr mitbrachte. Ernst führte sogar gegen den eigenen Bruder einen zweiten Interessenten für Emilie ins Spiel, der angeblich gänzlich auf Emilies Erbteil verzichten wollte, wenn er sie nur heiraten dürfte[252]. Damit könnte Ernst für seine Frau die Teilung des Besitzes begrenzen. Im Hintergrund schienen die beiden Geschwister gegen die Verbindung gearbeitet zu haben. Verhindern konnten sie sie letztlich aber nicht. Die Liebe zueinander, die Emilie mit dem Arrangement der Fotos und den dazugehörigen Beschriftungen unterstrich, ließ sie auch das zukünftig nicht ganz konfliktfreie Verhältnis zum Geschwisterpaar an der Nahe in Kauf nehmen.

Die Partnersuche blieb auch in dieser Generation durch den Zwang zum Ausgleich des Teilungsverlustes keine rein persönliche Angelegenheit der Verliebten. Eltern, Geschwister und die eigenen – wenn auch mitunter nur hintergründig wirkenden – Ängste vor dem Rang- und Ansehensverlust innerhalb der bäuerlichen Gesellschaft nahmen Einfluss auf die eigene Entscheidung. Einflussnahme und Zwänge sorgten dafür, dass man die Suche nach einem Partner auf die eigene Schicht eingrenzte. In diesem Rahmen schien durchaus eine gewisse Entscheidungsfreiheit zu herrschen. Die Liebe zum zukünftigen Partner konnte dann auch gegen den Widerstand der eigenen Familie durchgesetzt werden.

In einer Hinsicht jedoch bedeutete die Heirat von Emilie und Hans einen Bruch mit den bisherigen, über Generationen praktizierten Gepflogenheiten: Noch nie hatten alle Kinder Partner von außerhalb geehelicht. Die verwandtschaftliche Verbindung zu einem beträchtlichen Teil der führenden Familien innerhalb des Dorfes konnte in dieser Generation nicht erneuert werden. Zudem begegnete man Emilie anfangs mit großer Distanz, vielleicht sogar einer gewissen Ablehnung. Gegenüber ihrer Tochter hat sie das verschiedentlich geäußert[253]. Im Dorf habe es noch mehrere ledige Mädchen großer Bauern gegeben. Warum habe Hans nicht eine von denen geheiratet?

Eine große Einmütigkeit verband Hans und Emilie als Paar bis ins Alter. Im Unterschied zu Marie und Jean, die sich gerne nicht nur schriftlich im Kassenbuch, sondern auch verbal ihre Besitzverhältnisse gegeneinander aufrechneten, berichten die Kinder im Hinblick auf das Verhältnis der Eltern zueinander von tiefer Harmonie[254].

Emilies Leben hatte durch die schweren Schicksalsschläge eine eigene Prägung und Richtung bekommen. Ihren Vater, den sie mit nicht einmal zwei Jahren verlor, hatte sie nie richtig kennengelernt. Der Tod des Onkels im Krieg zwang sie nach Gensingen zurück. Das Gymnasium musste sie mit fünfzehn Jahren verlassen, um zusammen mit der Mutter

Emilie bei der Weinlese in Gensingen (1932).

und der älteren Schwester den landwirtschaftlichen Betrieb aufrecht zu erhalten. Diesen Bruch hat sie bis ins hohe Alter als tiefen Einschnitt empfunden. Sie wäre gerne weiter zur Schule gegangen. Der Lehrgang auf der Burg Hohensolms im Winter 1930/31 prägte sie daher ganz besonders. Das Heim des christdeutschen Bundes wurde in dieser Zeit von Paul Kammer geleitet. Er verfolgte das Ziel »einer ganzheitlichen Volksbildung, die Verstand, Gemüt, soziale Verantwortung und leibliche Gesundheit fördert«[255]. Kammers evangelische Volksbildungsarbeit richtete sich an die Land- und die Arbeiterjugend. Seine Vorstellungswelt, die er in seiner Dissertation umschreibt, ist von einem an Goethe orientierten Neuhumanismus geprägt. Volksbildung bedeutete für ihn, die Lebenswelt der Jugend als kulturelles

Umfeld zu akzeptieren. Sie solle sich ihrer »Lebenskreise« bewusst werden und im offenen Diskurs auch konträre »Lebenskreise« akzeptieren. Er versuchte mit diesem Ansatz schichtenübergreifend zu wirken und auch den Gegensatz zwischen Stadt und Land zu überbrücken[256]. Damit grenzte sich der christdeutsche Bund vom sich zunehmend rechtskonservativ entwickelnden Neulandbund ab, aus dem er durch Abspaltung entstanden war. Nach 1933 stellte der christdeutsche Bund die Jugendarbeit ein.

Emilie hat in ihrem Fotoalbum etliche Seiten den Wochen auf der Burg gewidmet. Sie zeigen die »Burg-Familie« mit Kammer, seiner Frau und den Kindern. Es gab gemeinsamen Unterricht in Gesang und Literatur und Ausflüge der Mädchengruppe. Man kochte zusammen Mahlzeiten unter Anleitung. Ausgelassene Szenen beim gemeinsamen abendlichen Frisieren im Kreis der Freundinnen zeigen, dass der Aufenthalt mehr als eine schlichte Bildungszeit war. Die schulische Laufbahn auf dem Gymnasium, die ihr durch die erzwungene Übernahme des landwirtschaftlichen Betriebs verwehrt blieb, schien sie hier ein wenig kompensieren zu können.

Emilie entwickelte sich in Gensingen schon als Jugendliche schnell zum »Motor«. Ihr Fleiß und ihre Fähigkeit, mit Menschen umzugehen, ließen sie auch Jahrzehnte später noch als gern gesehener Gast in ihrer ehemaligen Heimatgemeinde erscheinen. Selbstbewusstsein und Tüchtigkeit sind Attribute, die mein Vater seiner Mutter immer wieder zuschreibt. »Sie musste schon sehr früh Verantwortung daheim im Haus und im Betrieb übernehmen«[257]. Er ordnet sie daher im Rückblick in eine Reihe mit den Partnerinnen seiner Vorfahren ein. Eine Heirat innerhalb der bäuerlichen Oberschicht glich zwar den Landverlust der Teilung aus. Der Erhalt des ererbten Vermögens für die Kinder funktionierte aber über mehrere Generationen nur durch Fleiß und die Anpassung des Lebensstandards an die wirtschaftliche Potenz des Betriebes.

Im Bewusstsein meines Vaters lebte diese Einstellung auch mit Emilie weiter. Negative Beispiele, die verdeutlichen, dass das Vermögen bei nicht wenigen Familien der bäuerlichen Oberschicht zu Hochnäsigkeit und einem unverhältnismäßigen Lebensstil führte, nennt mein Vater im Gespräch mehrmals. Dabei nutzt er meistens die Umschreibung »sie machten einen langen Hals«. Diese Formulierung steht für Selbstgefälligkeit und Standesdünkel, die den bestehenden oder sich verändernden wirtschaftlichen Verhältnissen nicht entsprachen. Das sich Messen mit anderen Familien innerhalb, aber auch zwischen den Schichten des dörflichen Sozialgefüges gehörte zum Alltag. Je nach Grad der Vernetzung über das Dorf hinaus wurden auch andere Ortschaften oder Familien in diese Betrachtungen einbezogen. Aufstrebende Familien wurden wahrgenommen, auch wenn sie nicht aus der gleichen Schicht stammten. Vor allem Fleiß hebt mein Vater als positives Attribut dabei immer hervor: »Die waren tüchtig, die wollten nach oben.« Dem stand weiterhin ein gehöriges Maß an Hochmut den Familien gegenüber, die sich an ihre herausgehobene Position klammerten, auch wenn der wirtschaftliche Erfolg längst nicht mehr dazu passte. Der Verkauf einzelner Parzellen bedeutete dann häufig die letzte Möglichkeit, um finanzielle Lücken zu schließen. Landverkauf kam einer wirtschaftlichen Offenbarung gleich, die als Makel haften blieb. Sie war für jeden deutlich sichtbar und wurde im Dorf diskutiert. Die Suche nach der »guten Partie« für den Sohn oder die Tochter erhielt dadurch mitunter eine zusätzliche Aufladung. Sie diente nicht nur der Tilgung bereits bestehender Schulden, sondern sollte auch die leicht ramponierte Reputation wieder herstellen. Man konnte damit signalisieren, dass man noch immer dazugehörte.

Dennoch blickte man weiterhin mit Verachtung auf die, die aufstrebten. »Was will denn der, die haben doch gar nichts.«[258] Die an den Besitz gekoppelte Zugehörigkeit zu einer der Schichten im dörflichen Sozialgefüge bestand weiterhin. Das seit Generationen fest gefügte Konstrukt zeigte aber bereits erste zarte Risse. Neue Berufsfelder entstanden, und eine wachsende Anzahl an Arbeitsplätzen außerhalb der Landwirtschaft mit besseren Verdienstmöglichkeiten entfaltete eine noch sachte Sogwirkung, die sich in den 1950er Jahren stetig verstärkte. Ihnen allen war eines gemein: Landbesitz spielte für den sozialen Aufstieg eine immer kleinere Rolle.

In Folge des Reichserbhofgesetzes vom 29. September 1933 wurde auch der noch auf Jean und seine Frau laufende Betrieb zum Erbhof erklärt. Der der nationalsozialistischen Blut-und-Boden-Ideologie entspringende Ansatz sah in den bäuerlichen Betrieben eine Keimzelle für den neuen nationalsozialistischen Menschen. Zentral hierbei war die Idealisierung der zur sogenannten »nordischen Rasse« gehörenden »sesshaften Bauern« und »die sittliche Erneuerung der Deutschen durch einen ›neuen Adel‹ bäuerlicher Herkunft«[259]. In die Erbhöferolle wurden Betriebe zwischen 7,5 und 125 ha aufgenommen. Sie galten als unteilbar. Die weitere Zersplitterung bäuerlichen Besitzes durch die Erbfolge sollte dadurch verhindert werden. Gerade für die Realteilungsgebiete bedeutete dies einen massiven Einschnitt in die über Generationen praktizierte Erbteilung. Die Erbhöfe mussten generell in der männlichen Linie als Ganzes vererbt werden. Die übrigen Kinder sollten über eine Berufsausbildung abgefunden werden. Sie behielten eine »Heimatzuflucht« falls sie ohne eigenes Verschulden in eine Notlage gerieten. Die Besitzer des Erbhofs galten fortan als Bauern. Sie mussten ihre arische Abstammung nachweisen. Alle anderen Nutzer landwirtschaftlicher Flächen wurden als Landwirte bezeichnet, »was als Abwertung zu verstehen war«[260]. Das Gesetz schränkte die Verfügungsgewalt des Eigentümers massiv ein. Ein Erbhof durfte weder veräußert noch durch einen Kredit belastet werden. Zur Lösung der zu erwartenden Klagen etablierte man eine Gerichtsbarkeit, deren unterste Stufe als Anerbengerichte den Amtsgerichten angegliedert wurde[261].

Der Betrieb in der Hauptstraße 30 wurde am 12. September 1934 als voraussichtlicher Erbhof erfasst[262]. Separat voneinander waren der Besitz Jeans und seiner Frau Marie aufgenommen worden. Die Eintragung aller Flurstücke erfolgte im April 1935. Der Betrieb sollte in Zukunft den Namen »Wagnerhof« tragen. Der Erbhof umfasste mit 196 laufenden Nummern und rund 78 Morgen den gesamten Grundbesitz an Äckern, Weinbergen und Wiesen sowie die Hofstelle mit Garten.

Die Aufstellung der Flurstücke zeigt einmal mehr die extreme Zersplitterung als Folge der über Generationen praktizierten Realteilung. Selbst etliche Äcker waren nur ein paar hundert Quadratmeter groß. Die Weinberge umfassten selten mehr als 300 Quadratmeter. Die durchschnittliche Größe eines Flurstücks lag bei ziemlich genau eintausend Quadratmetern.

Der Ansatz, die Höfe im Erbfall nicht weiter zu zerteilen, scheiterte an der über viele Generationen verfestigten Praxis vor Ort. Die Veränderungen des »Wagnerhofes« in den folgenden Jahren sind ein gutes Beispiel dafür. Ob sich Jean dabei die im Gesetz verankerte Größenzuschreibung für die eigene Argumentation gegenüber dem Anerbengericht zunutze machte, ist nicht überliefert. Im Gesetz war die »Ackernahrungsgrenze« als Richtwert für die Zulassung als Erbhof festgeschrieben. Die Nutzfläche sollte ausreichen, »um eine Familie unabhängig vom Markt und der allgemeinen Wirtschaftslage zu ernähren und zu bekleiden sowie den Wirtschaftsablauf des Erbhofs zu erhalten«[263]. Aus dem eigentlich als unteilbar geltenden Erbhof erhielt der älteste Sohn Ernst zwei Jahre später, der Tradition entsprechend, ein erstes Stück.

Hans und Emilie hatten zu diesem Zeitpunkt zwar noch keine Kinder. Aber das erste Kind des Bruders in Gensingen hatte das Alter von drei Jahren erreicht, das zumeist abgewartet wurde, um die Übertragung des ersten Erbteils in die Wege zu leiten.

Vom Erbhofgesetz ließ man sich nicht vorschreiben, dass einer allein den gesamten Grundbesitz erhielt, während der andere mit einer »Berufsausbildung«[264] abgespeist wurde. Die Bindung von Stand und Status an das Landeigentum widersprach dieser Vorstellung. Das Anerbengericht löschte daher im Januar 1937 eine Reihe von Flurstücken wieder aus der Erbhöferolle[265]. Es war der für den Bruder Ernst vorgesehene Erbteil von 28 Morgen. Der eigentlich unteilbare Erbhof hatte damit mehr als ein Drittel seiner landwirtschaftlichen Nutzfläche verloren.

Der amtlichen Abschrift aus der Erbhöferolle mit allen zum Betrieb gehörenden Flurstücken kann man ansehen, dass sie über drei Jahrzehnte ausgiebig genutzt wurde. Sie lässt sich heute nur mit äußerster Vorsicht auseinanderfalten. Sie ist brüchig und droht entlang der Faltkanten in ihre Einzelteile zu zerfallen. Das Symbol der Unteilbarkeit ist auch nach dem Krieg immer wieder dann genutzt worden, wenn die Vorbereitungen für Erbteilungen und die Abfindung von Geschwistern anstand. Da sie bis in die 1960er die einzige vollständige Liste des Eigentums darstellte, wurde in ihr ausgiebig markiert, gestrichen und dies wieder getilgt.

Die Abschrift aus der Erbhöferolle mit ihren zahlreichen kaum lesbaren Notizen und Zeichen ermöglicht es, die Ver-

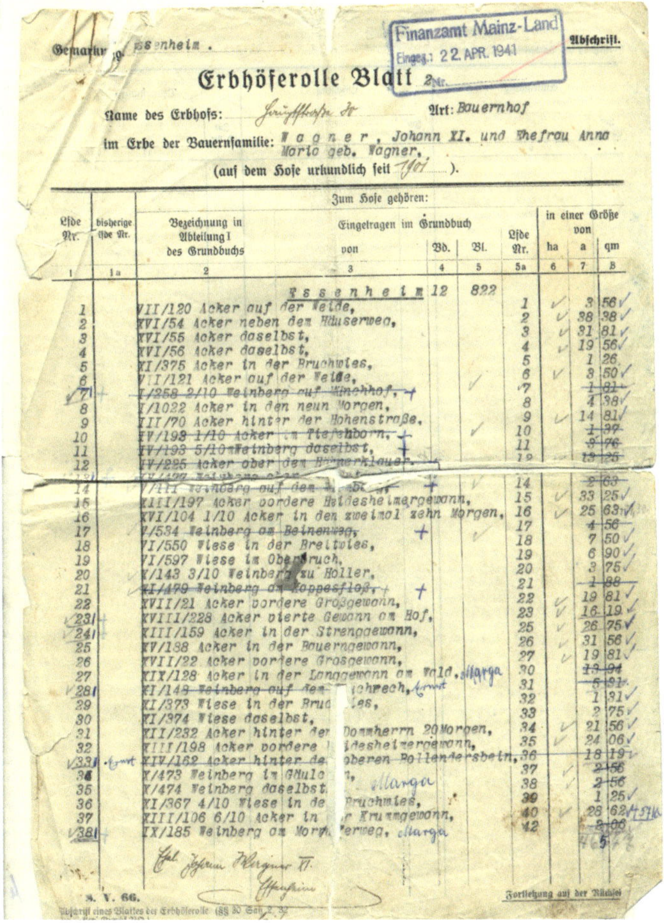

Gemarkung Essenheim. Finanzamt Mainz-Land Eingeg.: 22. APR. 1941 Nr. Abschrift.

Erbhöferolle Blatt 2

Name des Erbhofs: Hauptstraße 20 Art: Bauernhof

im Erbe der Bauernfamilie: Wagner, Johann XI. und Ehefrau Anna Maria geb. Wagner.

(auf dem Hofe urkundlich seit 1701).

Zum Hofe gehören:

Lfde Nr.	bisherige lfde Nr.	Bezeichnung in Abteilung I des Grundbuchs	Eingetragen im Grundbuch von	Bd.	Bl.	Lfde Nr.	in einer Größe von ha	a	qm
1	1a	2	3	4	5	5a	6	7	8
			Essenheim	12	822				
1		VII/120 Acker auf der Weide,				1		3	56
2		XVI/54 Acker neben dem Häuserweg,				2		38	38
3		XVI/55 Acker daselbst,				3		31	81
4		XVI/56 Acker daselbst,				4		19	56
5		XI/375 Acker in der Bruchwies,				5		1	26
6		VII/121 Acker auf der Weide,				6		3	50
7		I/258 2/10 Weinberg auf Münchhof,				7		1	81
8		I/1022 Acker in den neun Morgen,				8		4	38
9		III/70 Acker hinter der Hohenstraße,				9		14	81
10		IV/193 1/10 Acker im Tiefenborn,				10		1	37
11		IV/193 5/10 Weinberg daselbst,				11		9	76
12		IV/225 Acker ober den [illegible],				12		13	25
[illegible]		[illegible]				[illegible]			
14		V/111 Weinberg auf dem [illegible],				14		2	63
15		XIII/197 Acker vordere Heidesheimergewann,				15		33	25
16		XVI/104 1/10 Acker in den zweimal zehn Morgen,				16		25	63
17		V/534 Weinberg am Beinenweg,				17		4	56
18		VI/550 Wiese in der Breitwies,				18		7	50
19		VI/597 Wiese im Oberbruch,				19		6	90
20		V/143 3/10 Weinberg zu Holler,				20		3	75
21		XI/479 Weinberg am Koppesfloß,				21		1	88
22		XVII/21 Acker vordere Großgewann,				22		19	81
23		XVIII/228 Acker vierte Gewann am Hof,				23		16	19
24		XIII/159 Acker in der Strenggewann,				25		26	75
25		XV/188 Acker in der Bauerngewann,				26		31	56
26		XVII/22 Acker vordere Grosgewann,				27		19	81
27		XIX/128 Acker in der Langgewann am Wald, Marga				30		13	94
28		XI/149 Weinberg auf dem [illegible]chrech, Ernst				31		5	91
29		XI/373 Wiese in der Bruchwies,				32		1	31
30		XI/374 Wiese daselbst,				33		2	75
31		XII/232 Acker hinter den Domherrn 20 Morgen,				34		21	56
32		XIII/198 Acker vordere Heidesheimergewann,				35		24	06
33	Ernst	XIV/162 Acker hinter den oberen Pollendersbein,				36		18	19
34		X/473 Weinberg im Gaulo[illegible],				37		2	56
35		X/474 Weinberg daselbst, Marga				38		2	56
36		XI/367 4/10 Wiese in der Bruchwies,				39		1	25
37		XIII/106 6/10 Acker in der Krummgewann,				40		28	62
38		IX/185 Weinberg am Mor[illegible]erweg, Marga				42		3	06

Johann Wagner XI.

S. V. 66. Fortsetzung auf der Rückseite

Abschrift eines Blattes der Erbhöferolle (§§ 30 Satz 2, 32

Erste Seite des Eintrags in die Erbhöferolle mit den später vorgenommenen Streichungen (1935).

änderung im Teilungsverhalten sichtbar zu machen, die mit Jean Einzug hielt. Beiden Söhnen hatte er aus den Gewinnen des Betriebs seit den späten 1920er Jahren den Aufbau eines kleinen Kapitalvermögens außerhalb von Landwirtschaft und Weinbau ermöglicht. Die Herauslösung von 28 Morgen aus dem Erbhof für Ernst deutet den Wandel an. Der älteste Sohn erhielt ein Drittel des Landes. Der bisherigen Praxis hatte es entsprochen, dass beide Söhne einen gleichen Anteil bekamen und die Eltern einen kleineren Anteil als Sicherheit für das ihnen eingeräumte lebenslange Wohnrecht einbehielten. Dieses Altenteil war aber üblicherweise nie so groß dimensioniert gewesen, dass es einem Drittel entsprochen hätte.

Als Jean später während des Krieges den Erbhof an Hans übergab, wurde dann auch klar, dass die bisherige Praxis nicht fortgeführt werden sollte. Der Vater teilte nicht zu gleichen Teilen zwischen den Brüdern. Dazu hätte er beim Anerbengericht bereits früher eine größere Anzahl an Parzellen aus der Erbhöferolle streichen lassen müssen. Diesen Versuch unternahm er anscheinend ganz bewusst nicht. Frühe Konflikte des Vaters mit seinem Sohn mögen hierfür nicht unwesentlich gewesen sein. Ihm missfiel, dass der Sohn sich zwar gegen ein Studium entschieden hatte, aber die Rolle des Bauern nicht so annahm, wie es sich Jean vorstellte. Das hat ihn auch im Alter immer wieder bewegt. Es ist sicherlich die Enttäuschung, dass der Sohn den vom Vater vorgezeichneten Weg nicht ging. Sie wächst sich zur Verbitterung aus. In welchem Umfang Ernst in Gensingen wirklich Äcker und Weinberge verkaufte, um den eigenen Lebensstil zu finanzieren, ist aus unserer Überlieferung nicht nachzuvollziehen. Jean erwähnte dies anscheinend häufiger gegenüber meinem Vater[266]. Ob er befürchtete, dass er seinen Erbteil in Essenheim auch veräußern würde, kann nur vermutet werden. Mit dem Tauschvertrag zwischen Ernst und Emilie wurde dem 1950 ein Riegel vorgeschoben. Ernst übernahm den weitaus kleineren Landbesitz seiner Schwägerin Emilie an der Nahe. Als Ausgleich sollten er und seine Frau nach dem Ableben der Mutter in Gensingen von dort noch einmal bedacht werden.

Die Angst, dass über Generationen bewahrter Familienbesitz verloren gehen könnte, mag Jean in seinen Gedanken und Handlungen begleitet haben. Hier kündigte sich bereits ein Wandel an, der spätestens zum Ende der 1950er noch klarer hervortrat. Mit Jean begann die Abkehr von der starren Realteilung. Die beschriebene spezielle Konstellation zwischen Vater und Sohn sowie die schwere Kriegsverletzung des Betriebsnachfolgers dürften dieses Umdenken eingeleitet haben. Hinzu kam die sich andeutende Mechanisierung, die bereits im unmittelbaren Umfeld sichtbar wurden. Hans wird neue Geräte bei seinem Ausbildungsbetrieb kennengelernt haben. Die Teilhabe am technischen Fortschritt war aber nur dann möglich, wenn der Betrieb eine ausreichende Größe besaß, um die Geräte finanzieren und sinnvoll einsetzen zu können.

Bis in das erste Kriegsjahr änderte sich in dem von Vater, Schwiegertochter und Sohn geführten Betrieb wenig. Als Bauer und vielleicht auch aufgrund seines Alters von knapp dreißig Jahren, wurde Hans zunächst noch nicht eingezogen. Das erfolgte ein Jahr nach Kriegsbeginn. Die Fotos im Album zeigen Aufnahmen aus der Ausbildungszeit und die Weihnachtsfeier in Holland. Hans war dorthin verlegt worden. Der Überfall auf Frankreich war zu diesem Zeitpunkt bereits beendet. An Kampfhandlungen hatte er bisher nicht teilgenommen. Emilie hat diese Fotos nicht beschriftet. Auch im Alter nicht, als sie für die Nachfahren jedem Bild ausführliche Notizen beifügte. Die Kriegsaufnahmen sparte sie scheinbar bewusst aus. Für sie war der Krieg mit traumatischen Erlebnissen verknüpft. Sie konnte auch vierzig Jahre nach Kriegsende unsere Pistolen und das Geknalle an Fastnacht nur schwer ertragen. Unsere Spielzeugbewaffnung ließ sie daher gerne verschwinden, wenn sie unbeaufsichtigt herumlag.

Hans hat später berichtet, dass sie nicht wussten, wohin sie verfrachtet wurden, als der Zug abfuhr. Das Foto dazu zeigt zehn Männer, die in der geöffneten Tür eines Viehwaggons stehen. Aus ihrem Blick meint man die Verunsicherung und die Sorge herauslesen zu können. Begeisterung zumindest spricht nicht aus ihnen. Weitere Aufnahmen zeigen ihn inmitten eines Trupps Soldaten. Sie liegen in einem Graben neben der Straße. Alle sehen müde und staubig aus. Ein Teil von ihnen verspürt wenig Lust, in die Kamera zu blicken. Die anderen starren aus großen Augen. Manch einer wirkt verstört. Im Hintergrund ist ein langgezogener Treck mit Pferden und Versorgungsfahrzeugen zu erkennen. Das Foto scheint beim Vormarsch nach dem Überfall auf die Sowjetunion entstanden zu sein. Vielleicht ist die Aufnahme im Juli oder August gemacht worden. Sie haben die Ärmel hochgekrempelt.

Anfang August wurde sein Regiment in erste schwere Gefechte verwickelt. Am 2. Oktober 1941 begann die »Operation Taifun«. Sein Regiment rückte auf das 350 km entfernte Moskau vor. Hans wurde durch einen Lungendurchschuss gleich am Morgen schwer verletzt. Er lag danach längere Zeit in einem Graben. Wegen russischer Scharfschützen konnte er nicht sofort herausgeschafft werden. Die Nachricht kam nach Hause. Ein Mann aus Essenheim hatte Hans im Kriegslazarett in Roslawl gesehen. Er machte Emilie und Jean keine großen Hoffnungen. An eine Rückkehr von Hans glaubte er nicht. Die Verletzung sei zu schwerwiegend. Man müsse sich damit abfinden, dass er dort bald sterben werde oder längst schon tot sei[267]. Die Unsicherheit dauerte mehr als drei Wochen. Weitere Nachrichten über seinen Zustand kamen nicht. Erst Ende Oktober scheint er soweit stabil gewesen zu sein, dass eine Verlegung ins Lazarett nach Darmstadt Sinn machte.

Wann seine Frau erfuhr, dass Hans doch überleben würde, ist nicht ganz klar. Jean soll in den Wochen zuvor, als nicht klar war, ob Hans überlebt, versucht haben, die im

Hans bei der Abfahrt (1941).

Februar eingeleitete Übergabe des Erbhofs an seinen Sohn aufzuhalten. Mein Vater erwähnt dies im Gespräch und beruft sich dabei auf Erzählungen seiner Mutter[268]. In den überlieferten Akten ist hierzu nichts zu finden. Der Vertrag war abgeschlossen und damit nicht ohne weiteres rückgängig zu machen. Da Jean durchaus kühl kalkulierte, kann es möglich sein, dass er solche Pläne abwog und Erkundigungen zur Rechtslage und seinen Möglichkeiten einholte. Sein Vater hatte den eigenen Betrieb nur übernehmen können, weil nach dem Tod der Schwester deren Ehemann vom Hof verdrängt wurde. Das Erbhofgesetz schloss überlebende Ehegattinnen von der Erbfolge aus[269]. Zwei kleine Kinder von Hans und Emilie waren bereits auf der Welt. Marga war 1937, Hiltraud im Januar 1941 geboren. Als Mädchen kamen sie in der Erbfolge der Anerbenordnung nach dem Vater und dem Bruder erst an Position vier. Einer Änderung des Übergabevertrags hätte es also nicht bedurft, wenn Jean hätte sichergehen wollen, dass er auch nach dem Tod des Sohns ein Mitspracherecht besaß. Der Erbhof wäre ohnehin automatisch an ihn zurückgefallen. Es liegt also nahe, dass Jean lediglich Erkundigungen eingeholt hatte für den Fall, dass sein Sohn tatsächlich tot war.

Vier Monate dauerte es, bis Hans das Lazarett verlassen konnte. Die Folgen der schweren Verletzung spürte er bis an sein Lebensende. Oft bekam er schlecht Luft, wenn er sich anstrengen musste. An manchen Abenden ist er auf allen vieren die Treppe hoch zum Schlafzimmer gekrochen[270]. Wenn er erkältet war, kam er morgens kaum aus dem Bett. Der Lungendurchschuss und dessen bleibenden Folgen bewahrten Hans nach der Genesung vor weiteren Kriegseinsätzen und seinen Vater zwangen sie, im Betrieb zu bleiben. Jeans Pläne, in Wiesbaden oder Darmstadt vom Ersparten und den Einkünften daraus als Privatier mit Marie leben zu können, erschienen spätestens mit der Verletzung des Sohnes völlig abwegig. Sollte der Betrieb überleben, musste er Hans so lange unterstützen bis eine der Töchter oder der 1944 geborene Sohn so weit waren, die Hauptlast zu übernehmen.

Bis zu seiner endgültigen Entlassung im April 1944 war Hans in der Eifel stationiert. Der Betrieb zuhause wurde vom Rest der Familie bewirtschaftet. Hinzu kamen Kriegsgefangene. Sie wurden zu Millionen vom NS-Regime zur Zwangsarbeit getrieben, häufig genug dort, wo die Männer durch den Krieg abwesend waren. Im Fotoalbum finden sich mehrere Aufnahmen, auf denen Iwan und Petro mit Marga und den Pferden vor der Kamera stehen. Trotz des Kontaktverbots waren die Kriegsgefangenen tagsüber in die Familie eingebunden, wurden mit verpflegt und gingen

Rast im Straßengraben, vermutlich Sowjetunion (1941).

nach der Arbeit in die Tanzsäle der beiden Gastwirtschaften im Dorf, »Uschbes« und »Roter Ochsen«, wo sie über die Nacht bewacht wurden[271].

Mit dem Kriegsende zogen sie fort. Beide wollten nicht zurück in die Sowjetunion. Mit einem der beiden hatte Emilie später noch Kontakt. Er lebte zu diesem Zeitpunkt in den USA. In den frühen 1980ern besuchte Paul, der ehemalige russische Kriegsgefangene der Nachbarn, Emilie. Er war auf einem Kongress in der Schweiz und aus Kanada eingeflogen. Später schickte er eine Polaroidaufnahme, die ins Familienalbum eingeklebt wurde. Sie zeigt ihn wieder daheim neben einem Weihnachtsstern mit prächtigen roten Blättern. Auf der gestickten Decke steht vor ihm die Flasche 1976er Kerner Auslese, die ihm Emilie mitgegeben hatte[272].

Der seit 1900 trotz aller jährlichen Schwankungen feststellbare Anstieg der Hektarerträge wurde auch durch den Krieg nur bedingt unterbrochen[273]. Die beiden sehr ertragsschwachen Weinjahrgänge 1940 und 1942 verzerren das Bild etwas und lassen die Kriegsjahre im Durchschnitt schlechter erscheinen als die Dekade davor. Weniger Personal, der Ausfall des Betriebsleiters durch den Kriegseinsatz und die Verletzung sowie die Knappheit von notwendigen Pflanzenschutzmitteln wären gute Argumente, um einen Ertragsrückgang zu begründen. Letztlich ist dieser aber im Wesentlichen auf die beiden strengen Winter 1939/40 und 1941/42 zurückzuführen. Es waren Naturereignisse, durch die die Fässer leer blieben. Beide Jahrgänge brachten so niedrige Erträge wie seit fast dreißig Jahren nicht mehr. Der Trend zur »Beherrschung des Weinbaus«[274], der sich seit der Mitte der 1920er Jahre andeutete, setzte sich trotz aller kriegsbedingten Einschränkungen fort.

Dies wird noch deutlicher, wenn man einbezieht, dass Hans und Jean hohe Erträge auf einer schrumpfenden Rebfläche erzielten. Über die genauen Gründe für den Rückgang kann nur spekuliert werden. Er gilt für die gesamte Region. Weinbau ist handarbeitsintensiv. Ein Mangel an Arbeitskräften im Krieg hat daher unmittelbaren Einfluss auf die Fläche, die man ordentlich bewirtschaften kann. Es ist nicht ganz abwegig, dass Jean in den Jahren, in denen ihm nur wechselnde Aushilfskräfte zur Verfügung standen, einen Teil der kleineren und mit überalterten Reben bestockten Parzellen aufgab. Vielleicht verstärkte auch die Ausbreitung der Reblaus in den Kriegsjahren diesen Prozess[275]. Die Fläche reduzierte sich um einen knappen Morgen, was etwa 10% der vorher bebauten Weinberge entspricht. Der Rückgang fällt damit vergleichsweise niedrig aus. In Rheinhessen sank die Rebfläche bis 1950 um 30% gegenüber dem Vorkriegsniveau. Erst 1960 erreichte man wieder den Stand von 1939[276].

Im Gegensatz zum Weinbau ist der Rückgang bei den landwirtschaftlichen Erzeugnissen deutlich zu erkennen.

Iwan und Petro mit Marga (1944).

Die Erntemenge und die Hektarerträge für Getreide und Kartoffeln sanken während des Krieges deutlich[277]. Es galten Festpreise. Gleichzeitig stiegen aber die Kosten für die wichtigen Produktionsmittel. Genaue Daten zu den Erträgen der Äcker fehlen für unseren Betrieb für diesen Zeitraum gänzlich. Der Stand der Konten nach dem Krieg vermittelt aber den Eindruck, dass trotz der Teuerung bis zur Währungsreform auch in den Kriegsjahren Gewinne erzielt werden konnten. Jeans betriebswirtschaftliche Herangehensweise und die Sparsamkeit können als Gründe aufgeführt werden. Ein solider Ertrag war im Ackerbau auch fast ohne betriebsfremde Produktionsmittel zu erzielen. Eine Mechanisierung hatte bei ihm noch nicht stattgefunden. Der diversifizierte Gemischtbetrieb bot somit die Möglichkeit, auch Preissteigerungen bei allem, was man zukaufen musste, zumindest für einen begrenzten Zeitraum fast vollständig auszublenden.

Jean und Marie auf dem Wagen mit dem Ladfass. Im Ladfass wurden die gemahlenen Trauben nach Hause transportiert (1936).

Die Weinlesefotos von 1944 lassen Hans als den Idealtypus des Landmanns erscheinen, den sich die NS-Propaganda ausmalte. Der stolze Bauer, der die eigene Scholle bewirtschaftete, an ihr hing und gegen den Feind in den Krieg zog. Die bäuerliche Familie als Hort und die Hofstelle im Dorf wirken als Ort gelebter Blut-und-Boden-Ideologie. Jean erscheint als Kontrast dazu. Er steht auf dem Wagen und hat auch während der Weinlese gepflegte Kleidung an. Der Krieg und die Verantwortung haben ihn zwar altern lassen. Aus seinem Blick spricht aber weiterhin das Selbstbewusstsein, das er stets ausgestrahlt hat. Es speiste sich bei ihm

Weinlese 1944. Hans und Jean, hinten rechts Iwan und Petro, vorne links Marga.

Weinlese 1944. Jean auf dem Wagen, Hans mit Iwan am Holzbottich.

aus dem Wissen um den eigenen Besitz und das Vermögen in Mainz auf der Bank. Daraus leitete er den eigenen Status im Dorf ab, den er nach außen deutlich zeigte und dabei auch keinem Konflikt aus dem Weg ging. Nach der Flucht zweier französischer Kriegsgefangener, die davor bei ihm in der Küche am Ofen gesessen hatten, wurde Jean vorgeladen. Die Führerin der NS-Frauenschaft im Dorf nutzte seine Aussage bei der Polizei, in der er sie mit ihrem Spitznamen betitelt hatte, um einen Prozess wegen Verleumdung gegen ihn zu initiieren[278].

Für Hans gilt das Selbstbewusstsein zumindest auf dem Foto von 1944 in gleichem Maße. Auch er hat sich herausgeputzt für den letzten Lesetag, bei dem zum Abschluss mit einem geschmückten Erntewagen die Heimfahrt angetreten wurde. Die hohen Lederstiefel, die schwarzen Hosen und die Jacke mit der doppelten Knopfreihe wirken so neu wie der Velourhut. Vielleicht war es das Glück, den Krieg auf dem Schlachtfeld überlebt zu haben, das man aus seinem Blick herauszulesen glaubt. Hans empfand dann Stolz, wenn das Getreide auf seinem Acker am besten dastand. Die Außendarstellung erschien ihm weitaus weniger wichtig als seinem Vater. Beide fanden aber darin zusammen, dass sie in dem, was sie ernteten, auch ein Objekt der Spekulation sahen. Das Idealbild des Bauern bekommt dadurch Risse. Gegenüber den ideologischen und rassischen Motiven des Regimes blieb er, wie ein großer Teil der Landbevölkerung, »ziemlich gleichgültig«. Es galt, »die eigenen wirtschaftlichen und persönlichen Interessen zu verteidigen«[279]. Für Jean und Hans endete die nationalsozialistische Ideologie spätestens am eigenen Hoftor[280]. Ihr Selbstbild wurde weiterhin von den tradierten Wertvorstellungen einer Familie aus der bäuerlichen Oberschicht getragen. Ihr Status speiste sich neben dem Grundbesitz aus der seit mehreren Generationen bestehenden Zugehörigkeit zu den großen Betrieben im Dorf.

Die Narben des Krieges

»Endlich ist Frieden.« Es ist ein Stoßseufzer, den Hans im Mai 1945 in seinem abgegriffenen Arbeitstagebuch mit einem dicken roten Bleistift notiert. Er war zu diesem Zeitpunkt schon ein Jahr zuhause. Als einer der wenigen erwachsenen Männer erlebte er den Einmarsch der US-Armee. Mein Großvater mütterlicherseits, Georg Schmahl V., gehörte auch dazu[281]. Er befestigte mit anderen zusammen an den hohen Ulmen am Ortsrand weiße Tücher, um den anrückenden Amerikanern am 20. März 1945 zu signalisieren, dass keine Soldaten mehr im Dorf seien. Die von der letzten Wehrmachtseinheit errichteten Panzersperren an den Einfahrten zum Dorf waren bereits von den Anwohnern weggeräumt worden. Sie befürchteten, dass bei einem Beschuss ihre Häuser zerstört würden.

Nur zwei Tage vor dem Einmarsch hatten amerikanische Jagdflugzeuge durch das Dorf fahrende Munitionswagen angegriffen. Es war Sonntag gegen 12:45 Uhr. Die meisten Menschen kamen gerade daheim an. Noch kurz zuvor hatten sie in einer vollen Kirche gesessen. Während des Gottesdienstes segnete der Pfarrer fünfundzwanzig Konfirmandinnen und Konfirmanden ein. Ein Mann starb bei diesem Angriff. Er hatte sich ins Rathaus geflüchtet. Ein Projektil der Bordkanonen durchschlug die Tür und traf ihn. Drei Gebäude fingen Feuer. Eines davon gehörte uns. Das Stroh und Heu im Seitengebäude über dem Kuhstall brannten. Bevor die Flammen auf die große Scheune übergreifen konnten, gelang es, sie mit vereinten Kräften zu löschen. Die Nachbarschaft half mit, genügend Wassereimer herbeizuschaffen. Die verbrannten Balken der Konstruktion, die vom Geometer in den 1880er Jahren errichtet worden war, sind bis heute noch zu erkennen. Einzelne Projektile der

Maschinengewehrgarbe, die den Brand auslöste, steckten noch Jahrzehnte im Gebälk des Nachbarhauses.

Emilie berichtete, dass ihre erste Kamera zum Beutestück der einrückenden amerikanischen Soldaten wurde. Es gibt daher keine frühen Fotografien von meinem im März 1944 geborenen Vater, da der Film noch in der Kamera steckte. Im Unterschied zu Georg Schmahl hat Emilie wenig über den Krieg berichtet. Sie wollte nicht darüber reden, auch wenn man als interessierter Jugendlicher und junger Erwachsener versuchte nachzubohren. Sie blieb knapp in ihren Antworten und lenkte das Gespräch schnell auf andere Zeitabschnitte davor oder danach. Von denen erzählte sie dann umso lieber und in großer Ausführlichkeit. Der Krieg hatte außer den sichtbaren Narben bei ihrem Mann auch bei ihr unsichtbare hinterlassen. Sie berichtet von der SA des Dorfes, die ihren sonntäglichen Aufmarsch gerne zu der Zeit vor der Kirche abhielt, wenn sie und andere zum Gottesdienst gingen. Der seit 1940 die Essenheimer Pfarrstelle verwaltende Heinrich Eschbach bezog im Gegensatz zu seinen Vorgängern klar Position gegen die NSDAP[282]. Hohn und Spott begleiteten die Kirchgänger bei ihrem Weg durch die Reihen der SA-Männer zur Kirchentür.

Die lange Phase der Unsicherheit um ihren Mann nach seiner lebensgefährlichen Verletzung hat Spuren hinterlassen. Das tagelange Warten auf eine Nachricht, die seinen Tod bestätigte, muss quälend gewesen sein. Die Armbanduhr, die am Tag der Verwundung zerstört wurde und daraufhin stehen blieb, bewahrte sie ihr ganzes Leben bei ihrem Schmuck auf. Zeigen wollte sie sie nur ungern. Erklärungen dazu brachte sie kaum heraus.

Obwohl Emilie erst nach Essenheim kam, als die jüdische Familie Stern schon ihre Ausreise plante, war sie es, die neben Jean die Verbindung nach Argentinien und später nach Kalifornien hielt. Sie stellte nach dem Krieg Erkundigungen an und verfolgte die Spuren der Eltern von Eugen Stern, die in Sobibor ermordet worden waren. Sie suchte den Kontakt zur neu entstandenen jüdischen Gemeinde in Mainz. Ihr Bemühen war von starken Schuldgefühlen geprägt. Das ist mir klar geworden, als ich 1988 einen englischen Gastschüler zum Austausch hatte. Er erklärte meiner Großmutter Emilie, dass seine Oma als Jüdin vor den Nazis aus Wien nach England geflüchtet sei. Daraufhin gab meine Oma dem Austauschschüler einen Brief für die Großmutter mit. Darin versicherte sie ihr, dass sie kein Nazi gewesen sei. Die beiden haben sich bis zum Tod der Großmutter meines Austauschschülers immer wieder geschrieben. Wenn wir uns besuchten, musste ich stets eine Flasche Beerenauslese als kleines Geschenk meiner Oma für ihre Briefbekanntschaft mitnehmen. Auch Regina Stern gegenüber muss Emilie zu Beginn der 1980er in einem Brief noch einmal herausgehoben haben, dass sie nicht der menschenverachtenden Ideologie der Nationalsozialisten anhing. Die Antwort von Regina Stern lässt zumindest diesen Schluss zu. Sie versicherte Emilie, »dass Sie liebe Frau Wagner nie eine Nazi waren«[283].

Als ich meiner Oma eröffnete, dass ich meine Dissertation über die Zeit des Nationalsozialismus schreiben würde, kam von ihr offene Ablehnung. Sie konnte es nicht verstehen, dass ich mich als junger Mensch mit diesen Dingen »belasten« wollte. Damals versuchte ich nicht, das alles zu verstehen. Warum konnte der Großvater auf mütterlicher Seite, der die Schrecken des Krieges vom ersten Tag im September 1939 miterlebt hatte, über seine Erlebnisse frei heraus berichten, während meine Großmutter in der Hauptstraße 30 stets verschlossen blieb? Tiefer saß ein weitaus größerer Schuldkomplex, über den in unserer Familie nie gesprochen wurde. Emilie suchte ihn zu verdrängen und die nachfolgende Generation wusste kaum noch etwas darüber.

Thematisiert wurden die Ereignisse nur kurz in der Mitte der 1960er Jahre, als Emilie beschloss, ihre Mutter für die letzten Jahre ihres Lebens nach Essenheim zu holen. Ihr Schwiegervater Jean unterstützte sie dabei. Christina Fischborn sollte nicht in ein Altersheim abgeschoben werden und mit ihr das passieren, was ihrer Schwester Elisabeth Gutenberger zugestoßen war[284].

Elisabeth lebte ledig bei ihrer Schwester und deren mit Ernst verheirateter Tochter Margaretha in Gensingen. Über sie gibt es auf Nachfrage in der Familie Mutmaßungen, aber wenig Gesichertes. Eine unglücklich verlaufene Liebschaft soll der Ausgangspunkt dafür gewesen sein, dass sie sich noch als junge Frau immer mehr in sich kehrte. Vielleicht war es eine Depression, die sich auswuchs. Sie fing an Selbstgespräche zu führen, lief mitunter ziellos durch das Dorf und war dabei nicht immer so gekleidet, wie es die Witterung eigentlich erforderte. Sie kaufte dann anscheinend auch Waren und Dinge ein, die niemand benötigte. Im Alter von achtundvierzig Jahren wurde sie 1934 entmündigt.

Der geschützte Raum der Familie auf dem Dorf bewahrte sie davor, in die Fänge der Zwangssterilisation nach dem »Gesetz zur Verhütung erbkranken Nachwuchses« vom 14. Juli 1933 und die ab 1940 beginnenden Krankenmorde zu geraten[285]. Koordiniert wurde die Ermordung behinderter Menschen von einer Villa in der Berliner Tiergartenstraße 4 aus. Zur Verschleierung wurden den sechs Tötungsanstalten im Reich eine Reihe von Zwischenanstalten vorgeschaltet. Damit sollte es für die Angehörigen unmöglich werden, den Todesort und den Todeszeitpunkt ermitteln zu können.

Gegen die systematische Ermordung behinderter Menschen erhob sich Protest. Eltern Ermordeter wollten mehr über den Verbleib ihrer Kinder erfahren. Aus beiden Kirchen gab es Stimmen, die den Mord »unwerten Lebens«

anprangerten. Der Bischof von Münster, Clemens Graf von Galen, predigte im August 1941 gegen die Tötung als »unproduktiv« bezeichneter Menschen. Mutig benannte er die Verbrechen ganz klar. »Seit einigen Monaten hören wir Berichte, dass aus Heil- und Pflegeanstalten für Geisteskranke auf Anordnung aus Berlin Pfleglinge, die schon länger krank sind und vielleicht unheilbar erscheinen, zwangsweise abgeführt werden. Regelmäßig erhalten dann die Angehörigen nach kurzer Zeit die Mitteilung, dass die Leiche verbrannt sei und die Asche könne abgeholt werden. Allgemein herrscht der an Sicherheit grenzende Verdacht, dass diese zahlreichen unerwarteten Todesfälle von Geisteskranken nicht von selbst eintreten, sondern absichtlich herbeigeführt werden. Dass man dabei jener Lehre folgt, die behauptet, man dürfe sog. ›lebensunwertes Leben‹ vernichten, also unschuldige Menschen töten, wenn man meint, ihr Leben sei für Volk u. Staat nichts mehr wert«.[286]

Wahrscheinlich waren es die Beunruhigung nicht unbeträchtlicher Teile der Bevölkerung und die Thematisierung der Morde, die dazu führten, dass Hitler Ende August 1941 einen »Euthanasie-Stopp« anordnete[287]. Als »wilde Euthanasie« setzte das Pflegepersonal die Tötungen in den Heil- und Pflegeanstalten aber weiterhin fort. Gezielt eingesetzte Mangelkost ließ die Insassen verhungern. Alternativ wurde der Tod durch die Verabreichung von Luminal oder Scopolamin herbeigeführt. Todeszeitpunkte wurden gegenüber den Angehörigen verschleiert. Dass Menschen mit Behinderung in Heil- und Pflegeanstalten einem hohen Risiko ausgesetzt waren, schnell zu sterben, scheint in der Bevölkerung geahnt worden zu sein.

Am 7. Dezember 1944 beantragte Ernst Wagner beim Bürgermeister in Gensingen auf einem Formblatt die »Aufnahme der Elisabeth Gutenberger in die Hessische Landes-Heil- und Pflegeanstalt«[288]. Der Bürgermeister notierte unter Punkt 14 die Tatsachen, »aus denen die Gemeingefährlichkeit des Kranken hervorgeht«. Sie sei »in der Gemeinde allgemein als geistesgestört bekannt«. Am 9. Dezember lieferte Ernst die Tante seiner Frau bei der nahe Eltville gelegenen Landesheilanstalt Eichberg ab. Für die Versorgung der Kranken hinterlegte er 200 RM Vorschuss. Die Landesheilanstalt forderte, um die Kostenübernahme zu klären, noch am gleichen Tag beim Ortsbürgermeister in Gensingen weitere Auskünfte ein. Dieser ließ sich mit einer Antwort bis Anfang Januar Zeit. In dem Fragebogen bestätigte er die bereits einmal gemachten Angaben. Die Tatsachen, wodurch sich Elisabeths Geistesstörung zeigten, konkretisierte er etwas. Sie »meidete die Gemeinschaft, verließ manchmal ohne ordentliche Bekleidung ihre Wohnung um sich irgendwo hinzusetzen und vor sich hinzubrüten«[289]. Die Kosten für ihre Unterbringung wolle der Schwiegersohn der Schwester, Ernst Wagner, übernehmen. Die Patientin verfüge darüber hinaus über einen Besitz von etwa 14 Morgen Ackerland und Barvermögen.

Mitte Januar 1945 erkundigte sich Margaretha bei Direktor Walter Schmidt in Eichberg nach dem Befinden der Tante[290]. Dem schien eine Aufforderung der Landesheilanstalt vorausgegangen zu sein, für die Angehörige warme Winterkleidung zu schicken. Der Schein einer ordentlichen Versorgung sollte durch die Korrespondenz mit den Angehörigen aufrechterhalten werden. Die Antwort kam am Ende des Monats. Die Tante sei unruhig und man habe daher eine »Schockkur eingeleitet«[291]. Gut zwei Wochen später informierte die Landesheilanstalt die Angehörigen über die Verlegung der Tante nach Hadamar. Vier Tage danach kam eine erneute Nachricht nach Gensingen. Die Tante sei »plötzlich« an einer Lungenentzündung erkrankt. »Da Herzschwäche besteht, ist Lebensgefahr nicht ausgeschlossen. Besuch ist gestattet!«[292] Da der Brief einige Tage unterwegs war, erreichte das Telegramm vom 20. Februar 1945 die Angehörigen in Gensingen eher. Es informierte darüber, dass Elisabeth an diesem Tag verstorben sei[293]. Die zeitliche Abfolge und die Vorgehensweise gleichen denjenigen vieler anderer Patienten, die nach Hadamar gebracht wurden, um dort unmittelbar nach der Ankunft ermordet zu werden. Noch bevor die Angehörigen die Post über die Verlegung oder die Verschlechterung des Gesundheitszustands erhielten, war die eingelieferte Person bereits tot und in einem Massengrab hinter dem Anstaltsgebäude vergraben. Für Trauernde, die sich auf den Weg machten, waren die Massengräber als vermeintliche Einzelgräber getarnt und konnten so als letzte Ruhestätte vorgeführt werden.

Margaretha weist in ihrem Brief vom 26.2. darauf hin, dass sie das Telegramm vom 20.2. erst am 23.2. erhalten habe. Sie bittet darum, die »Entschlafene in der Heimaterde beizusetzen, wenn es doch wenigstens ihre Urne sein könnte«[294]. Eine Antwort kam erst ein Jahr später. Einen Monat vor dem Einmarsch der Amerikaner in Hadamar am 26. März 1945 war Elisabeth dort ermordet worden.

Es ist schwierig, über Verantwortung und Schuld in der eigenen Familie zu schreiben. War es die Überforderung der nächsten Angehörigen, die mit der Betreuung und Beaufsichtigung der Tante nicht mehr zurechtkamen? Mit der gebrechlichen Mutter von Elisabeth und Christina hatte man zwei pflegebedürftige Menschen im Haus. Schob man Elisabeth daher gedankenlos ab, um zumindest eine »Last« loszuwerden? Oder war ihr nicht unbedeutendes Vermögen an Land und Barbesitz das Ziel? Die Bandbreite ist hiermit beschrieben. Eine Antwort darauf ist schwer zu geben. Wie es um die Versorgung in den Heil- und Pflegeanstalten stand, vermochte man zu erahnen. Den möglichen Tod der Tante nahm man zumindest in Kauf.

Die 1946 fortgesetzte Korrespondenz mit Hadamar deutet darauf hin, dass die Schwester der Toten, Christina Fischborn, ein Gefühl der Schuld umtrieb. Sie richtete sich mit einem Brief zunächst an das Pfarramt von Hadamar und bat um nähere Auskünfte zum Grab. Mit demselben Anliegen richtete sie sich ein paar Wochen später auch an das Standesamt der Stadt[295]. Der Tod der Schwester schien ihr nachzuhängen und die Tatsache, dass es kein Grab gab, »zumal ihr Bruder sein Grab in Frankreich 1914 gefunden hat. Ihre treue Mutter folgte ihr im November 1945 und ihren letzten Wunsch brachte sie zum Ausdruck mit den Worten ›Bringt Elischen Blumen‹«[296].

Das Schicksal von Elisabeth und die Frage nach der eigenen Schuld trieb auch Emilie in Essenheim um. Der Kontakt zu Ernst und Margaretha war sporadisch. Das Verhältnis war nicht einfach. Es ist nicht klar, ob sie vor dem Tod der Tante überhaupt wusste, dass diese nach Eichberg gebracht worden war. Sie schien sich dennoch mitverantwortlich zu fühlen. Es ging für sie auch darum, welche Schuld ihre Mutter, ihre Schwester und ihr Schwager am Tod der Tante trugen. Fragen wurden nicht gestellt. Sie klammerte sich anscheinend krampfhaft daran, dass Elisabeth an einer Lungenentzündung erkrankt und, wie aus Hadamar geschrieben, »ruhig, ohne Todeskampf«[297] verstorben sei. Damit erschien die Schuld erträglicher. Es ging nun nicht mehr um die Frage, ob Elisabeth wissentlich in den sicheren Tod geschickt worden war.

Dass sie zumindest dafür eine Schuld bei der eigenen Schwester und dem Schwager sah, der sie nach Eichberg gebracht hatte, schimmert später durch. Als es der eigenen Mutter aufgrund des Alters schlechter ging und Emilie den Eindruck bekam, ihre Mutter sei nicht mehr gut versorgt, holte sie Christina zu sich nach Essenheim. Man war sich einig, dass sich so etwas wie damals nicht wiederholen durfte. Noch einmal wollte sie sich nicht dafür verantwortlich fühlen müssen, dass ein pflegebedürftiges Familienmitglied »abgeschoben« wurde, um in einer Pflegeanstalt zu sterben[298].

Um 1960 fuhr ihre Tochter Hiltraud sie nach Hadamar[299]. Eine erste Ausstellung in den Kellerräumen der einstigen Tötungsanstalt sollte es erst ab 1983 geben. Emilie wollte trotzdem mehr über die letzten Lebenstage der Tante dort erfahren. Hiltraud musste im Auto warten, bis Emilie ihre Gespräche geführt und sich umgesehen hatte. Was man ihr dort erklärte und ob sie die Krankenakte zu sehen bekam, kann nicht beantwortet werden. Gegenüber ihrer Tochter blieb sie auf der Heimfahrt bei der Feststellung, dass Elisabeth an einer Lungenentzündung gestorben sei, und wollte nicht mehr erzählen.

Immer die Letzten

»Wir waren immer die Letzten, weil die Anschaffung neuer Geräte Geld gekostet hätte. Das Geld wurde lieber in Mainz auf der Bank angelegt. Andere hatten schon einen Traktor und andere Maschinen, da haben wir noch lange mit den Pferden gepflügt. Die kleinen Bauern, die schon einen Schlepper hatten, haben sich amüsiert über uns«[300].

Ein gehöriges Maß an Resignation und sicherlich keine Nostalgie klingt in den Worten meines Vaters an, wenn er den Gemischtbetrieb seiner Kindheit beschreibt. Und auch im Hinblick auf die Gebäudestruktur kommt er zu einem ähnlich ernüchternden Ergebnis: »Mehr als einhundert Jahre hat sich bei uns nichts verändert«. Der weiter oben schon einmal erwähnte Helfer, der während seines Aufenthaltes in Maries unvollendetem Badezimmer in der trockenen Wanne übernachtete, bemerkte bei seinem Besuch in den frühen 1960ern gegenüber seiner Familie, dass es in der Hauptstraße 30 aussehe wie in einem Museum.

Ganz abwegig erscheint diese Beurteilung nicht. Sie sollte zumindest für den Gebäudebestand bis weit in die 1960er Jahre Gültigkeit behalten. Im Hinblick auf den Bestand an Maschinen veränderte sich in den 1950er Jahren einiges. Waren Traktoren bis vor dem Zweiten Weltkrieg noch selten, so zeigen die vielen Fotos aus dem Dorf, bei denen sich Traktorbesitzer stolz zusammen ablichten ließen, dass ihre Anzahl sprunghaft anstieg[301]. Eine regelrechte Dynamik entwickelte sich. Es verging damals kaum eine Woche, in der kein neuer Traktor ins Dorf geliefert wurde. Wer etwas auf sich hielt und demonstrieren wollte, dass er als Bauer noch auf dem Stand der Zeit wirtschaftete, sah zu, dass er auch zum Besitzer eines neuen Schleppers wurde. Den ersten Traktor kaufte Hans Ende 1950 oder Anfang 1951. Es ist kein Kaufvertrag darüber überliefert. Lediglich die gewährte »Betriebsbeihilfe beim Bezug von Dieselkraftstoff« vom Dezember 1951 nennt den Güldner AF 15 mit Baujahr 1950. Ein paar Monate später wurde er gegen das etwas größere und leistungsstärkere neue Modell AF 20 eingetauscht[302]. Der erste war eine Enttäuschung gewesen. Er sprang ganz schlecht an. Das oft erfolglose Drehen der Kurbel brachte Hans aufgrund der Kriegsverletzung an seine körperlichen Grenzen. Er bekam das widerspenstige Gerät dann erst recht nicht mehr zum Laufen[303].

In der Agrargeschichte wird der Traktor gerne als landwirtschaftliche »Schlüsselinnovation« beschrieben[304]. Seine Leistung und die Möglichkeit fast unbegrenzter Einsatzzeiten sprechen klar für diese Deutung. Für die frühe Phase der Einführung der Traktoren in den 1920er und 1930er Jahren wird dies mittlerweile aber kritisch hinterfragt. Die Maschinen waren anfällig und in ihren Einsatzmöglichkeiten eingeschränkt. Sie stellten zunächst hohe Anforderungen an ihre Fahrer, und auch die Auswahl an nutzbaren Gerätschaften war noch stark begrenzt.

In den 1950ern scheint sich dies alles so weit verändert zu haben, dass einem Einsatz von Traktoren auch in der Breite kaum noch etwas entgegenstand. Die Zahl der Traktoren auf den Äckern verdreifachte sich zwischen 1949 und 1953[305]. Die Fotos stolzer Traktorenbesitzer, die sich zusammen mit dem Werkstattwagen der Firma Güldner in einem Nachbarhof fotografieren ließen, zeigt, dass der Schlepper auch damals schon mehr war als eine schlichte Zugmaschine. Mahnte bereits die Agrarliteratur des 19. Jahrhunderts kritisch an, dass in vielen – gerade kleineren Betrieben – das Pferdefuhrwerk betriebswirtschaftlich keine Berechtigung habe, so ließe sich diese Beobachtung sicherlich für die Mechanisierung nach dem Zweiten Weltkrieg ebenso anführen. Der Traktor ersetzte das Pferdegespann als sichtbares Statussymbol des modernen und zukunftsorientierten Bauern. Wer weiterhin dazugehören wollte und als Bauer etwas auf sich hielt, der brauchte jetzt einen Traktor. Hans kaufte also auch einen, obwohl das Geld ansonsten in unserer Familie nicht gerade locker saß. Ein landwirtschaftliches Gerät als Statussymbol, das zudem etliche andere im Dorf bereits besaßen, machte in der Vorstellung von Hans und vor allem von Jean keinen Sinn. Die strukturellen Rahmenbedingungen in einer stark parzellierten Gemarkung wie in Essenheim, die kaum größere Ackerflächen besaß, sprachen ebenfalls noch einige Zeit gegen eine solche Investition.

Der Güldner aus dem Baujahr 1951 kostete gut 7.600 DM. Der Betrag mutet im Vergleich zu heutigen Preisen für moderne Landtechnik geradezu wie ein Schnäppchen an. Er entsprach aber dem Gegenwert von knapp acht Morgen Land[306]. Das war ein Zehntel der eigenen Nutzfläche. Stellt man die Verkäufe von Wein in diesem Zeitraum dagegen, dann relativiert dies den Kaufpreis wieder. Für den Traktor musste Hans soviel ausgeben, wie er für den Verkauf von 6-7.000 Litern Wein erhielt. Er hatte also den Wert einer halben Weinernte.

Es dürfte auch bei uns so gewesen sein, dass Hans die treibende Kraft hinter dieser Anschaffung bildete. Das »Drängen der jüngeren Generation«[307], Innovationen zu realisieren, kann bei ihm durchaus als Chance für eine Arbeitserleichterung gedeutet werden. Die Folgen seiner Kriegsverletzung schränkten ihn gerade bei körperlich schweren Arbeiten ein. Wenn er nicht konnte, dann mussten sie von seinem Vater, einer Hilfskraft oder den Frauen übernommen werden. Die in den folgenden drei Jahren angeschafften Geräte wie der Siebradroder, mit dem Kartoffeln oder Zuckerrüben maschinell aus der Erde geholt werden konnten, sowie die Dunggreiferanlage zur Räumung der Mistgrube erleichterten den Arbeitsalltag. Sie setzten aber, wie beim Traktor auch, den erfahrenen Maschinenführer voraus. Die Arbeitserleichterung hielt zwar Einzug, sie war aber an den Betriebsleiter gebunden.

Zumindest für unseren Betrieb darf man mit der Anschaffung des Traktors nicht von einer schlagartigen Mechanisierung aller Arbeitsbereiche im Acker- und Weinbau ausgehen. Ein Traktor ohne Geräte ist nicht mehr als eine Zugmaschine, die einen vorhandenen Anhänger, den bisher die Pferde bewegten, befördert. Die überlieferten Kaufverträge für die einzelnen Maschinen, die im Zusammenhang mit dem Traktor angeschafft wurden, eröffnen einen Blick auf die kleinen Schritte der Mechanisierung. Im zeitlichen Kontext mit dem ersten Güldner wurde im Frühjahr 1950 zunächst nur ein passender Anhänger gekauft[308]. Er blieb für das erste Nutzungsjahr das einzige Gerät, das sich anhängen ließ. Der Traktor war dabei sicherlich einfacher in der Handhabung, wenn man sich mit der Bedienung vertraut gemacht hatte. Er benötigte weniger Rüstzeit als ein Pferdegespann und transportierte dann mehr. Er entlastete damit zunächst eher die zwei vorhandenen Pferde, die nun nicht mehr für die zahlreichen Fahrten zwischen Feld und Hof während der Ernte eingesetzt werden mussten. Trotz der vorhandenen finanziellen Möglichkeiten investierte Hans zurückhaltend und scheint sich zunächst in einem Testlauf von den Möglichkeiten der neuen Maschine überzeugt zu haben. Das erklärt vielleicht auch, warum er erst ein kleineres und etwas älteres Modell des Güldners erwarb. Als dieses wegen der technischen Mängel eingetauscht werden musste, entschied er sich für ein leistungsstärkeres einer neuen Baureihe.

Das zweite angeschaffte Gerät war der zweifurchige Anbau-Wechselpflug. Er wurde zum Jahresende 1951 bestellt[309]. Erst damit stieg der Traktor in die Feldarbeit ein. Sein Tätigkeitsbereich blieb über drei Jahre alleine auf das Pflügen begrenzt. Er bedeutete jedoch in diesem Bereich einen enormen Fortschritt. Er ersetzte zwei Pferde, mit denen man bisher Anfang November begann und erst kurz vor Weihnachten mit der Arbeit fertig war. Der Zeitaufwand für das Pflügen reduzierte sich enorm und es wurde dafür nur noch eine Person benötigt, statt bisher zwei. Mit der Anschaffung einer Rodemaschine für Rüben und Kartoffeln erweiterte sich 1954 sein Einsatzgebiet noch einmal. Dabei blieb es aber dann für das gesamte nächste Jahrzehnt.

Der Traktor brachte technischen Fortschritt und dort, wo er eingesetzt wurde, eine immense Arbeitserleichterung. Diese beschränkte sich aber zunächst auf einige wenige Bereiche. Der Weinbau gehörte nicht dazu. Bis in die Mitte der 1970er Jahre wurde bei uns weiterhin jeder Weinberg zweimal jährlich mit dem Pferd gepflügt. Alles andere blieb Handarbeit und die Hacke damit noch lange das wichtigste Arbeitsgerät für die Bodenbearbeitung zwischen den Rebstöcken und überall dort, wo man mit dem Pferdegespann nicht hinkam. Die Mechanisierung zwischen den Rebzeilen erfolgte mit einer gehörigen zeitlichen Verzögerung. Viele ältere Weinberge waren aufgrund der engen Stockabstände nicht mit Maschinen zu bearbeiten. Dort wo schon breitere Gassen zwischen den Zeilen angelegt waren, passten die frühen Traktoren aber auch noch nicht durch. Sie mussten zuerst »schrumpfen«, damit sie auch in den Rebzeilen zum Einsatz kommen konnten. Das war erst zu Beginn der 1960er gegeben.

Die starke Zersplitterung der Gemarkung, fehlende Wirtschaftswege, die zu den Kleinstparzellen führten, und auch noch sehr alte Rebanlagen, bei denen die Stöcke nicht in Reihen gepflanzt worden waren, standen einem technischen Fortschritt entgegen. Hinzu kam die Eigenart unserer Familie, größere finanzielle Investitionen nur sehr zögerlich und nach reiflicher, mitunter mehrjähriger Entscheidungsfindung zu tätigen[310]. Pferd und Traktor existierten also mehr als zwei Jahrzehnte im landwirtschaftlichen Gemischtbetrieb nebeneinander. Dies gilt zumindest für einen Betrieb wie den von Hans und seinem Vater Jean, die beide weniger am schnellen technischen Fortschritt interessiert schienen als an einer moderaten Erleichterung in den Arbeitsspitzen des Jahres. Hans erkannte die Notwendigkeit aufgrund der eigenen körperlichen Einschränkungen. Er wollte trotz allem mit den anderen Kollegen im Dorf mithalten und nicht zurückstehen[311]. Das fachte seinen Ehrgeiz zusätzlich an und ließ ihn nicht selten weit über die eigene Belastungsgrenze gehen. Der Einstieg in eine erste Phase der Mechanisierung erfolgte aufgrund dieser Situation.

Die Nutzfläche war mit knapp 80 Morgen unverändert geblieben. Der Personalbestand vermittelt weiterhin den Eindruck, dass man der bisherigen Betriebsphilosophie treu blieb. Der größte Teil der anfallenden Arbeiten wurde von

Harald, der letzte »Knecht«, mit den beiden Pferden. Harald lebte noch mit im Haus (1953).

der Familie verrichtet. Hans und Emilie wurden von dem mittlerweile mehr als fünfundziebzig Jahre alten Jean unterstützt. Marga und dann auch Hiltraud wurden als Kinder frühzeitig mit eingebunden. Später kam Rudolf hinzu. Ein ungelernter fester Mitarbeiter ist bis in die frühen 1960er nachweisbar. Der jährlich geschlossene Arbeitsvertrag, die Auszahlungsweise nach Bedarf und die Naturalkomponente lassen dieses letzte feste Arbeitsverhältnis noch wie die Anstellung eines Knechts erscheinen[312].

Betriebswirtschaftliche Effizienz blieb für Hans und Jean bei ihren Entscheidungen ausschlaggebend. Die erste

Phase der Mechanisierung erfolgte daher nicht aufgrund der Landflucht, also der Abwanderung der Arbeitskräfte in die Industrie. Ein akuter Arbeitskräftemangel trieb nicht zur Anschaffung neuer Maschinen und zur »betrieblichen Rationalisierung«[313]. Diese Zwangslage entstand erst später, als der Betrieb schnell und stetig wuchs. Die Zunahme der landwirtschaftlichen Fläche wäre ohne eine umfassende Mechanisierung auf dem Acker nicht möglich gewesen.

Die weitaus größeren Veränderungen vollzogen sich im Weinberg und auf dem Feld in einem anderen Bereich. Die Struktur in der Fläche veränderte sich grundlegend. Erst dadurch war auch in Zukunft eine vollmechanisierte und auf Effizienz getrimmte Landwirtschaft möglich. Die erste und sehr frühe Flurbereinigung ab 1954 wirkt wie ein Testlauf auf überschaubarer Fläche. Der östlich von Essenheim gelegene Teil der Weinbergsfläche, den man im Dorf den Kleineberg nennt, wurde gerodet. Auf den etwa 60 ha zog man neue Wege und Entwässerungsgräben. Die Flächen wurden hinterher in größeren Einheiten neu verteilt.

Die ehemalige Besitzzersplitterung und Parzellierung konnte damit aufgehoben werden. Neu bepflanzt wurde flächendeckend mit Pfropfreben, deren Unterlagen reblausresistent waren. Ertragsstärkere Varianten bisheriger Rebsorten hielten Einzug. Durch sie wurde der seit den späten 1920ern noch unter Jean durch Neuanpflanzungen und einen besseren Pflanzenschutz eingeleitete Anstieg der Hektarerträge fortgesetzt. Durchschnittliche jährliche Hektarerträge von über 8.000 Litern tauchen in den 1950ern vermehrt auf, während sie in den Jahrzehnten davor absolute Ausnahmen waren. Einzig das Jahr 1934 brachte eine solche Menge an Wein. Auffällig ist, dass unser Betrieb nur beim ersten Zeitabschnitt zu Beginn des 20. Jahrhunderts hinsichtlich der Erträge unter dem Durchschnitt Rheinhessens liegt[314]. Bis in die Mitte der 1950er konnten Jean und Hans stets mehr Wein ernten, als in der Region und auch mehr als im näheren Umfeld Ingelheims und des Selztals üblich war. Ihre Erträge lagen meist zwischen 20 und 50 % höher. Entscheidend hierfür dürfte die starke Fokussierung auf den Portugieser gewesen sein, der zeitweise auf mehr als der Hälfte der Rebfläche stand.

Hinzu kam die seit dem Ende der 1930er betriebene kontinuierliche Verjüngung der Weinberge. Der starke Reblausbefall dürfte der wichtigste Grund sein, nach und nach alte Reben zu roden und diese mit Pfropfreben neu zu bestocken. Hans und Jean schienen diese Umstellung auf ertragsstärkere Varianten des Silvaner und die Verschiebung hin zum Portugieser systematisch über zwei Jahrzehnte bis zur ersten Flurbereinigung betrieben zu haben. Die hohe Ertragsstärke ist vor allem darauf zurückzuführen. Der betriebswirtschaftliche Erfolg im Weinbau bestätigte sie in ihrem Ansatz[315].

Ein Blick auf die Neupflanzungen der 1950er Jahre macht die Veränderungen im Zuge der Flurbereinigung schnell deutlich. Hans hatte auch schon 1952 Weinberge neu angelegt. Für 400 Quadratmeter in der Lage Schmitthans bestellte er 120 Silvaner und 120 Veltliner-Reben. Diese wurden als gemischter Satz auf der Fläche gepflanzt. Die nun im Rahmen der Flurbereinigung neu zu bestockende Rebfläche wirkt im Vergleich dazu riesig. Für 3.009 Quadratmeter im Hähnerklauer erhielt er im Juli 1957 900 Portugieser und 1.300 Silvaner-Reben[316]. Einen Weinberg dieser Größe hatte es noch nie in der Familie gegeben. Erst diese strukturellen Veränderungen schufen effektiver zu bewirtschaftende Einheiten.

Der Erfolg der ersten Flurbereinigung im Umkreis widerlegte auch die Kritiker und ebnete den Weg für ein zweites Verfahren. In mehreren Abschnitten ab 1966 wurden der Rest der Weinbergsgemarkung und das landwirtschaftlich genutzte Hochplateau umgelegt.

Die Vergrößerung des Geräteparks im Laufe der 1950er Jahre und der Anstieg der Erträge im Weinbau wie auch im Ackerbau erhöhten den Druck für Veränderungen auch in der Gebäudestruktur. Hans verschloss sich den Bedürfnissen nicht gänzlich. Er ging damit aber auf seine eigene Art um. Wie auch sein Vater bevorzugte er einfache und vor allem günstige Lösungen. Diese konnten durchaus provisorischen Charakter haben. Im Unterschied zu Jean spielte dabei die Wirkung nach außen keine besondere Rolle. Bei ihm zählten der sichtbare Erfolg auf dem Acker und im Weinberg sowie das betriebswirtschaftliche Resultat am Ende des Jahres. Maßnahmen, die den Ertrag steigern halfen, wurden daher realisiert. Um Platz für die neuen Geräte zu schaffen, wurde für einen Teil der älteren ein schmaler Wellblechunterstand am Ortsrand errichtet. Das erschien Hans einfacher, als durch umfangreichere Baumaßnahmen im noch immer zweigeteilten Gehöft den notwendigen Raum zu schaffen.

In die 1950er Jahre startete Hans mit vier sehr großen Jahrgängen hintereinander. Alle brachten über 8.000 Liter je Hektar ein. Damit kamen er und Jean schnell an die Kapazitätsgrenzen der Lagermöglichkeiten im Keller. Wein blieb weiterhin ein Spekulationsobjekt. Er wurde teils zwei bis drei Jahre gelagert, ehe der Verkaufspreis ausreichend hoch erschien. Und das war niemals dann der Fall, wenn bei allen Bauern nach einer üppigen Ernte die Keller voll lagen. Zunächst behalf man sich damit, die vorhandenen Räumlichkeiten besser zu nutzen. Der Gewölbekeller in der Scheune, der noch als Kartoffelkeller diente, wurde geräumt. Zeitlich begrenzte Übergangslösungen wie ein ausrangiertes großes Bierfass sollten bei kurzfristigen Überkapazitäten helfen.

Drei Geschwister bei der Traubenlese, Hiltraud links, dann Marga und Rudolf (1953).

Die gesamte Lesetruppe. Hans sitzt im Vordergrund. Rudolf ist der Zweite von links, daneben Hiltraud. Rechts außen steht Jean neben seiner Enkelin Marga. Im Hintergrund rechts ist Harald zu sehen. Er ist der letzte feste Mitarbeiter auf dem Hof (1953).

Es wirkt so, als ob man dem Ertragsanstieg nur bedingt traute und ungern Geld in Dinge steckte, die sich nach zwei schlechten Ernten als überflüssig und überdimensioniert herausstellten. Lieber behalf man sich zunächst mit einem kostengünstigen Provisorium.

Spätestens aber mit dem Ertragsschub, den die Junganlagen aus der ersten Flurbereinigung brachten, reichte auch das nicht mehr aus. Zum ersten Mal seit zwei Generationen wurde »richtig« gebaut[317]. Mein Vater musste schmunzeln, als er in unserem Gespräch die Errichtung mehrerer mit Glasfliesen ausgekleideter Betonfässer im Keller beschrieb. 1959 wurde das erste errichtet. Drei Jahre später folgten sechs weitere, die zusammen gut 30.000 Liter aufnehmen konnten. Sie sind uns aufgrund ihrer Massivität bis heute erhalten geblieben. Auch wenn sie für das Lagern von Wein nun nicht mehr genutzt werden. Keiner traut sich, sie zu entfernen, weil befürchtet wird, dass die Erschütterungen des Abrisses dem Altbestand schaden könnten. So erinnern sie uns bei der Kellerarbeit stets daran, dass in der von Johannes II. erweiterten Scheune nur selten etwas verändert wurde.

Bis zum Einstieg meines Vaters in den Betrieb im Jahr 1967 blieben die Wellblechhalle und die Betonfässer die einzigen baulichen Anzeichen dafür, dass die Mechanisierung die Hauptstraße 30 erreicht hatte und einen Modernisierungsschub in der Landwirtschaft einleitete. Der in der Agrargeschichte gerne benutzte Terminus vom Wandel der Landwirtschaft von »einer arbeitsintensiven zu einer kapitalintensiven Wirtschaftspraxis« gilt zu diesem Zeitpunkt für unseren Betrieb nur bedingt[318]. Etwas überspitzt könnte man es anders formulieren: Handarbeit blieb überall dort lukrativer und damit bestehen, wo es genug Familienangehörige gab, die sie kostengünstig leisteten. Hierin schienen sich Hans und sein Vater trotz aller Unterschiede einig zu sein.

Die letzten »Herren im Dorf«

Die Wahrheit lag für Hans auf dem Acker und im Weinberg. Sein Stolz als Bauer speiste sich vor allem aus schönen Trauben an seinen Reben und einem gut dastehenden Roggenfeld[319]. Viel mehr schien er zur Bestätigung und zur Außendarstellung nicht zu benötigen. Aber dafür tat er alles. Definierte sich Jean sehr stark über die feine Sonntagskleidung und den englischen Wagen, so spielte dies für Hans anscheinend kaum eine Rolle. Jean pflegte bis ins Alter das eigene Bild des an der Spitze des dörflichen Sozialgefüges stehenden Vertreters der bäuerlichen Oberschicht. Mahlerwein beschreibt die Vertreter dieses Typus für die Mitte des 19. Jahrhunderts als »Herren im Dorf«. Jean passt auch siebzig Jahre später noch in dieses Schema. Er strebt nach der herausgehobenen Position. Die stolze und aufrechte Haltung, die er auf jedem Foto demonstrativ zeigt und zu der er später seine Enkel ermahnt, fügen sich nahtlos in dieses Bild. Sie sollten außerdem an ihrer Handschrift arbeiten, die ihm als sichtbares Aushängeschild des eigenen Status galt[320].

Jean ist dabei kein Einzelfall. Auf seinen Schwager Karl Adam Mossel trifft diese Charakterisierung in gleichem Maße zu. Sie scheinen die letzte Generation dieser »Herren im Dorf« gewesen zu sein. Sie kultivierten eine bäuerliche Außendarstellung, die sich an bürgerlichen Vorbildern orientierte. Sie wurde in den Oberschichtfamilien des Hügellandes genauso gelebt wie in noch ausgeprägterer Form bei den reinen Weinbaubetrieben an der Rheinfront. Impulse kamen sicherlich auch von dort. Neben dem Wagen für die Landpartie gehörten das Klavier und die kleine, aber gut sortierte Bibliothek dazu. Sicherlich lässt sich auch das Wertpapierdepot zu dieser an bürgerlichen Verhaltensweisen orientieren Lebens- und Ausdrucksform zählen. Die Fahrt nach Mainz zur Bank, um Einnahmen einzuzahlen, der Besuch der jährlichen Aktionärsversammlung bei Kupferberg und die Lektüre der *Frankfurter Zeitung* vor allem wegen ihres Börsenteils deuten in dieselbe Richtung. Jean ging noch einen Schritt weiter. Er pflegte die Sehnsucht, das bäuerliche Leben ganz gegen ein bürgerliches einzutauschen. Eine Sehnsucht, die letztlich nur ein Wunschtraum blieb.

Bei Hans passt das alles so nicht mehr zusammen. Er scheint sich bewusst vom alten Typus der »Herren im Dorf« abzugrenzen. Dies geschieht in einer Zeit, in der zunächst die bisherigen Konstanten fortbestehen. Die Stellung im Dorf definierte sich weiterhin über den Landbesitz. Die Betonung des »Bäuerlichen« bei Hans aber alleine auf eine Abgrenzung zum Vater zurückzuführen, greift zu kurz. Zum einen sind es sicherlich der eigene Charakter und die Neigung. Anders als sein Vater pflegte Hans ein bescheidenes Auftreten und hielt sich gerne im Hintergrund. Er zog die Arbeit auf dem Acker und im Stall vielem anderen vor. Die Konzeption des auf Effizienz getrimmten Betriebs hat sicherlich in dieser Richtung verstärkend gewirkt. Das Leitbild hatte Jean selbst vorgegeben und vorgelebt. Wirtschaftlicher Erfolg stellte sich nur dadurch ein, dass man als Herr über Hof und Gut vorneweg arbeitete. Der schmale Personalbestand und die Notwendigkeit, die Lohnkosten niedrig zu halten, zwangen dazu. Hans nahm das an, sein Bruder Ernst wendete sich ab. Der sich in der Zwischenkriegszeit zunächst als Folge der Lebensmittelknappheit entwickelnde Gegensatz von Stadt und Land kann durchaus für Hans prägend gewesen sein[321]. In der Endphase der Weimarer Republik erhielt dieser zusätzlichen Auftrieb. Jean zog es gegen die Ironisierung bäuerlicher Lebensweise in Zuckmayers »Fröhlichem Weinberg« auf die Straße und mit vielen anderen zum Protest vor das Mainzer Stadttheater. Hans hingegen schien sich teilweise von den Attributen einer bürgerlichen und städtisch geprägten Lebensform ganz bewusst abzuwenden. Ob die Agrarromantik der NS-Zeit dies zusätzlich beförderte, lässt sich schwerlich beantworten. Die auf »Ariertum« und Ausgrenzung basierende Blut-und-Boden-Ideologie kann es kaum gewesen sein. Sein auf Ausgleich und christlicher Nächstenliebe basierendes Werteverständnis stand dem entgegen.

Bestätigung erhielt er durch seine Frau, die durch ihren Aufenthalt auf Burg Hohensolms im Winter 1931/32 geprägt wurde. Die von ihrem dortigen Lehrer für die »Landvolkbildung« umrissene Vorstellung bietet mehr Ansätze für eine Deutung als die NS-Ideologie. Kammer skizzierte 1930 eine Ausrichtung auf »Brot und Feld, Herd und Halm, Kirchgang und Glockenklang«. Die Rückbesinnung auf »Sitte und Brauch als Kennzeichen des dörflichen Geisteslebens« bildet die Grundlage, um sich für Neues zu öffnen[322]. Am Beginn steht die Stärkung des eigenen »bäuerlichen Lebenskreises«. Dieser kann dann in den Diskurs mit anderen »Lebenskreisen« treten. Dabei propagiert Kammer den Austausch, wirbt für Verständnis und lehnt Ausgrenzung ab. Nicht eine »Einheit gleicher Menschen«, sondern »eine Einheit in der Mannigfaltigkeit« ist nach ihm die Grundlage einer »Volksgemeinschaft«[323].

Hans war kein Mensch großer Theorien. Er schien aber in seiner Frau eine Person gefunden zu haben, die seine Abgrenzung von der Außendarstellung des eigenen Vaters unterstützte. Die Wahrheit stand für Hans auf dem Feld, und der Erfolg war am Wert des Bankkontos abzulesen. Die Vorstellungswelten von Vater und Sohn entwickelten sich zwar auseinander, beide ergänzten sich im Betrieb aber noch lange. Bis wenige Jahre vor seinem Tod nahm der Vater dem Sohn fast alle schriftlichen Dinge ab. Dies betraf die Arbeitsverträge mit dem Mitarbeiter, die Dokumentation seiner Ausgaben und die Abrechnungen zum Quartal. Darüber hinaus führte Jean das Kellerbuch und alle damit verbundenen Notizen sowie einen Großteil der sonstigen Korrespondenz. Es ist nicht ganz abwegig, dass er, weil ihm der Weinbau näher lag, auch noch die Verkäufe an die verschiedenen Weinkommissionäre und Händler organisierte. Die meisten erhaltenen Kaufbestätigungen sind von Jean als Verkäufer unterzeichnet, obwohl der Betrieb längst schon auf den Namen des Sohnes lief[324]. Die Beobachtung der Marktschwankungen und das Ausreizen des besten Verkaufszeitpunkts blieben sein Steckenpferd. Noch passte auch die Vielfalt der Abnehmer zu diesem Modell. Erst ab den 1960ern reduziert sich die Zahl der Aufkäufer langsam. Eine größere Auswahl existierte bald nicht mehr. Die Möglichkeiten, auf steigende Verkaufspreise zu spekulieren, schwanden zusätzlich mit einem Überangebot an Fasswein.

Hans war der versierte Bauer. Wahrscheinlich liegt es am Einsatz Jeans bis ins hohe Alter, dass die langsame Schwerpunktverschiebung innerhalb des Betriebes zum Ackerbau hin zunächst noch nicht so augenfällig wurde. In beiden Bereichen nimmt man die sich intensivierenden Beratungsangebote wahr. Die Praxis auf dem Acker, im Weinberg und im Keller veränderte sich. Der Anbau von Klee zur besseren Stickstoffversorgung ging stark zurück. Der Mineraldünger übernahm diese Aufgabe nach und nach. Für die Äcker und Weinberge wurden Düngepläne erstellt. In ganz Deutschland stieg der Einsatz von Düngemitteln rapide an. Der Einsatz von Stickstoffdünger verdreifachte sich in den zwanzig Jahren nach 1950[325]. Klee diente bei Hans nur noch als Futterpflanze für die Kühe und Rinder im Stall. Den Anbau von Weizen und vor allem von Zuckerrüben weitete er beträchtlich aus. Das erfolgte vor allem auf Kosten der Gerste, aber auch der Kartoffeln. Die Preisentwicklung für einzelne Feldfrüchte beeinflusste die

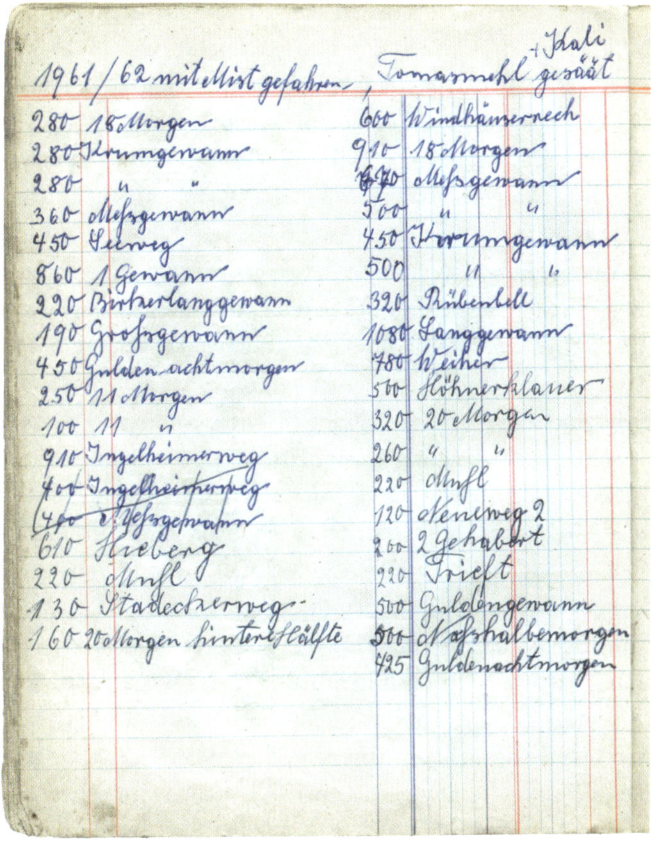

Düngeplan für Äcker und Weinberge mit Stallmist, Thomasmehl und Kali (1961).

Einsaatentscheidungen mehr als früher[326]. Beträchtliche Schwankungen in der Gewichtung deuten darauf hin, dass jährlich neu entschieden wurde, bei welchen Getreidesorten Schwerpunkte gesetzt wurden. Vereinzelt experimentierte Hans mit Mais. Dieser blieb aber eine Episode.

Der intensivere Einsatz mineralischer Dünger, neue und ertragreichere Getreidesorten sowie neue Varianten bereits etablierter Rebsorten ließen die Erträge auf breiter Front steigen[327]. Für meinen Vater ist das Jahr 1960 im Ackerbau ein Meilenstein. In diesem Jahr ernteten sie erstmals 60 Doppelzentner Getreide auf einem Hektar[328]. An den Weinlesefotos kann man diese Veränderung und den steigenden Düngereinsatz im Weinberg gut ablesen. Heute spricht man als Winzer gerne von einer »Laubwand«. Auch die Weinbauberatung nutzt diesen Begriff, um einen gesunden, dichten Wuchs zu bezeichnen, der die grünen Triebe der Reben über den Sommer so in einander wachsen lässt, dass man nicht mehr erkennen kann, wo der eine Stock aufhört und sein Nachbar beginnt[329]. Die geschlossene Rebzeile wird zur Wand aus grünen Blättern. In den Rebzeilen der Generationen davor, als nur der eigene Mist aus dem Stall als Dünger diente, ist jeder Stock noch einzeln zu erkennen.

Die steigenden Erträge schufen auch neue Herausforderungen im Hinblick auf den Pflanzenschutz und die Begleitung der Weine bis zum Verkauf. Die zunehmende Verwendung externer Betriebsmittel bedurfte des Wissenstransfers. Bisherige Erfahrungswerte und überliefertes Wissen reichten hier nicht mehr aus. Im Ackerbau war zumeist das sich etablierende Beratungsnetz der Agrarchemieproduzenten erster Ansprechpartner[330]. Erkrankte Pflanzenteile schickte Hans an die wissenschaftliche Abteilung von Bayer in Leverkusen. Als Empfehlung kam häufig das eigene Pflanzenschutzmittel, aber in Verbindung mit bekannten Reaktionsweisen, wie zum Beispiel dem Abbrennen der Stoppeln nach der Getreideernte. Dadurch seien Krankheitserreger gut zu dezimieren.

Im Weinbau hielt ab 1951 die externe Beratung Einzug. Den frisch gekelterten Most analysierte das Weinlabor. Die Proben wurden nach Mainz geschickt. Der Chemiker ermittelte den Fruchtzuckergehalt und die Säure des frischen Saftes. Per Postkarte kamen wenige Tage später

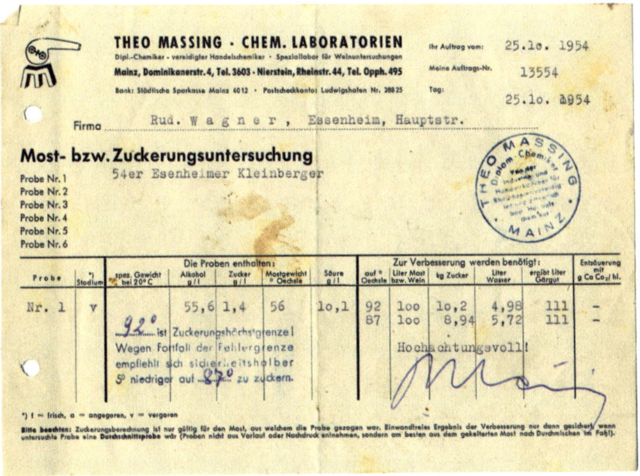

THEO MASSING · CHEM. LABORATORIEN
Dipl.-Chemiker · vereidigter Handelschemiker · Speziallabor für Weinuntersuchungen
Mainz, Dominikanerstr. 4, Tel. 3603 · Nierstein, Rheinstr. 44, Tel. Opph. 495
Bank: Städtische Sparkasse Mainz 6012 · Postscheckkonto: Ludwigshafen Nr. 28825

Ihr Auftrag vom: 25.1o. 1954
Meine Auftrags-Nr. 13554
Tag: 25.1o. 1954

Firma Rud. W a g n e r , Essenheim, Hauptstr.

Most- bzw. Zuckerungsuntersuchung

54er Esenheimer Kleinberger

Probe Nr. 1
Probe Nr. 2
Probe Nr. 3
Probe Nr. 4
Probe Nr. 5
Probe Nr. 6

Probe	*) Stadium	Die Proben enthalten: spez. Gewicht bei 20° C	Alkohol g/l	Zucker g/l	Mostgewicht ° Oechsle	Säure g/l	Zur Verbesserung werden benötigt: auf ° Oechsle	Liter Most bzw. Wein	kg Zucker	Liter Wasser	ergibt Liter Gärgut	Entsäuerung mit g Ca Co₃/ hl.
Nr. 1	v		55,6	1,4	56	1o,1	92	1oo	1o,2	4,98	111	-
							87	1oo	8,94	5,72	111	-

92° ist Zuckerungshöchstgrenze! Wegen Fortfall der Fehlergrenze empfiehlt sich sicherheitshalber 5° niedriger auf 87° zu zuckern.

Hochachtungsvoll!

*) f = frisch, a = angegoren, v = vergoren

Bitte beachten: Zuckerungsberechnung ist nur gültig für den Most, aus welchem die Probe gezogen war. Einwandfreies Ergebnis der Verbesserung nur dann gesichert, wenn untersuchte Probe eine Durchschnittsprobe war (Proben nicht aus Vorlauf oder Nachdruck entnehmen, sondern am besten aus dem gekelterten Most nach Durchmischen im Faß).

Die Weinanalythik hält Einzug: Analyse für einen Elbling (Kleinberger) aus dem Jahrgang 1954 mit Anweisungen für das richtige Verhältnis von Zucker und Wasser zur »Nassverbesserung«. Durch den Zucker wurde der Alkoholgehalt erhöht, während das Wasser die Säure senkte.

die Ergebnisse und Hinweise für die empfohlene weitere Vorgehensweise zurück. Höhere Erträge ließen in kühlen Jahren die Trauben nur langsam und oft unzureichend reifen. Das Resultat waren dann sehr hohe Säurewerte, die den Wein schwer genießbar machten. Den Umfang der damals erlaubten »Nassverbesserung«, die seit dem Anfang des 20. Jahrhunderts üblich war, gab das Labor vor: Zur Anhebung der geschmacklichen Fülle gab man Zucker zum gärenden Most. Dadurch konnte der Alkoholgehalt im Rahmen des Zugelassenen erhöht werden. Der Wein schmeckte dadurch intensiver und kräftiger. Um die Säure zu reduzieren, löste man den Zucker vorher in Wasser auf. Die Mengenvermehrung ließ den Säuregehalt sinken[331]. Ein am 30. Oktober 1951 geernteter Silvaner mit 14 Gramm

Säure erscheint in heutigen, vom Klimawandel geprägten Zeiten kaum noch vorstellbar. Die »Nassverbesserung« war ab Mitte der 1980er Jahre nicht mehr zulässig.

Hans und Jean waren sehr unterschiedlich. Sie bildeten aber ein funktionierendes Team, das sehr gut wirtschaftete. Die Notiz in der *Allgemeinen Zeitung Mainz* zu seinem 86. Geburtstag am 3. Oktober 1961 erwähnt, dass der Jubilar trotz seines Alters noch immer bei den Feldarbeiten mithelfe[332]. Lebenslanges Arbeiten und die Unterstützung der Nachfolgegeneration sind keine spezifische Erscheinung unseres Betriebs. Sie waren und sind fester Bestandteil vieler Bauernhöfe und Weingüter. Für Hans waren sie nach seiner schweren Verletzung im Krieg fast existenziell. In guten Phasen fühlte er sich »bemuttert« und zum Teil auch »gegängelt« vom eigenen Vater, der ihn wie einen Invaliden behandelte[333]. In den Zeiten, in denen er kaum aus dem Bett kam, sicherte der Einsatz des Vaters die Bewältigung der anstehenden Arbeiten. Zusammen mit Emilie und den heranwachsenden Kindern erhielt er den Familienbetrieb, bis der Enkel diesen übernehmen konnte.

Die von Hans auch nach 1945 weiter beibehaltene äußerst sparsame Betriebsführung passte gut zum gesamtwirtschaftlichen Umfeld. Die Kosten für wichtige Betriebsmittel stiegen nach 1948 deutlich an[334]. Dies traf vor allem auf Löhne, Dünger- und Futtermittel sowie Maschinen zu. Bis zur Mitte der 1950er verharrten die Einkommen in der Landwirtschaft dadurch deutlich unter denen der Industrie. Gerade kleinere Betriebe gaben in diesem Zeitraum auf oder wurden nur noch im Nebenerwerb weitergeführt. Mit einem Arbeitsplatz bei Opel in Rüsselsheim ließ sich mehr verdienen als auf dem eigenen Acker.

Aus zwei verschiedenen Quellen ist ein Blick auf die wirtschaftliche Situation des von Hans geführten Gemischtbetriebs für diesen Zeitraum möglich. Mein Vater berichtet von der zunehmend stärkeren Fokussierung auf den Ackerbau. »Mit Getreide konnte er nach dem Krieg einfach mehr verdienen. Er war lieber Ackerbauer. Den Weinbau hat er gemacht, aber dem Getreide, den Zuckerrüben und dem Vieh galt die größere Aufmerksamkeit«[335]. Für den wirtschaftlichen Erfolg waren jedoch Wein- und Ackerbau gleichermaßen verantwortlich. Der strenge Winter 1955/56 mit seinem Dauerfrost ließ in ganz Rheinhessen Weinberge erfrieren. Schon im Frühjahr 1956 war daher absehbar, dass es nur eine minimale Weinernte geben würde[336]. Die sich daraufhin verdoppelnden Weinpreise nutzten Hans und Jean aus, um die eingelagerten 1954er und 1955er zu verkaufen. Sie gingen zum Teil an die Weinhandlung von Helmut Schwerdt in Elsheim und im Folgejahr an den im Dorf ansässigen Weinkommissionär Willi Bingenheimer[337]. Beide Verkäufe brachten zusammen 4.600 DM ein. Das entsprach dem 1,6-fachen eines durchschnittlichen Jahreseinkommens je Arbeitskraft in der Landwirtschaft[338]. Die Spekulation mit Weinen im eigenen Keller blieb also weiterhin ein lohnendes Geschäft, wenn man wirtschaftlich dazu in der Lage war und die nötige Geduld aufbrachte. Punktuell sorgte der Weinbau für sprunghaft ansteigende Einnahmen. Der generelle Anstieg der Erträge sowie der zunehmende Import ausländischer Weine nach der Gründung der Europäischen Wirtschaftsgemeinschaft (EWG) 1957 ließen die Preisausschläge nach oben jedoch insgesamt seltener und weniger ausgeprägt ausfallen.

Die für die Steuererklärung des Jahres 1955 zusammengetragenen Zahlen verdeutlichen, dass Hans seinen Gemischtbetrieb trotz steigender Kosten für externe Betriebsmittel so führte, dass er einen im Vergleich recht ordentlichen Gewinn erwirtschaftete. Emilie und er kamen auf einen Gewinn von mehr als 19.000 DM[339]. Legt man zugrunde, dass außer den beiden noch der achtzigjährige Vater und die Kinder nach der Schule mithalfen, dann kommt man auf drei volle Arbeitskräfte. Auf jede der drei Arbeitskräfte entfiel damit rechnerisch ein Jahreseinkommen von 6.560 DM. Das entsprach annähernd dem Nettoverdienst eines leitenden Wirtschafters auf einem großen Gut[340].

Dabei folgte Hans konsequent dem Vorbild des Vaters. Ein Fünftel des Gewinns wurde außerhalb des Betriebs erwirtschaftet. Die Sparsamkeit auf dem eigenen Hof bei hohen Gewinnen ermöglichte den Ausbau des schon seit der Jugendzeit bestehenden Wertpapierdepots. Zum Teil finden sich darin noch die gleichen Positionen wie bei seinem Vater vor dem Ersten Weltkrieg. Es sind die Papiere aus dem regionalen Umfeld, wie Kupferberg und die Mainzer Aktienbräu, die sich über die Weltkriege hinweg gehalten haben. Der Rest verteilt sich auf die Sparten Chemie, Bergbau und Stahl. Es sind die großen Unternehmen der deutschen Wirtschaftswunderzeit, deren Entwicklung Hans verfolgte und von denen er profitierte. Zwischen seinen Bankunterlagen finden sich häufig die aus der *Allgemeinen Zeitung Mainz* oder der *Frankfurter Allgemeinen* herausgetrennten Kursübersichten der Frankfurter Börse. Es entbehrt somit nicht einer gewissen Ironie, wenn Hans den Zeitungsausschnitt mit dem Bericht über die Vorschläge der EWG-Kommission zur gemeinsamen Landwirtschaftspolitik hinter seinen Depotauszug heftet. In dem Artikel geht es um die Sorgen der deutschen Bauern vor einem Preisverfall in Folge der Einfuhren aus den EWG-Staaten Frankreich und Italien. Hans hat ihn nicht wegen der Nöte des Berufsstands abgeheftet. Ihn interessierten die darunter abgedruckten Kurse der Frankfurter Wertpapierbörse.

Im Unterschied zu den nicht realisierten Lebensplänen seines Vaters sollte ihm das Vermögen, das bald auf ein Vielfaches seines jährlich erwirtschafteten Gewinns im landwirtschaftlichen Betrieb anwuchs, nicht alleine dem eigenen Ruhestand dienen. Hans träumte nicht von einem Lebensabend auf der Wiesbadener Kurpromenade oder in Darmstadt. Es diente zunächst in erster Linie der Absicherung von Familie und Hof für den Fall einer Verschlechterung der eigenen, angegriffenen Gesundheit. Zum anderen verschaffte es ihm den nötigen Freiraum, um die Nachfolgefrage im Betrieb anders regeln zu können als in den Generationen davor. Hans nutzte den Besitz außerhalb der Landwirtschaft, um für einen gerechten Ausgleich zwischen seinen Kindern zu sorgen. Den Betrieb konnte er dadurch ungeteilt an seinen Sohn übergeben. Er sollte so viel Land bekommen, dass er auch unter sich sichtbar wandelnden Bedingungen in Landwirtschaft und Weinbau überleben konnte.

»Machen wir den Jungen schnell zum Bauern«

Mitte der 1950er hat man sich wieder vor der geschnitzten Haustür zur Hauptstraße hin versammelt. Jean steht auf der obersten Stufe der Sandsteintreppe. Er trägt über dem weißen Hemd eine eng geschnittene schwarze Weste. Die Anzugjacke hat er bereits ausgezogen. Die schwarze Fliege unter dem Vatermörder-Kragen sitzt perfekt. Es scheint warm gewesen zu sein. Die Manschettenknöpfe waren entfernt und das Hemd leger ein wenig zurückgeschlagen. Die rechte Hand steckt in der Hosentasche. In der Linken hält er die dicke Zigarre, die er gerne zu besonderen Anlässen rauchte. Es ist Sonntagnachmittag. Die Familie feiert die Konfirmation von Hiltraud, der nächst älteren Schwester meines Vaters Johannes Rudolf. Sie steckt den Kopf aus der Tür. Es wirkt so, als ob man sie schnell hinzugerufen hätte.

Ein weißes Blumenkränzchen ist in ihre Haare eingeflochten. Sie trägt ein dunkles Kleid, von dem ansonsten wenig zu erkennen ist. Ein Freund meines Vaters schaut etwas unbeteiligt in die andere Richtung. Mein Vater hat sich als Zwölfjähriger in Position gebracht. Alle Familienmitglieder blicken in Richtung der Kamera. Seine Mutter Emilie lichtet die Szene ab. Sie hat den an die ersten einrückenden Amerikaner verlorenen Fotoapparat schnell ersetzt und bereichert seither die Alben mit zahlreichen eigenen Aufnahmen.

Alles wirkt bei weitem nicht so arrangiert wie damals mit dem Morris. Ein Auto fehlt. Rudolf sitzt, fein zurechtgemacht mit Hemd und dunklem Pullunder, auf Moppel. Es ist einer der beiden schweren Friesen, die noch immer, und auch noch für die nächsten zwanzig Jahre, für Arbeiten auf dem Acker und vor allem in den engen Rebzeilen eingesetzt werden. Darüber hinaus dienten sie Hans und Rudolf für den gemeinsamen Ausritt. Später zogen sie einige Jahre eine riesige Werbeflasche Kupferberg Gold beim Mainzer Rosenmontagszug auf einem Wagen quer durch die Innenstadt. Parallel zur Mechanisierung in der Landwirtschaft blieb Pferdekraft im Gemischtbetrieb aufgrund der Wendigkeit noch sehr lange ein fester Bestandteil des betrieblichen Alltags. Die Sparsamkeit innerhalb unserer Familie dürfte die Konservierung des Althergebrachten noch ein wenig befördert haben.

Als Historiker unterliegt man gerne der Versuchung, einem Foto mehr Symbolik einzuhauchen, als es mitunter angebracht ist. Diese Aufnahme drängt den Betrachter geradezu auf diesen Pfad, wie es auch schon die Ausfahrt mit dem Morris 1926 getan hat. Es liegt natürlich an der Anordnung der Personen, dass alle in Richtung des Jungen auf dem Pferd schauen. Die Blicke des Großvaters und der Schwester scheinen auf ihn gerichtet zu sein und meinen Vater dadurch in den Mittelpunkt zu rücken. Auf dem

Aufstellung vor dem Haus: Rudolf auf Moppel, im Hintergrund Hiltraud und Jean (1955).

Jüngsten und einzigen Enkelsohn schienen die Hoffnungen des fast achtzigjährigen Jean zu liegen. Sein eigener Sohn war durch die Folgen der schweren Kriegsverletzung an manchen Tagen sehr eingeschränkt. Arbeiten, die wie das Dreschen des Getreides oder das Einlagern von Heu und Stroh viel Staub produzierten, konnte er kaum verrichten oder hielt sie nur für einen sehr begrenzten Zeitraum durch[341]. Die Mitarbeit an der Dreschmaschine und das Einlegen der Getreidegarben übernahmen daher schon recht früh die heranwachsenden Töchter[342]. Zusammen mit dem Großvater oblagen ihnen die Aufgaben, die der Vater aufgrund der stark reduzierten Lungentätigkeit nur schwer zu verrichten vermochte. Die Konstellation funktionierte und half, den Betrieb zu tragen. Die Töchter wurden frühzeitig mit eingebunden. »Wir sind da hineingestoßen worden. So ging es auch Freundinnen von mir, die wie ich etwas anderes lernen wollten. Sie mussten daheim die Lücken schließen.«[343] Diese Bemerkung meiner Tante dürfte auf die meisten Jugendlichen in ihrem Alter zugetroffen haben. Nicht nur dort, wo die Väter versehrt oder gar nicht mehr aus dem Krieg heimgekommen waren, ersetzten sie fehlende Arbeitskräfte.

Hans und Jean jedoch saß die Zeit im Nacken. Die 1937 geborene älteste Tochter Marga war schon lange mit Georg Weyel aus der Nachbarschaft befreundet. 1959 heiratete sie ihn und zog zwei Häuser weiter. Es war absehbar, dass auch die zweite Tochter Hiltraud bald das Haus verlassen würde. »Machen wir den Jungen schnell zum Bauern, dann fällt ein Teil der Verantwortung von uns ab.«[344] Mit diesen Worten charakterisiert mein Vater die von Hans und Jean vorgegebene Marschrichtung. Vor allem für Jean scheint dies von großer Bedeutung gewesen zu sein. Er half zwar immer noch mit, wo er konnte. Sein Aktionsradius war aber aufgrund des fortgeschrittenen Alters zunehmend eingeschränkt. Wenn ihm die Arbeit im Weinberg und auf dem Feld zu beschwerlich wurde, dann half er seiner Schwiegertochter in der Küche und schälte Kartoffeln. Ihn, der zeit seines Lebens rational plante und für vieles Kosten-Nutzen-Rechnungen anstellte, hat die Planung für den Übergang zur nächsten Generation ganz besonders bewegt[345]. Es war die spezielle Situation innerhalb der Familie, die ihn antrieb. Etwas zugespitzt formuliert wirkt es so, als ob er versuchte, so lange durchzuhalten und mitzuhelfen, bis in Rudolf ein Betriebsnachfolger bereitstand, der den eigenen Sohn unterstützen konnte. Dem Erhalt des Betriebs ordnete er sich bis ans Lebensende unter. Von einem gepflegten Ruhestand in Wiesbaden oder Darmstadt war schon lange keine Rede mehr.

Gleiches erwartete er auch von den beiden älteren Enkeltöchtern. Sie mussten sich in den Arbeitsalltag nach der Schule fügen. Marga, die älteste, scheint dies mit großem Elan getan zu haben. Sie besuchte die Landwirtschaftsschule in Mainz. Es folgte noch ein Winterkurs auf der Hessischen Landvolk-Hochschule bei Marburg. Danach übernahm sie gerne auch Traktorarbeiten und behauptete sich resolut gegenüber dem eigenen Vater und dem Großvater.

Hiltraud hingegen räumt im Gespräch ein, dass ihr die starke Fokussierung innerhalb der Familie auf die Arbeit nicht immer leichtfiel: »Bei uns am Mittagstisch gab es meist nur ein Thema: Arbeit oder Aktien. Darunter habe ich manchmal schon gelitten. Meine Eltern haben später eingesehen, was sie an mir versäumt haben.«[346] Sie entzog sich daher immer wieder dem starren Korsett der Familie und suchte Zuflucht bei einer Freundin.

Die zahlreichen von Emilie geschossenen Fotos zeigen, dass Hiltraud dennoch intensiv mitarbeitete, bis sie heiratete und in den Gemischtbetrieb ihres Ehemannes in die Nähe von Alzey zog. Sie unterstützte ihren Bruder und die Familie, vor allem in der Zeit, als Marga schon weg war. Nach der Berufsschule und einer Hauswirtschaftsausbildung besuchte Hiltraud die Handelsschule in Mainz. Zum Ende der 1950er Jahre war sie eines der wenigen Mädchen ihres Jahrgangs, die nach der Volksschule noch eine Berufsausbildung anschlossen. Über viele Jahre nutzte sie die arbeitsärmere Winterzeit aus, um weiterführende Kurse auf der Ebernburg oder der Landjugend-Akademie Fredeburg zu besuchen. »Ich nahm jede Möglichkeit an, um rauszukommen und noch etwas zu lernen. Später war ich so geprägt, dass ich, wenn die Sonne kam und es wärmer wurde, dann drängte es mich wieder heim. Dann wollte ich ins Feld und mithelfen«[347]. Hiltrauds schulischer Weg passt zu dem, was seit mehreren Generationen innerhalb der Familie für die Söhne üblich war. Seit dem Geometer spielte die Ausbildung der Kinder eine wichtige Rolle. Der Besuch der Landwirtschafts- bzw. der Hauswirtschaftsschule markierte einen festen Bestandteil. Mit Marga und Hiltraud erhielten nun auch die beiden Töchter eine an den Bedürfnissen einer landwirtschaftlichen Haushaltung orientierte Ausbildung.

Dem Spagat zwischen der Mitarbeit im eigenen Betrieb und der sich anschließenden weiteren Berufsbildung wurde zumeist durch Winterkurse Rechnung getragen. Diese gingen über den engen Rahmen der Landwirtschaft hinaus. Sicherlich mag Emilie, die im gleichen Alter im Jahr 1930/31 den Winterkurs auf der Burg Hohensolms absolviert hatte, hier eine treibende Kraft gewesen sein. Der Besuch der evangelischen Volksbildungsstätte auf dem mittelfränkischen Hesselberg gehörte für Hiltraud ebenso dazu wie für meinen Vater und ein Jahrzehnt später auch für meine Mutter. Die Vorstellung von Bildung reichte über das rein Landwirtschaftliche hinaus. Dabei blieb man aber in einem bäuerlich geprägten Bildungsmilieu und pflegte die sich daraus ergebenden Verbindungen über Jahrzehnte durch den Besuch von Jahrgangs- oder Familientreffen. Ob es an den betrieblichen Anforderungen und Zwängen lag, dass man noch nicht für mehr bereit war, lässt sich schwer beurteilen. Das Ansinnen des Vaters von Hiltrauds Freundin, sie mit der eigenen Tochter zusammen auf ein Gymnasium zu schicken, wurde von den Eltern abgelehnt. Mit der Tochter sprach man darüber erst viel später[348].

»Nach der Schulzeit hat uns niemand gefragt, was wollt ihr machen? Wir sind zuhause gehalten worden, um mitzuarbeiten. Als wir mit der Schule fertig waren, standen wir als Arbeitskräfte bereit. Es wurde daher ein Spargelfeld und

Hiltraud und Rudolf bei der Einlagerung von Heu über dem Stall (um 1963).

ein Acker mit Schattenmorellen angelegt. Einen Teil der Einnahmen haben wir auf unser Sparkonto bekommen«[349]. So beschreibt meine Mutter Christina noch für die beginnenden 1970er Jahre die Situation sehr ähnlich. Für den Zeitraum zwischen dem Ende der Schulzeit und der Heirat wurden die Töchter in kleinen wie in größeren Betrieben weiterhin fest als Arbeitskraft eingeplant.

Auf seine Rolle als Betriebsnachfolger wurde Rudolf zuhause vorbereitet. Auch er nahm, wie seine Schwestern, die Bildungsmöglichkeiten wahr, die seine an den Lauf der Natur gebundene Arbeit zuließ. Nach der Berufsschule besuchte er in den beiden Winterhalbjahren 1961/62 und 1962/63 die Landwirtschaftsschule in Mainz. Es folgte eine einjährige Lehre in einem landwirtschaftlichen Betrieb im dreißig Kilometer entfernten Alzey-Weinheim. Im Gegenzug kam der Sohn des dortigen Betriebs zur Ausbildung nach Essenheim. Den Verlust der Arbeitskraft konnte man auf diese Weise kompensieren. Das war ein damals durchaus übliches Prozedere, um den Kindern einen Blick über den begrenzten eigenen Tellerrand hinaus zu ermöglichen, aber dennoch nicht auf die benötigte Hilfe verzichten zu müssen. Im Winterhalbjahr 1964/65 absolvierte Rudolf die Weinbauschule in Oppenheim und nahm am Berufswettkampf der Landjugend erfolgreich bis zum Bundesentscheid in Breisach am Kaiserstuhl teil. Die Berufsausbildung schloss er 1968 mit der Meisterprüfung in der Landwirtschaft ab.

Rudolf übernahm mit einer für seine Zeit überdurchschnittlichen Berufsausbildung den Gemischtbetrieb in der Hauptstraße 28 und 30. Erst in den 1980er Jahren wurde es für Betriebsnachfolger zur Regel, dass sie eine landwirtschaftliche Berufsausbildung durchlaufen[350]. Er folgte darin seinem Vater und Großvater. Neben den schulischen Grundlagen und den Winterkursen hatte er in einem anderen Betrieb Erfahrung und neue Eindrücke sammeln können. Der Vergleich mit dem deutlich mehr auf landwirtschaftliche und nicht wie zuhause auf fast rein betriebswirtschaftliche Effizienz ausgerichteten Betrieb in Alzey-Weinheim prägte ihn in vielen seiner Entscheidungen der 1960er Jahre. Sein enger Freundeskreis, der dem Winterhalbjahr an der Weinbauschule entsprang und aus dem sich ein bis heute existierender regelmäßiger Erfahrungsaustausch entwickelte, half ihm, eigene Impulse der Betriebsentwicklung mit anderen zu diskutieren.

Der Agrarhistoriker Frank Uekötter entwirft in seiner Studie über die Wissensgeschichte der Landwirtschaft im 19. und 20. Jahrhundert den Begriff des »Ganzen Landwirts«[351]. Er nutzt ihn, um die rasanten Veränderungen innerhalb der Landwirtschaft, die Spezialisierung und den Strukturwan-

Vesper bei der Weinlese, links Rudolf, dahinter Hiltraud (1963).

del zu umschreiben sowie ihren Einfluss auf das Leitbild des Landwirts deutlich zu machen. Der »Ganze Landwirt« ist »kein überzeitliches Ideal«. »Er entstand im Kontext der Agrarreformen um 1800 und fand in den Jahrzehnten nach 1945 sein stilles Ende.«[352] Uekötter charakterisiert ihn als Praktiker auf vielen unterschiedlichen Gebieten und Leiter eines »gut ausbalancierten Betriebes«, den er geschickt koordiniert[353]. Beispielhaft führt er, dem Agrarökonom Friedrich Aereboe folgend, unter anderem vielfältige Fruchtfolgen und einen »Pluralismus der Nutztiere«[354] als frühe Charakteristika an. Das Wissensspektrum des »Ganzen Landwirts« erstreckte sich daher von der Viehzucht bis in die Vielfalt der unterschiedlichsten Ackerfrüchte. Tradiertes und erlerntes Wissen ergänzten sich. Die genaue Naturbeobachtung, um Veränderungen am Boden, den Pflanzen und auftretende Schädlinge zu erkennen, bildete eine wichtige Grundlage der täglichen Arbeit.

Uekötter schränkt im Hinblick auf die »kognitiven Herausforderungen«[355] ein, dass das Leitbild durchaus einem nicht immer erfüllbaren und daher überhöhten Ideal gleichkommt. Das Leitbild, dem Rudolf in seiner Ausbildung folgte, entsprach noch weitgehend dem des »Ganzen Landwirts«. Und auch der Gemischtbetrieb zuhause war noch bis weit in die 1960er so ausgerichtet.

Ein Blick in das Jahr 1964 verdeutlicht dies. Es ist das letzte Jahr, in dem Hans die Notizen für die Einsaaten vornimmt[356]. Im Folgejahr fertigten er und Rudolf die Notizen zusammen an. Danach war die Planung der Einsaat die Aufgabe des Sohnes, der dann auch die meisten anderen Entscheidungen traf und den Betrieb in den folgenden Jahrzehnten prägte.

Das Feldbuch von Hans spiegelt für 1964 noch die seit dem 19. Jahrhundert übliche Fruchtfolge wider. Der Weizen dominierte mit 24 Morgen zwar schon, gefolgt vom Roggen auf 9,5 Morgen. Für die Versorgung der Pferde, Kühe, Rinder sowie der Schweine wurden aber auch weiterhin noch Dickwurz, Kartoffeln, Hafer und als Zwischenfrucht Klee gesät. Der Klee auf gut 10 Morgen Fläche diente nicht nur als Futter, sondern weiterhin auch als Bodenverbesserer und natürlicher Stickstofflieferant für die Böden. Zuckerrüben wurden auf mehr als zehn Morgen angebaut. Sie hatten sich damit annähernd auf das Vierfache der Fläche von 1949 ausgedehnt. Die Ausdehnung entsprach dem Trend und folgte den Kriterien des Marktes[357]. Die hohen Erträge der Rüben sicherten einen guten Verdienst. Noch war ihre Fläche aber durch den erhöhten Arbeitseinsatz begrenzt. Die Rüben mussten vereinzelt und mehrfach gehackt werden. Erst die

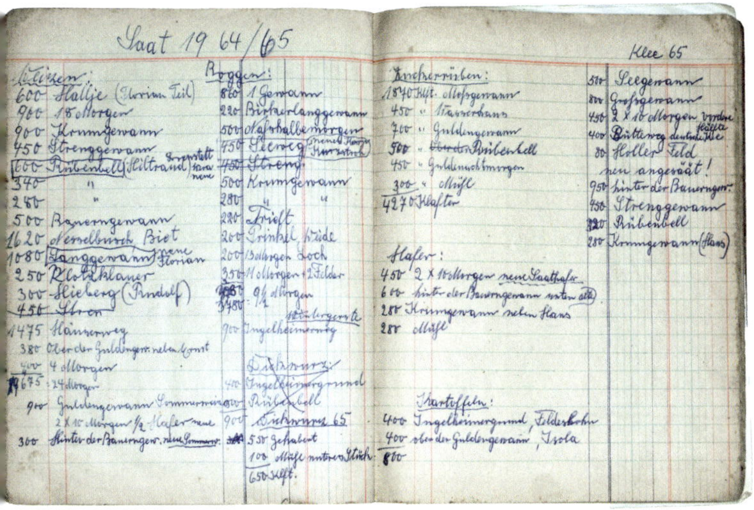

Der letzte Bestellungsplan von Hans für die Äcker (1964/65).

Spezialisierung und Ausweitung der Agrarchemie machte die Rübe von der Hackfrucht zur »Spritzfrucht«, so dass es arbeitswirtschaftlich keine Einschränkung mehr gab[358]. Zwanzig Jahre später wuchsen Zuckerrüben schon auf über 30 Morgen Ackerland[359]. Ihr Anbau war durch staatliche Regulierung eingeschränkt, sonst hätte Rudolf sicherlich noch mehr Rüben angepflanzt[360].

Rudolfs Ausbildung zeigte mit dem Besuch der Landwirtschafts- und der Weinbauschule sowie dem Ausbildungsjahr in einem Gemischtbetrieb, dass der Fokus weiterhin auf der Vielfalt und sich ergänzenden Sparten lag. Das Nebeneinander von Viehzucht, Acker- und Weinbau hatte über Generationen Ertrags- und Einnahmenschwankungen auszugleichen vermocht. Die betriebswirtschaftliche Stärke resultierte aus einer sehr sparsamen Wirtschaftsweise, aber auch aus der Vielfalt im Anbau. Stabile Erträge blieben nur dann zu erwarten, wenn auch der innerbetriebliche Stoffkreislauf funktionierte. Die Anzahl der gehaltenen Kühe und Rinder stand daher in einem klaren Verhältnis zur Acker- und Weinbergsfläche, für die man den Mist der Tiere als Wirtschaftsdünger benötigte und auf denen das Futter für die Tiere wachsen musste. Weinbau, Ackerbau und Viehhaltung gehörten daher in der Ausbildung Rudolfs zusammen. Nur in der Beherrschung aller drei Sparten konnte man im Gemischtbetrieb erfolgreich sein und hatte zudem das Risiko ausreichend breit gestreut[361].

Diese lange und über Generationen gepflegte Einsicht erhielt aber bereits in Rudolfs Ausbildung erste Risse. Zwei Erfahrungen benennt mein Vater im Gespräch als prägende Momente für die nach der Übernahme des Betriebes angestoßenen tiefgreifenden Veränderungen. Zum einen war es einer der Landwirtschaftslehrer in seiner Ausbildungszeit in Alzey[362]. Von allen Schülern wurde er nur der »viehlose Heinrich« genannt. Erstaunen spielt sicherlich in die Namensgebung mit hinein, aber auch die Beharrlichkeit des Lehrers, der seinen Landwirtschaftsschülern immer wieder die Vorteile einer Landwirtschaft ohne Milchvieh und Rinderhaltung auseinanderlegte.

Er machte 1964 eine ganz einfache Rechnung für die fast alle aus klassischen rheinhessischen Gemischtbetrieben stammenden jungen Landwirte auf. Sie sollten die Viehhaltung zügig abschaffen und den Fokus auf den reinen Ackerbau legen. Ohne Vieh würden die Äcker, die bisher mit Klee, Dickwurz und Kartoffeln bepflanzt waren, frei für Weizen, Gerste und Rüben. Das verlockende Ergebnis seiner Kalkulation: weniger Arbeit ohne Vieh und mehr Verdienst durch Weizen und Zuckerrüben. Auch für den innerbetrieblichen Stoffkreislauf, der dadurch unterbrochen wurde, hatte er eine Lösung. Alles, was man bisher als Viehfutter vom Acker geholt hatte, wie die Köpfe der

Zuckerrüben oder das Stroh, sollte gehäckselt als Biomasse auf dem Feld bleiben. Mit Mineraldünger ließe sich darüber hinaus kostengünstig der Verlust an Stallmist restlos ausgleichen. Belächelt haben sie ihren »viehlosen Heinrich«, der anscheinend nicht müde wurde, seinen Ansatz immer wieder zu predigen. Seine Vorstellungen widersprachen allem, was mein Vater und viele andere von daheim kannten. Ihre Väter zuhause waren noch »Ganze Landwirte«.

Ob die Argumentation des Lehrers ausgereicht hätte, lässt sich schwerlich ermessen. Bei Rudolf kam die Erfahrung im Ausbildungsbetrieb hinzu, der den angemahnten Entwicklungsschritt schon vollzogen hatte. »Dort habe ich zum ersten Mal gesehen, wie gleichmäßig ein Tag sein kann. Die hatten nur noch eine Kuh für den Eigenbedarf. Bei uns hieß es immer: wir müssen noch Futter machen, Sonntagmorgen müssen wir noch Futter vom Feld holen. Als kein Vieh mehr da war, wurde unser Betrieb einfacher, überschaubarer, geordneter«[363].

Es klingt in unserem Gespräch auch mehr als fünfzig Jahre danach noch wie ein Stoßseufzer meines Vaters. Auch seine Schwester spricht davon, dass ihr die Abschaffung des Viehs mehr Freiheit brachte und eine Last nahm[364]. Eine vollständige Loslösung von der Tierhaltung bedeutete das aber noch nicht. Vierzig Schweine ersetzten die acht Kühe. Einfacher wurde es nach Ansicht meines Vaters aber dennoch, weil das Melken wegfiel. Die Fütterung der Schweine war zudem weitaus unkomplizierter. Die Schweinehaltung blieb aber nur ein kurzes, zehnjähriges Intermezzo bevor der Gemischtbetrieb gänzlich »tierlos« wurde.

Neben der Abschaffung der Viehhaltung nennt mein Vater drei weitere wichtige Veränderungen, die am Anfang seiner Betriebsübernahme standen. Die ab 1966 eingeleitete zweite Phase der Flurbereinigung veränderte die Zuschnitte der Parzellen auf dem landwirtschaftlich genutzten Teil der Dorfgemarkung. Für Rudolf ist es auch im Rückblick noch eine »Revolution in der Arbeitswirtschaft«[365], die eine stärkere Mechanisierung im Ackerbau erst möglich machte. Viele schmale und langgezogene Streifen der landwirtschaftlich genutzten Gemarkung waren davor mit größeren Maschinen gar nicht oder nur sehr umständlich zu bewirtschaften. Jetzt entstanden über betonierte Wege gut erreichbare, größere Flächeneinheiten, die auch den Einsatz eines Mähdreschers zuließen. Die Gemarkung wurde maschinengerecht gestaltet und freigeräumt, mit allen ihren aus heutiger Sicht bedenklichen Folgen für die Artenvielfalt. »Mit der Technisierung der Landwirtschaft ging eine Verwandlung der Kulturlandschaft in kahle Produktionsflächen einher«[366]. Hermann Priebes Befund trifft auf die Flurbereinigung auf dem Essenheimer Hochplateau zwischen Selz- und Rheintal zu. Der Produktivität galt das Hauptaugenmerk. Die wenigen und winzigen mit Hecken und Bäumen bepflanzten, nicht landwirtschaftlich nutzbaren Ecken muss man in der leergeräumten Gemarkung fast suchen.

Rudolf holte schon in den Jahren seiner Ausbildung einen Teil der Mechanisierung nach. 1964 wurde der erste Mähdrescher angeschafft. Dazu schloss er sich mit seinem Schwager Georg und zwei weiteren Landwirten aus der Nachbarschaft zusammen. Der Zusammenschluss machte die Kosten der Mechanisierung leichter finanzierbar. Die Maschinengemeinschaft mit Georg bestand über fast drei Jahrzehnte fort. Neben dem Mähdrescher kamen nach und nach noch weitere Geräte hinzu, die sich arbeitsteilig gut zusammen nutzen ließen. Auch den zehn Jahre später angeschafften ersten Weinbergsschlepper teilte man sich. Die laufenden Kosten des wachsenden Maschinenparks erwirtschafteten beide durch den Lohndrusch für kleinere und im Nebenerwerb geführte Betriebe[367]. In arbeitsreichen Phasen wie der Getreideernte unterstützte man sich gegenseitig und wechselte sich beim Dreschen sowie dem Transport des geernteten Getreides zur Annahmestelle ab.

Die Flurbereinigung und die nachgeholte Mechanisierung im Ackerbau bedingten die dritte grundlegende Veränderung, die mein Vater im Gespräch nennt. Der Bedarf an Arbeitskräften sank. Der Weinbau blieb zwar weiterhin sehr handarbeitsintensiv. Der erste Weinbergsschlepper wurde erst 1975 angeschafft. Bis dahin verrichtete Rudolf auch die Bodenbearbeitung noch mit den Pferden. Die durch die fast vollständige Mechanisierung des Ackerbaus und das Ende der Kühe frei gewordenen Arbeitsstunden reichten aus, um in Zukunft den reduzierten Gemischtbetrieb aus Acker- und Weinbau nur mit der Kernfamilie zu bewirtschaften. Aushilfskräfte benötigte man dann nur noch in den wenigen Wochen der Weinlese.

Bestand und Wandel

Rudolf war in den Betrieb seines Vaters schon in frühen Jugendjahren hineingewachsen. In Entscheidungen hatte ihn der Vater gerne einbezogen. Wenn es darum ging, einen Acker zu kaufen, dann ritt Hans mit seinem Sohn an das betreffende Feld und besprach mit dem gerade Zehnjährigen den Grundstückskauf[368]. Bis zum Ausbildungsbeginn Rudolfs in den frühen 1960ern und seinem dann schrittweise erfolgenden Einstieg wirkt der Betrieb noch wie entkoppelt von der allgemeinen Entwicklung in der Landwirtschaft. Ein Druck zur übermäßigen Mechanisierung bestand nicht. Auch warnten die Landwirtschaftslehrer und beratende Instutionen aufgrund der Kosten davor. Mit den eigenen Kindern und wechselndem Personal ließen sich alle notwendigen Arbeiten verrichten, und Hans erwirtschaftete in dieser Zeit als versierter Acker- und Weinbauer gute Gewinne. In einem sich zunehmend schneller verändernden Umfeld erscheint es so, als ob mit Bedacht gewirtschaftet wurde und ohne Anspruch, an allen Wandlungen teilzuhaben.

In der Literatur werden diese Veränderungen gerne unter dem Begriff des Strukturwandels zusammengefasst. Es sind komplexe Wandlungsprozesse, die schon im Kaiserreich einsetzten und an deren Ende in unseren Zeiten die Marginalisierung der Landwirtschaft nicht nur hinsichtlich ihres Anteils an der gesamtwirtschaftlichen Wertschöpfung, sondern auch im Hinblick auf die in ihr beschäftigten Menschen steht. Deutschland wird vom Agrar- zum Industriestaat[369]. Mit nur noch einem Bruchteil in der Landwirtschaft arbeitender Menschen konnte auf einer kleiner werdenden Fläche ständig mehr produziert werden.

Kleine Betriebe verschwanden fast gänzlich. Von den ehemals mehr als 152.000 landwirtschaftlichen Betrieben mit weniger als fünf Hektar Nutzfläche, die 1949 in Rheinland-Pfalz gezählt wurden, sind 2010 noch weniger als 4 % übrig. Die Gesamtzahl der Betriebe ist im gleichen Zeitraum auf etwas weniger als ein Zehntel zurückgegangen. Mehr als verzehnfacht hat sich die Zahl der Betriebe über 50 ha Nutzfläche, die der Betriebe mit mehr als 200 ha ist sogar um mehr als das Hundertfache gestiegen[370]. Der normale landwirtschaftliche Betrieb ist spätestens ab den 1970er Jahren in einem stetigen Wachstum. Er steigert seine Hektarerträge weiter und greift dazu auf eine gewaltig anwachsende Menge betriebsfremder Produktionsmittel in Form von Dünger und Pflanzenschutz zurück. Zusammen mit dem Einsatz immer teurer werdender Maschinen macht das die Landwirtschaft zu einer »der kapitalintensivsten Branchen«[371]. Parallel zum Wandel der Landwirtschaft hin zu wenigen, intensiv wirtschaftenden und stark gewachsenen Betrieben verändern sich auch die Dörfer. Landwirtschaft und Weinbau werden zum Erinnerungsobjekt beim Durchfahren der Ortschaften. Die meisten Landwirte und Winzer wirtschaften heute auf Aussiedlungen außerhalb der engen Dorfkerne.

All diese Entwicklungen mit ihren bekannt schmerzhaften Verwerfungen und mitunter hitzig diskutierten Problemen vollzogen sich in der Zeit, in der Rudolf Landwirtschaft und Weinbau in der fünften Generation am gleichen Ort betrieb. Unser Gespräch und damit auch sein Arbeitsleben fasst mein Vater daher nicht ohne ein gewisses Pathos in einem Satz zusammen: »Du kannst nur erfolgreich sein, wenn du dich immer wieder anpasst.«[372] Wandel und Veränderung der Strukturen ordnet er im Rückblick als Prozess ein, den er nicht ohnmächtig beobachtete. Er versuchte mitzugestalten und scheute auch tiefgreifende Einschnitte nicht, in der Hoffnung, ähnlich erfolgreich wirtschaften zu können wie die Generationen davor.

Für ihn offenbarte sich der Wandel vor Ort, als die ersten seiner Altersgenossen aus der Volksschule dem väterlichen Betrieb den Rücken kehrten und eine Berufsausbildung außerhalb der Landwirtschaft aufnahmen. »Die hatten dann ihr monatliches Lehrlingsgehalt, wohnten weiterhin daheim und ließen auch mal was springen, wenn sie am Wochenende weggingen. Die gingen auch freitags schon aus, wir erst am Samstag. Da bildeten sich zwei Gruppen: die, die in der Landwirtschaft blieben und die anderen. Die Lebensstile wandelten sich.«[373]

Wer seinen Betrieb im Randbereich der Wirtschaftlichkeit doch noch weiterführte, grenzte sich mitunter bewusst von den ganz kleinen ab. Man hob dann besonders hervor, dass das eigene Land ausreichte, um den Lebensunterhalt zu bestreiten. Zu den Kleinen wollte man sich nicht zählen lassen und hielt daher mitunter trotzig an bisherigen Vorstellungen fest. Dazu gehörte es dann auch, dass man den eigenen Sohn ganz bewusst nicht zur Landwirtschaftsschule schickte. Die Aussage »Unser Bub braucht nichts zu lernen, der bleibt daheim«[374] steht dafür sinnbildlich. In einem noch durchaus vor allem in der Elterngeneration durch Landbesitz bestimmten Sozialgefüge kam die Berufsausbildung der Kinder einem Eingeständnis mangelnder wirtschaftlicher Potenz gleich.

Mein Vater nennt im gleichen Zusammenhang die deprimierte Aussage eines Sportkameraden aus den 1960ern: »Ich kriege keine Frau, weil ich ja kein Land habe.«[375] Während die Jungen scharenweise der Landwirtschaft den Rücken kehrten, hielten sich die, die blieben, an die tradierten Vorstellungen. Sie lebten mit ihnen auch noch im nächsten Jahrzehnt und darüber hinaus. Die Distanz zwischen denen, die die eigene Scholle verließen, und denen, die blieben, vergrößerte sich dadurch zusätzlich.

Es waren nicht ausschließlich, aber doch zumeist die ganz kleinen Wirtschaften, die schon in den 1950ern in den Nebenerwerb übergingen. Söhne und Töchter halfen am Wochenende zwar noch mit, aber es war klar, dass sie nicht in die Fußstapfen der Eltern treten würden. Die Vätergeneration machte trotzdem oft so lange weiter, wie es irgendwie ging. Aufgegeben wurde erst im hohen Alter. Das Feld und der Weinberg blieben eine wichtige Beschäftigung, die neben den Einnahmen als Zubrot zur schmalen Rente auch weiterhin sozialen Kontakt und Austausch beim Plausch über die Rebzeilen hinweg bot. Dies erklärt, warum trotz des anlaufenden und sichtbar werdenden Wandels und der Abwanderung die gefügten Strukturen zunächst noch Bestand hatten. Der Markt für Land änderte sich bis in die späten 1960er Jahre noch nicht grundlegend. Lediglich durch die beiden Flurbereinigungen gab es in begrenztem Umfang die

Möglichkeit, durch den Zukauf von Restparzellen den eigenen Flächenbesitz in sehr begrenztem Rahmen zu erweitern.

Für den Historiker, der sich im Rückblick mit dieser Zeit beschäftigt und die weitere Entwicklung kennt, vermittelt die Generation der jungen Landwirte im Alter meines Vaters den Eindruck, dass die noch stabil erscheinenden Strukturen ihren Drang zu Wandel, Veränderung und Modernisierung ausbremsten. Vieles von dem, was sie andernorts sahen und was Lehre und Fachzeitschriften propagierten, war zuhause noch nicht umsetzbar. Sie wuchsen im Umfeld des lange anhaltenden Wirtschaftswunders der Nachkriegszeit zu Betriebsleitern heran. Begriffe wie Wachstum, Steigerung der Effizienz, Spezialisierung und Rationalisierung schwappten aus der boomenden Industrie in die Landwirtschaft. In oft bedingungsloser Faszination erfolgte die »Übertragung industrieller Erfahrungen und Techniken auf die Landwirtschaft«[376]. Man spürte, dass sich Strukturen veränderten. Der »viehlose Heinrich« passt in diesen neuen Primat der Betriebswirtschaftslehre[377]. Aus der Meisterarbeit meines Vaters von 1968 spricht diese Fokussierung ebenfalls. Für die drei Sparten – Getreide, Zuckerrüben und Wein – seines bereits vereinfachten Betriebs berechnet er die jeweiligen Einnahmen und Ausgaben. Für alle drei Bereiche und insbesondere für den Weinbau kommt er zu dem Ergebnis, dass aktuell der Arbeitsaufwand noch viel zu hoch liege und damit der Gewinn für jede geleistete Arbeitsstunde zu niedrig ausfalle. »Ich hoffe, dass ich nach der Flurbereinigung mit dem halben Arbeitsaufwand auskomme.«[378]

Veränderungen hat es in der Landwirtschaft auch im 19. und der ersten Hälfte des 20. Jahrhunderts gegeben. Tradierte Erfahrungen und Innovationen ergänzten sich und ermöglichten es erst, dass Erträge stiegen und die wachsende Bevölkerungszahl ernährt werden konnte. Die Landwirtschaft konnte mit Veränderungen gut umgehen. Wissen verbreitete sich über den Austausch zwischen den Kollegen und wurde in der Praxis auf dem Feld nachgeahmt und überprüft. Die Zahl der Landwirte, die eine Fachschule besuchten, stieg. Die Kontakte zu den ehemaligen Lehrern, die als Berater fungierten, blieben bestehen. Der Schulbesuch ließ lose oder wie bei meinem Vater engere Netzwerke entstehen, die dem fachlichen Erfahrungsaustausch dienten und in denen über Veränderungen diskutiert werden konnte. Neuerungen waren aber bei uns immer nur sehr langsam angekommen und erst nach langwieriger Überlegung vorsichtig umgesetzt worden. Jede Generation hatte dafür ganz andere Gründe. Kosten und Nutzen einer Neuanschaffung oder gar umfangreicherer Umbauten wurden immer intensiv abgewogen. Vor allem größere Veränderungen am Gebäudebestand schien man zu scheuen.

Die ab den 1960ern einsetzende Rasanz der Entwicklung veränderte die Landwirtschaft und damit auch unseren Betrieb dann so grundlegend, wie es keine Zeit davor getan hat. Die Kühe verschwanden innerhalb kürzester Zeit. Der Hof wurde »schleppergerecht« umgebaut. Die nach der »Häusertheilung« von 1852 errichtete Mauer zwischen den Höfen in der Hauptstraße 28 und 30 riss Rudolf nieder. Später folgte ein Teil der Seitengebäude.

Die kleinen Räume, die den Mitarbeitern davor noch als Unterkunft gedient hatten, wurden nicht mehr benötigt. Knechte und Mägde gab es nicht mehr. Der letzte feste Mitarbeiter beendete mit den Kühen seinen Dienst. An der Stelle entstand etwas zeitversetzt ein geräumiger Unterstand mit Schleppdach. Neben dem Mähdrescher passten dort auch noch die Traktoren und ein paar Kleingeräte hinein. Das Endergebnis des großen Umbaus war ein leergeräumter Innenhof, der dem Anspruch der Mechanisierung entsprach.

Rudolf realisierte in wenigen Jahren das, was er in seinem Lehrbetrieb kennengelernt hatte. Mit dem Traktor und einem Anhänger wollte er bequem im eigenen Innenhof drehen und wenden können. Für Reparaturen entstand eine Werkstatt. Aus dem Altmetall der nicht mehr benötigten Gitter des Viehstalls wurde die Werkbank zusammengeschweißt.

Mit dem Ende des Milchviehs und der Rinder wandelte sich die Fruchtfolge auf den Äckern, so wie es der »viehlose Heinrich« propagiert hatte: Der Klee verschwand. Ihm folgten die anderen Futterpflanzen, die man für Kühe und Rinder benötigt hatte. Für die Aufzucht der Schweine reichten die Kartoffeln. Die eiweißreichere Wintergerste diente als zusätzliches Futter[379]. Die spätestens seit dem beginnenden 19. Jahrhundert verbreitete facettenreiche Fruchtfolge wurde eingeschränkt. Der Betrieb wurde dadurch nicht nur geordneter, sondern auch einfacher.

Die für den Getreideanbau und die Zuckerrüben zusätzlich hinzugewonnene Fläche glich den Einkommensverlust durch die Abschaffung des Milchviehs und der Rinder aus. Die Verschlankung des Betriebs empfand mein Vater als Erleichterung. Mit dem Weinbau blieb ihm ein zweites Standbein erhalten. Das betriebswirtschaftliche Risiko des Gemischtbetriebes war damit weiterhin verteilt.

Die Mechanisierung im Weinberg wurde dennoch hinausgezögert. Sie hinkte bei meinem Vater lange gegenüber dem Ackerbau hinterher. Auch aus Kostengründen blieben Pferdekraft und Handarbeit hier noch fast ein Jahrzehnt dominierend.

Von Uekötters Bild des »Ganzen Landwirts« hatte sich Rudolf durch die im Eiltempo vollzogenen Veränderungen weitgehend verabschiedet. Er tat dies wie die meisten Landwirte in den 1960ern und folgte dem mit Nachdruck verbreiteten Dogma nach Spezialisierung und Vereinfachung[380]. Und dennoch war es kein vollständiger Abschied vom »Ganzen Landwirt«. Die Spezialisierung erfolgte, sie wurde aber nicht auf die Spitze getrieben. Vielleicht bedurfte es auch des zeitlich begrenzten Wechsels in die Schweinezucht, um die Bestätigung zu bekommen, dass der Betrieb auch ohne Vieh wirtschaftlich stabil blieb. Das Nebeneinander von Acker- und Weinbau sowie der Lohnarbeit mit den neu angeschafften Maschinen minimierte die Anfälligkeit bei Preisschwankungen und Missernten. Der Betrieb blieb dadurch vielseitig und war auch weiterhin nicht von der Preisentwicklung weniger landwirtschaftlicher Erzeugnisse abhängig. Die Diversifizierung der Generationen zuvor hatte weiterhin, wenn auch eingeschränkt, Bestand. Das Ende des Viehs auf dem Hof eröffnete betriebliche und zeitliche Freiräume, um in den beiden verbleibenden Bereichen zu mechanisieren, zu wachsen und zu lernen.

Die von Jahr zu Jahr wechselnde Gewichtung im Anbau zwischen dem dominierenden Weizen sowie Gerste, Roggen und Zuckerrüben wurde zunehmend durch die Marktpreise bestimmt. Erstmals tauchen im Feldbuch meines Vaters ab den späten Sechzigern die Markennamen unterschiedlicher Weizensorten auf. Neue Züchtungen sicherten höhere Erträge. Die Notizen im Feldbuch zeigen, dass er die Ernteergebnisse stetig verglich, um daraus Erkenntnisse für die nächsten Einsaaten abzulesen[381].

Parallel dazu erweiterte sich schon zum Ende der 1960er Jahre der Kanon der im Ackerbau eingesetzten Pflanzenschutzmittel beträchtlich. Für die rasanten Ertragssteigerungen wurde an jeder möglichen Stellschraube gedreht. Neue Sorten, stark wachsende Düngergaben und ein Mehrbedarf an Pflanzenschutz ebneten der Landwirtschaft den Weg in die Überproduktion.

Bereits Mitte der 1950er Jahre war bei vielen landwirtschaftlichen Produkten der Selbstversorgungsgrad erreicht[382]. Die im Rahmen der Agrarwissenschaften dominierende Agrikulturchemie bestimmte weitgehend die Richtung. Die Berater der Chemieunternehmen, die Dünger und Pflanzenschutzmittel lieferten, propagierten zusammen mit der nicht immer unabhängigen staatlichen Beratung das einheitliche Credo: »viel hilft viel«[383]. Abweichende Meinungen blieben weitgehend innerhalb der Wissenschaft und drangen kaum bis zu den Landwirten durch. Es schien zu Produktionssteigerungen und der Chemisierung der Landwirtschaft keine Alternative zu geben, wenn man den Betrieb im Strukturwandel erhalten wollte. Der Blick auf den Acker des Kollegen trieb einen selbst zu höheren Erträgen an. Man freute sich, wenn der eigene Weizen am besten dastand. Das entsprach der Vorstellung des erfolgreichen Landwirts, die über Generationen weitergegeben worden war[384]. Die Versprechen stetig steigender Erträge fiel daher auf den sprichwörtlich fruchtbaren Boden. Uekötter spricht von einer »kollektiven Enthemmung« im Einsatz von Dünger und Pflanzenschutz, der einem »Blindflug«[385] glich. Die Folgen waren wissenschaftlich nicht erforscht, und viele Empfehlungen basierten auf wenig aussagekräftigen Vermutungen. Folgeprobleme wurden mit noch mehr Chemie gelöst und lange nicht hinterfragt. Das später im Rahmen der EWG übernommene System der Absatz- und Preisgarantien fachte die Überproduktion im europäischen Rahmen zusätzlich an[386].

In einem von Wachstum, Spezialisierung und Produktivitätssteigerungen geprägten gesamtwirtschaftlichen Umfeld sah Rudolf als junger Betriebsnachfolger in der bewussten Abkehr vom »alten« Betrieb des Vaters hin zu einem »modernen« Ackerbau, wie ihn Schule, Lehrbetrieb und Beratung propagierten, keine Alternative[387]. Bis zum Ende der 1960er Jahre realisierte er alle notwendigen baulichen

Veränderungen für die nachgeholte Mechanisierung. Durch die Heirat der zweiten Schwester, die nun auch den Hof verließ, und den Tod Jeans, der 1965 mit 89 Jahren starb, war er zusätzlich gezwungen, den Betrieb zu vereinfachen und mit weniger Arbeitskräften auszukommen.

Die Veränderungen durch die Flurbereinigung schufen die notwendigen Strukturen für den nächsten Schritt. Die ausgeprägte Zersplitterung der Gemarkung in Essenheim stand ihm seit dem Lehrjahr in Alzey-Weinheim noch bewusster vor Augen[388]. Die für das Jahr 1967/68 ausgesäten 12,5 ha Getreide verteilten sich auf zweiundvierzig Ackerstücke[389]. Im Durchschnitt besaß jede Parzelle, auf der der neue Mähdrescher fahren sollte, also nur knapp 3.000 qm. In die Umlegung setzte Rudolf daher ganz besondere Hoffnungen für die weitere Rationalisierung und Entwicklung des eigenen Betriebs. Auch wenn er in seiner Meisterarbeit alle Arbeitsbereiche durchleuchtet, so spielt in dem von ihm entworfenen Entwicklungsplan für die kommenden Jahre das Postulat des Wachstums in der Fläche, das unter dem Schlagwort »Wachsen oder Weichen«[390] längst Einzug gehalten hat, noch keine Rolle. Im Rückblick begründet mein Vater das mit einem einfachen Argument: »Es war schlicht noch kein Land auf dem Markt. Das fing erst später an. Dann habe ich zugegriffen, wann immer es ging.«[391]

Die Aufstellungen im Feldbuch bestätigen diese Aussage. Noch 1970 gab es außer zwei Pachtflächen keine weiteren Eigentümer, von denen man Land zur Bewirtschaftung hinzu genommen hatte. Und auch diese beiden Verpächter unterscheiden sich deutlich von den späteren. Es sind Rudolfs mittlere Schwester und seine in Gensingen lebende Cousine, deren Äcker er zusätzlich zu den eigenen bestellte. Zusammen stehen ihm etwas mehr als 81 Morgen Land zur Verfügung. Mit gut neun Morgen liegt die Weinbergsfläche wie in den Generationen zuvor bei etwa einem Zehntel der Gesamtfläche. Im Ertrag steht aber nur ein Teil davon. Über zwei Morgen sind noch in der gerade laufenden Flurbereinigung. Sie werden erst in den Folgejahren wieder bestockt. Die Flächenausstattung entspricht somit noch fast genau der seiner Vorfahren. Auch der Geometer wirtschaftete hundert Jahre zuvor zusammen mit seiner Frau auf gut 80 Morgen.

Zu Beginn der 1970er Jahre hat der Strukturwandel vor Ort also längst noch nicht richtig Fahrt aufgenommen. Danach entwickelt er aber im Hinblick auf Rudolfs Betriebsfläche eine ungeheure Dynamik. Ob man jedoch für die weiterhin im bundesdeutschen Vergleich recht überschaubar bleibenden landwirtschaftlichen Betriebe Rheinhessens von einer »Wachstumspsychose«[392] sprechen kann, ist fraglich.

Ein Blick auf die ersten beiden neuen Verpächter, von denen mein Vater 1971 Äcker übernahm, macht deutlich, wer sich zunächst aus der Landwirtschaft zurückzog. Beide waren in fortgeschrittenem Alter. Sie bewirtschafteten ihre wenige Morgen umfassenden Kleinstbetriebe bereits im Nebenerwerb. Ihre Kinder hatten Berufe außerhalb der Landwirtschaft erlernt und hegten daher keine Ambitionen zurückzukehren oder sich als »Feierabendbauern« nach der Arbeit und an den Wochenenden auf dem Acker zu quälen. Die Flächenerweiterungen in den frühen Siebzigern resultieren zu einem Großteil aus der Aufgabe dieser kleinsten Nebenerwerbsbetriebe[393].

Mit den ersten beiden hinzugepachteten Parzellen begann ein kontinuierliches Wachstum, das die Betriebsfläche in den nachfolgenden zwanzig Jahren um mehr als das 2,5-fache auf 220 Morgen wachsen ließ. Mehr als zwanzig Verpächter weist das Feldbuch dann aus. Wie viele andere Ackerbauern auch, wirtschaftete Rudolf auf einem stetig wachsenden Anteil gepachteter Felder und Weinberge. Ihr

Anteil stieg in Rheinhessen in den folgenden Jahrzehnten auf zwei Drittel der bewirtschafteten Fläche an[394]. Es gab über zwei Jahrzehnte hinweg bei meinen Eltern kein Jahr ohne Flächenzugänge. Etwas mehr als die Hälfte davon wurde gepachtet. Zusätzlich investierte Rudolf »jede Mark, die übrig war«[395] in den Kauf von Äckern und Weinbergen. Meine Mutter unterstreicht, dass er dabei mitunter auch sehr risikofreudig vorging und den Kaufpreis auf zwei Jahre aufteilte, ohne zu wissen, ob die Ernte ausreichte, um die fällige Zahlung auch leisten zu können. In den meisten Jahren kamen vier bis acht Morgen hinzu, nur selten auch mal mehr als zehn.

Das Wachstum in überschaubaren Schritten ist ein Resultat eines wachsenden Pachtmarktes, auf dem sich eine größere Zahl von Interessenten aus dem Dorf und auch aus den angrenzenden Nachbargemeinden bewegten[396]. Wachsen wollten viele, und auch kleinere Betriebe nahmen zunächst noch Flächen hinzu, um die angeschafften Maschinen besser auslasten zu können. »Als erstes hörten die kleinen Nebenerwerbsbetriebe auf. Dann kamen später aber auch die mittleren Betriebe. Manchmal in zwei Schritten. Zuerst gaben sie die Äcker auf, weil sie neue teure Geräte hätten anschaffen müssen. Die Weinberge behielten sie im Nebenerwerb und machten sie an den Wochenenden. Ihr Geld verdienten sie aber bei Opel in Rüsselsheim oder anderswo. Sie wussten, dass sie dort eine Aussicht auf eine gute Rente hatten«[397].

Auch meine Mutter bestätigt dies. Als sie 1970 in die Berufsschule ging, stiegen noch etliche ihrer Altersgenossinnen und -genossen in die kleinen und mittleren Betriebe ihrer Eltern ein. Nach ein paar Jahren suchten sie sich dann oft eine zusätzliche Beschäftigung[398]. Viele verdienten während des arbeitsärmeren Winters ab Anfang November ihr Geld bei Baufirmen oder in der Industrie. Ab April arbeiteten sie dann wieder zuhause. Bei diesem ersten Schritt der Loslösung blieb es dann selten. Es war ein Kennenlernen der Arbeitswelt außerhalb des elterlichen Betriebs, die in den meisten Fällen in eine reguläre Beschäftigung außerhalb der Landwirtschaft mündete. Die Eltern daheim unterstützte man dann weiterhin, aber erst nach Feierabend oder am Wochenende.

Die Auswirkungen der ersten beiden Jahrzehnte des Wandels umschreibt das Gemeindeportrait Essenheims, das der *Landbote* im Juli 1985 abdruckte. Im Dorf existierten zu dieser Zeit noch 30 landwirtschaftliche Haupterwerbsbetriebe, »aber in mehr als 100 Familien wird noch Landwirtschaft im Nebenerwerb betrieben«[399]. Von den 257 Betrieben vor dem Ersten Weltkrieg war immerhin noch die Hälfte übrig. Deutlich ist die Verschiebung hin zum Nebenerwerb. Die Zahl der Haupterwerbsbetriebe hatte sich gegenüber damals auf ein Sechstel reduziert[400].

Erst ab 1983 folgten mehrere Jahre aufeinander, in denen die landwirtschaftliche Fläche meiner Eltern jährlich um mehr als 12 Morgen wuchs[401]. Mein Vater hatte die anfängliche unsichere Zurückhaltung in der Ausdehnung seiner Ackerflächen abgelegt. »Besonders in den ersten fünf Jahren meiner Betriebsleitertätigkeit war ich zu vorsichtig in der Betriebsführung. Möglichkeiten zur Flächenaufstockung waren ausreichend vorhanden, doch ich unterschätzte die Leistungsfähigkeit des Betriebes. Bei allem Wissen muss man doch zuerst in eine Aufgabe hineinwachsen.«[402]

Der Strukturwandel wird heute schnell alleine mit dem Blick auf den dramatischen Rückgang der Betriebe und der in der Landwirtschaft tätigen Personen sowie dem Übergang in die intensive Bodenbewirtschaftung als negativ bewertet. Sicherlich steht das »Höfesterben« zusammen mit der Flurbereinigung und der Entstehung größerer Betriebe am Anfang einer Entwicklung. Größere Flächen waren einfacher zu bewirtschaften, und erst dadurch konnte die Mechanisierung auf dem Feld und im Weinberg vollzogen werden. Wir erkennen heute die daraus entstandenen Probleme für Natur und Umwelt. Wir sehen die Entfremdung und attestieren das fortlaufende Unverständnis zwischen den Landwirten als Produzenten und den Verbrauchern der von ihnen erzeugten Lebensmittel. Der Strukturwandel markiert sicherlich für all das einen Ausgangspunkt. Den Weg jedoch, den man von dort aus einschlug, und die wechselnden Ziele, die man auf der Reise anvisierte, waren nicht vorgegeben. Falsche Ratgeber mit eigenen Interessen und der Unwille verschiedener Beteiligter, sich auch in schwierigem Terrain mit allen Akteuren auf neue Bedingungen einzustellen und gewohnte Pfade zu verlassen, prägen die Geschichte der Landwirtschaft. Man kann auch bei einer Wanderung schwerlich den Startpunkt dafür zur Verantwortung ziehen, wenn man als Wanderer durch eine ungenügende oder fehlende Beschilderung oder gar das Missachten eindeutiger Warnhinweise in Gefahr gerät. Gleiches gilt auch, wenn man nur dem folgt, der am lautesten behauptet, den einzig richtigen Weg zu kennen, obwohl er selbst noch nie in der Gegend unterwegs war.

Als Historiker versucht man sich von diesen Deutungen frei zu machen, die im allwissenden Rückblick den Ausgangspunkt der Fehlentwicklung suchen. Der Strukturwandel in der Landwirtschaft hat daher mehrere Seiten. Er bedeutet auch Hoffnung und Chance. Für nicht wenige kleinere und mittlere Betriebe bot der entstehende Pachtmarkt die Aussicht, die eigene Fläche so zu erweitern, dass sie den Mindestanforderungen für einen immerhin begrenzten Geräteeinsatz entsprach. Nur auf diese Weise konnten sie ihren Betrieb erhalten und ihn an die nächste Generation weitergeben. Die Zersplitterung eines Realteilungsgebietes hätte dem noch wenige Jahrzehnte zuvor im Wege gestanden. Land wurde über viele Generationen hinweg zumeist vererbt und nur selten verkauft. Die festgefügte dörfliche Sozialstruktur schloss Aufstiegsmöglichkeiten nicht gänzlich aus, aber sie erschwerte sie. Ererbter Landbesitz blieb ausschlaggebend für die Zugehörigkeit zur dörflichen Unter-, Mittel- oder Oberschicht. Das Bewusstsein für diese Kategorien war selbst in den 1970ern bei der Heirat meiner Eltern noch wach[403].

Das gesamte Gefüge wurde durch den entstehenden Pachtmarkt offener und durchlässiger. Wer eine gute Ausbildung besaß und den Mut aufbrachte, der konnte nun innerhalb weniger Jahre mit begrenzten Mitteln einen konkurrenzfähigen Betrieb aufbauen. Der alte Ausspruch »der hat doch nichts, was will denn der« tauchte zwar in diesem Zeitzusammenhang immer wieder auf[404]. Aus ihm sprechen das Erstaunen und auch der Neid von Söhnen der alten »Herren im Dorf«, die den forschen Aufstieg einer nach vorne drängenden Generation von neuen Betriebsleitern nicht ohne Misstrauen beäugten. Er verdeutlicht auch, dass diejenigen, die sich nur noch auf die Stellung von Vätern und Großvätern im Dorf und den ererbten Landbesitz beriefen, einen zunehmend schwereren Stand hatten.

Mein Vater charakterisiert den Typus der im Strukturwandel aufstrebenden Berufskollegen. Sie waren »gut ausgebildet, dynamisch, jung und hungrig«[405]. Sie brauchten nicht lange, um sich auch innerhalb des Dorfes ihre Stellung zu erarbeiten und als Motoren der Entwicklung zu wirken. Erst der als Strukturwandel charakterisierte Prozess hat dies in einem größeren Umfang möglich gemacht. Das zeitgenössische Postulat vom »Wachsen oder Weichen«, das gerne als Bild aufgegriffen wird, impliziert in dieser Hinsicht eine ganz falsche Realität. Es sind nicht automatisch die Großen, die ab den 1960ern die Kleinen verdrängten. Der damit unterstellte »Landdarwinismus«, dass der Stärkere zwangsläufig den Schwächeren frisst, greift zu kurz. Er bildet die Wirklichkeit vor Ort nur unzureichend ab. Die bereits mit viel Land ausgestatteten Betriebe der bäuerlichen Oberschicht hatten vielleicht einen Startvorteil. Ausbildung, Mut und Fleiß ließen althergebrachte Bedingungen für die Schichtzugehörigkeit in ihrer Bedeutung aber abnehmen. Hatte schon beim Geometer die Ausbildung den fehlenden Landbesitz zumindest teilweise kompensieren können, so trat er nun durch den Strukturwandel in Verbindung mit der Flurbereinigung weiter zurück. Die mangelnde Ausstattung eines Betriebes mit Acker- und Weinbergsflächen, die zuvor nur durch eine »gute Partie« auszugleichen gewesen war, konnte nun aufgeholt werden. Einfach war das nicht, aber noch nie war das dörfliche Sozialgefüge so offen und durchlässig wie in dieser Zeit. Von den ehemals zur bäuerlichen Oberschicht gehörenden Familien zählen eine Generation später nur noch wenige zu den führenden Betrieben des Dorfes[406].

Der Landbesitz blieb aber dennoch ein wichtiger Faktor für die Statusbestimmung innerhalb des schnell schrumpfenden dörflich-bäuerlichen Milieus. Den großen Bauern gab es weiterhin. Es spielte aber nur noch eine untergeordnete Rolle, ob er auf eigenem oder größtenteils gepachtetem Land wirtschaftete. Die Zahl derer im Dorf, die sich dafür interessierten, nahm ohnehin stetig ab. Immer weniger Menschen besaßen noch einen direkten oder indirekten Bezug zur Landwirtschaft. Ein »großer Bauer« war für sie dann nur noch der, der einen großen Schlepper steuerte.

Zum Ende der 1980er flachte das Wachstum im Betrieb meiner Eltern deutlich ab. Fast zwei Jahrzehnte war es ein bestimmendes Moment gewesen. Nun hörte die jährliche Flächenausdehnung fast gänzlich auf. Mein Vater begründet das im Gespräch damit, dass er nicht mehr gewillt war, die zum Teil aufgerufenen sehr hohen Pachtpreise noch zu überbieten. Das Ringen zwischen den verbliebenen Ackerbauern um verfügbares Land schien intensiver geworden zu sein. »Ich hätte mit den Kollegen einen zerstörerischen Kampf führen müssen um die Pachtäcker. Wir wollten immer noch etwas verdienen auf dem gepachteten Acker. Das ging mit diesen Preisen nicht mehr«[407].

Die Rebfläche des Gemischtbetriebs wuchs zwar in den Jahren der Ausdehnung kontinuierlich mit, ihr Anteil an der Gesamtfläche reduzierte sich aber dennoch leicht und lag 1986 bei 8%. Ein Blick in Rudolfs Keller im April 1972 macht die Veränderungen im Weinbau zu den 1950er Jahren deutlich. In den alten Holzfässern und den neu gebauten Betonfässern lagern im Frühjahr 1972 Weine vom Müller-Thurgau, Silvaner und dem roten Portugieser. Sie stammen aus dem 1971er Jahrgang, aber auch zum Teil noch aus der Rekordernte 1970.

Der Rebsortenspiegel, der Aufschluss über die im Anbau befindlichen Varianten gibt, ähnelt noch stark dem der 1950er Jahre. Die Sortenvielfalt ist überschaubar. Die im Zuge der ersten Weinbergsflurbereinigung neu gepflanzten Müller-Thurgau-Reben erbrachten zwar deutlich höhere Erträge als die alten Silvanerreben, aber sie fügten sich noch in den bekannten Kanon der Rebsorten ein. Nur wenige Jahre später hat sich das Bild vollständig verändert. Das Spektrum der Rebsorten ist innerhalb weniger Jahre bunt und vielfältig geworden. Die in der zweiten Weinbergsflurbereinigung angelegten Parzellen brachten nun zählbaren Ertrag. Die Rodung vieler Weinberge für die Zusammenlegung bot die Möglichkeit, voll auf den Geschmack der Zeit zu setzen. Neu hinzugekommen waren nun Morio-Muskat, Kerner, Faber und Ruländer. Alle vier Sorten entsprachen der Nachfrage nach fruchtig süßen oder den sogar fast sämigen, edelsüßen Weißweinen[408].

Wie bereits Jean und Hans mit dem Portugieser, so hoffte Rudolf mit diesen neuen, große Popularität genießenden Weinen auf gute Absatzchancen. Der weitaus größte Teil von ihnen wurde wie in den Generationen zuvor auch als Fassware an Händler verkauft. Eigene Abfüllungen bildeten bis Mitte der 1970er Jahre absolute Ausnahmen und wirken eher so, als ob man lediglich für den »Hausgebrauch« Wein auf Flaschen gezogen hätte. Der Anbau »marktgerechter« Rebsorten, für die es eine gute Nachfrage gab, war somit eine Grundvoraussetzung für einen ordentlichen Preis.

Der Müller-Thurgau überholte in dieser Zeit den Silvaner als wichtigste rheinhessische Rebsorte. Sein hoher Ertrag machte ihn neben dem Riesling im Anbau zur bevorzugten Traube der Winzer[409]. In guten Jahren füllte er die Keller und gab dann aber deutlich im Preis nach. Die neuen »Trendsorten« hingegen wuchsen bisher nur auf einer kleinen Fläche. Sie wurden stark nachgefragt. Das versprach gute Einnahmen.

Bis zum Glykolskandal 1984 dominierten die aus den duftigen, aromatischen Rebsorten gewonnenen süßen und edelsüßen Weine das Bild des deutschen Weines im In- und Ausland. In außerordentlichen Jahren wie 1976 verhalfen die Kerner und Faber meinen Eltern zu einer bisher nie dagewesenen Menge an Auslesen im Keller. Die 1976er Kerner Auslese, die meine Großmutter dem zu Besuch weilenden ehemaligen Kriegsgefangenen mit auf die Heimreise nach Kanada gegeben hatte, begleitetet uns als Jugendliche auch in den frühen 1990ern noch auf die eine oder andere Feier. Mein Vater hatte von ihr so viel abgefüllt, dass die Flaschen mehr als eineinhalb Jahrzehnte im Verkauf standen und reifen konnten.

Neue Sorten, maschinentaugliche Parzellen und eine kontinuierliche Ausweitung der Rebflächen ließen die Bedeutung des Weinbaus in vielen Betrieben der Region wachsen. Der Ausbau der Rebfläche läuft fast parallel zum Rückgang der Zahl der Viehhalter[410]. Die frei werdenden Ställe bekamen eine neue Nutzung. Aus den rheinhessischen »Kuhkapellen« mit ihren zum Teil beeindruckend gespannten Kreuzgewölben wurden Lagerräume für die zunehmenden Weinbestände. In Rheinland-Pfalz wurde die Rebfläche zwischen 1945 und 1976 um 50%, in Rheinhessen sogar um 70% ausgeweitet. Zusammen mit dem intensiver betriebenen Pflanzenschutz und einer umfangreicheren Düngung ließ dies die Erträge seit den 1960ern rasant ansteigen. Erst ein Anbauverbot dämpfte das Wachstum etwas. Der Jahrgang 1970 brachte eine Rekordernte, wie es sie in Deutschland und auch in Rheinhessen noch nie gegeben hatte. Die Erträge blieben auch danach hoch, um vom 1973er noch einmal übertroffen zu werden. Der bisher übliche Wechsel von vielen mengenmäßig kleinen und einzelnen großen Jahrgängen schien der Vergangenheit anzugehören. Wie für viele Ackerfrüchte war auch beim Wein bald eine Marktsättigung erreicht, zumal in zunehmendem Umfang Weine aus Frankreich und Italien auf den deutschen Markt drängten[411].

So wie sich die Mehrerträge nach der ersten Flurbereinigung 1959 auch heute noch im Gebäudebestand erkennen lassen, machte auch die zweite Umlegung Veränderungen notwenig. Rudolf schuf Anfang der 1970er Platz für neuen Fassraum. Die ehemalige Mistgrube wurde geräumt und wieder zum Keller umfunktioniert. Sie bekam damit ihre ursprüngliche Bestimmung zurück, die sie bis zum Einzug von Jeans Frau Marie und ihrem Wunsch nach einem freien Blick durch das Küchenfenster besessen hatte. Der alte vermauerte Durchbruch zum großen Tonnengewölbe wurde wieder geöffnet. Dort endete das seit Generationen bestehende Nebeneinander von Kartoffel- und Holzfasslager. Die moderne Zeit hielt Einzug. Platz war kostbar, und die alten Holzfässer benötigten mehr Pflege. Sie mussten daher weichen. Zwei Fassböden erhielt meine Mutter für die Nachwelt und bemalte sie mit den Lagennamen Teufelspfad und Römerberg. Sie hängen noch heute wie Jagdtrophäen der Modernisierung über dem Durchgang zum Kelterhaus. Dazwischen lächelte Gustav Knuth zusammen mit der damaligen Weinkönigin. Der Schauspieler war zu dieser Zeit das prägende Gesicht der deutschen Weinwerbung.

Zwei Reihen neuer, glasfaserverstärkter Kunststofffässer wurden der Kellerwölbung entsprechend eingepasst. Dadurch entstand Raum für 25.000 Liter Wein. Dieser Platz wurde dringend benötigt, um die großen Ernten aufnehmen zu können[412]. Rudolf folgte seinem Vater und Großvater in der Vermarktung der Weine. Es musste ausreichend Stauraum vorhanden sein, um nicht unter dem Zwang der schlechteren Herbstbedingungen mit niedrigen Preisen verkaufen zu müssen.

Das vor allem von Jean, aber auch noch von Hans praktizierte Abwarten und Spekulieren auf den besten Verkaufszeitpunkt fiel dennoch immer schwerer. In den meisten Jahrgängen herrschte ein Überangebot. Weine über einen längeren Zeitraum zurückzuhalten machte daher schon recht bald keinen Sinn mehr. Die Zahl der Käufer hatte sich zudem stark reduziert. Für die großen Partien standen nur noch drei Weinhändler zur Verfügung[413]. Das Spekulieren wurde dadurch zunehmend unmöglich. Marktpreise entstanden, die mehr und mehr die starke Position des Handels in einem übersättigten Angebotsumfeld widerspiegelten. Oft konnte man nur noch bei Spätlesen oder den selteneren Auslesen in einer guten Verhandlungsposition einen höheren und vom allgemeinen Markt abweichenden Preis erzielen[414].

Die Unterlagen und Notizen meines Vaters aus dieser Zeit vermitteln ein widersprüchliches Bild. Reichen Ernten mit deutlichen Anzeichen der Überproduktion folgten erste Maßnahmen zur Marktstabilisierung. In der Wein-Schatzkammer meines Vaters hat ein flüssiges Dokument dieser Zeit überlebt. Es ist ein Branntwein aus Rheinhessenwein des Jahrgangs 1972, der in Limousineichenholzfässern beim Nieder-Olmer Spirituosenunternehmen Eckes gereift war. Rudolf erhielt ihn als »Dank für die gute Zusammenarbeit« vom Bauern- und Weinbauverband Rheinhessen. Die »Destillationsaktion 1974« sollte zur »Sanierung des Marktes für Tafelwein«[415] beitragen. Durch die zweite Rekordernte binnen weniger Jahre versuchte man in einer zeitlich begrenzten Maßnahme einen Teil der Übermengen aus dem Markt zu nehmen und zu destillieren.

Diesem besorgniserregenden Umfeld steht eine greifbare Euphorie innerhalb der Winzerschaft im Dorf gegenüber. In seiner Hausarbeit zur Meisterprüfung im Weinbau deutet Rudolf an, woher diese rührt. Es ist die Flurbereinigung, die mit der Übergabe der letzten Weinberge 1973 abgeschlossen werden konnte. Sie wirkt auf verschiedenen Ebenen und sorgt für eine regelrechte Aufbruchsstimmung. Zum einen attestiert mein Vater, dass die erhofften Vereinfachungen in der täglichen Arbeit auf dem Feld und im Weinberg wirklich eingetreten sind. Seither ist die Gemarkung »durch ein gutes Wegenetz erschlossen. Fast 30 km Betonwege ermöglichen, dass alle Parzellen in kurzer Zeit zu erreichen sind«[416]. Die aufzuwendenden Arbeitsstunden sind dadurch fühlbar zurückgegangen. Die wachsende landwirtschaftliche Fläche meiner Eltern verteilt sich nun auf deutlich weniger Flurstücke. Den in gut zwanzig Jahren stark vergrößerten Wein- und Ackerbaubetrieb bewirtschafteten sie mit der gleichen Zahl an Arbeitskräften wie 1969 noch den 80-Morgen-Betrieb.

Neben den offensichtlichen arbeitswirtschaftlichen Vorteilen spricht aus der Hausarbeit aber auch eine durch die Veränderungen entfachte neue Begeisterung für den Weinbau. Sie ist auch in Rudolfs Notizen für die Moderation verschiedener Weinproben in den späten 1970er Jahren greifbar. Zusammen mit seinem Schwager Otto Wagenknecht lud er in Kelterhaus oder Scheune ein und präsentierte die eigenen Abfüllungen. »Essenheim war lange Jahre durch die ungünstige Struktur unserer schönen Weinberge eine etwas vergessene Weinbaugemeinde und versucht nun sich mehr und mehr in der Werbung für seine Qualitätsweine«[417].

In die gleiche Richtung deutet die Annonce eines Kollegen, der den »aufstrebenden« Weinort mit seinen »überaus günstig liegenden Sonnenhängen« anpreist[418]. Das gemeinsame Werk der Flurbereinigung, in das alle aktiven Winzer und Landwirte über viele Jahre investiert hatten, schuf anscheinend neben der Euphorie auch ein neues Zusammengehörigkeitsgefühl.

Der gemeinsam betriebene »Weinbrunnen«, ein Ausschank während der Kirchweih im Dorf, wurde zum großen Erfolg über etliche Jahre[419]. Die Preisliste von 1980 führt 24 Weine auf. Darunter war mit der Nummer 1 nur noch ein einziger Rotwein. Die neuen, angesagten Rebsorten verdrängten den Portugieser zunehmend.

Zahlreiche Weinproben richtete man zusammen aus. Die Probenkarte anlässlich des Besuchs des Mainzer Altertumsvereins am 8. April 1978 verzeichnet achtzehn Weine, die von zwölf Winzern stammen. An den meisten anderen Proben in den folgenden Jahren sind ähnlich viele Kollegen beteiligt[420].

Aus alldem spricht diese frisch entfachte Euphorie als Folge der Flurbereinigung. Man präsentiert sich gemeinsam und drängt nun mit den traditionellen und den neuen Rebsorten mehr ins Rampenlicht. In der Selbstvermarktung ihrer Weine bereits erfolgreiche Kollegen wirkten dabei als Beispiele, denen man nachzueifern versuchte[421]. Ob es auch die Schwankungen der Weinpreise aufgrund der stark gestiegenen Erntemengen waren, die so viele in die

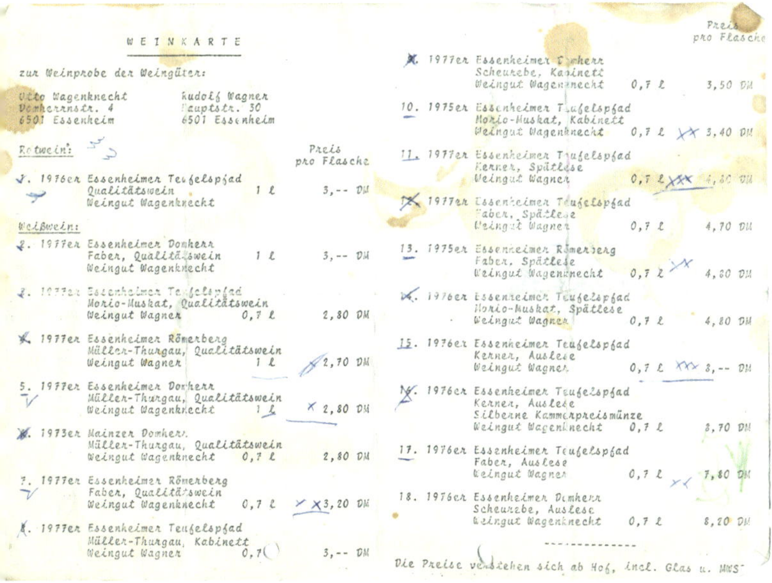

W E I N K A R T E

zur Weinprobe der Weingüter:

Otto Wagenknecht Domherrnstr. 4 6501 Essenheim	Rudolf Wagner Hauptstr. 30 6501 Essenheim

				Preis pro Flasche
Rotwein:				
1.	1976er	Essenheimer Teufelspfad Qualitätswein Weingut Wagenknecht	1 l	3,-- DM
Weißwein:				
2.	1977er	Essenheimer Domherr Faber, Qualitätswein Weingut Wagenknecht	1 l	3,-- DM
3.	1977er	Essenheimer Teufelspfad Morio-Muskat, Qualitätswein Weingut Wagner	0,7 l	2,80 DM
4.	1977er	Essenheimer Römerberg Müller-Thurgau, Qualitätswein Weingut Wagner	1 l	2,70 DM
5.	1977er	Essenheimer Domherr Müller-Thurgau, Qualitätswein Weingut Wagenknecht	1 l	2,80 DM
6.	1973er	Mainzer Domherr Müller-Thurgau, Qualitätswein Weingut Wagenknecht	0,7 l	2,80 DM
7.	1977er	Essenheimer Römerberg Faber, Qualitätswein Weingut Wagenknecht	0,7 l	3,20 DM
8.	1977er	Essenheimer Teufelspfad Müller-Thurgau, Kabinett Weingut Wagner	0,7 l	3,-- DM
9.	1977er	Essenheimer Domherr Scheurebe, Kabinett Weingut Wagenknecht	0,7 l	3,50 DM
10.	1975er	Essenheimer Teufelspfad Morio-Muskat, Kabinett Weingut Wagenknecht	0,7 l	3,40 DM
11.	1977er	Essenheimer Teufelspfad Kerner, Spätlese Weingut Wagner	0,7 l	4,80 DM
12.	1977er	Essenheimer Teufelspfad Faber, Spätlese Weingut Wagner	0,7 l	4,70 DM
13.	1975er	Essenheimer Römerberg Faber, Spätlese Weingut Wagenknecht	0,7 l	4,80 DM
14.	1976er	Essenheimer Teufelspfad Morio-Muskat, Spätlese Weingut Wagner	0,7 l	4,80 DM
15.	1976er	Essenheimer Teufelspfad Kerner, Auslese Weingut Wagner	0,7 l	8,-- DM
16.	1976er	Essenheimer Teufelspfad Kerner, Auslese Silberne Kammerpreismünze Weingut Wagenknecht	0,7 l	8,70 DM
17.	1976er	Essenheimer Teufelspfad Faber, Auslese Weingut Wagner	0,7 l	7,80 DM
18.	1976er	Essenheimer Domherr Scheurebe, Auslese Weingut Wagenknecht	0,7 l	8,20 DM

Die Preise verstehen sich ab Hof, incl. Glas u. MWST

Weinkarte zur Weinprobe der Weingüter Wagenknecht und Wagner (1978).

Abfüllung eigener Weine und die Selbstvermarktung drängte, ist schwer zu sagen. Die allgemeine Stimmung, die der rheinhessische Bauerntag vom März 1978 vermittelt, deutet nur bedingt in diese Richtung. Die Fassweinpreise wurden noch als »zufriedenstellend« eingestuft. Sie hätten sogar den allgemeinen deutschlandweiten Einkommensrückgang der Landwirtschaft für die Region abgefangen. Zwei wetterbedingt schlechte Getreideernten konnten die rheinhessischen Gemischtbetriebe durch die Einnahmen aus dem Weinverkauf mehr als ausgleichen. Aber dennoch sei trotz der »euphorischen Stimmung um den Weinabsatz bereits mit der zurückliegenden Ernte ein Wendepunkt eingetreten«. Vermarktungsschwierigkeiten zeichneten sich ab, die »eine größere Unruhe in den Berufsstand bringen könnten«[422].

Für meine Eltern war dies im Rückblick nicht der entscheidende Grund, die Abfüllung eigener Weine zu intensivieren. Sie zogen vielmehr in der allgemeinen Euphorie im Dorf einfach mit. Es gehörte dazu, dass man ein paar Weine aus den neuen Weinbergen abfüllte. Man präsentierte sie voller Stolz. Zeigten sie doch, dass nun auch in Essenheim die neue moderne Zeit eines mechanisierten Weinbaus auf gut erschlossenen Parzellen Einzug gehalten hatte. Auf der eigenen Weinliste meiner Eltern standen zwar acht verschiedene Weine, die man ins Fenster zur Hauptstraße stellte, damit sie gesehen werden konnten. Meine Mutter charakterisiert diese frühen Bemühungen aber lediglich als »zaghafte Versuche« einer wenig erfolgreichen Selbstvermarktung. »Wir wussten gar nicht, ob sich das überhaupt lohnt. Es ist so dahingeplätschert mit dem Weinverkauf.«[423] Von Hand wurden immer ein paar Flaschen der überschaubaren Abfüllungen in der Küche etikettiert.

Mit der Anschaffung des ersten Weinbergsschleppers zusammen mit Georg Weyel 1975 verließ das letzte Pferd den Hof. Der dadurch frei gewordene Stall wurde zum Flaschenlager mit kleiner Verkaufsecke umfunktioniert. Sie bestand aus einem alten Tisch, auf dem die Auswahl aufgebaut stand. Die Kunden waren zum überwiegenden Teil Freunde und Bekannte[424]. Ein Schaukasten an der Hausfront kam etwas später noch dazu. Obwohl Rudolf die Möglichkeit nutzte, zusammen mit seinem Schwager Otto die Ausbildung zum Winzermeister zu absolvieren, wirkt die Flaschenweinvermarktung in dieser Zeit und in den darauf folgenden zehn Jahren wie ein Hobby, das man sich neben dem Acker- und Weinbau leistete. »Schwerpunkt der Vermarktung ist der Fassweinverkauf, der nur einen geringen Aufwand erfordert«[425].

Als in den frühen 1980ern der Druck der Überproduktion die Fassweinpreise auf Sinkflug schickte und sich die

Einkommenssituation vieler reiner Weinbaubetriebe rapide verschlechterte, dachten meine Eltern daher nicht zwangsläufig an eine Intensivierung der Selbstvermarktung. Ihnen erschien dieser mühsame Weg, der bisher keine größeren Verkaufserfolge eingebracht hatte, kaum als eine Alternative zum Preisverfall. Vor allem die riesige Weinernte von 1982 war daran Schuld, dass die Keller der Winzer randvoll lagen. Noch nie zuvor war in Rheinland-Pfalz und auch in Rheinhessen so viel Wein in einem Jahrgang geerntet worden. Neben den oft als Symbol der landwirtschaftlichen Überproduktion angeführten Butterberg und einen Milchsee gesellte sich spätestens jetzt auch ein Weinsee, der die Gewinne der deutschen Winzer bis 1983 um die Hälfte einbrechen ließ[426].

Der Glyskolskandal zwei Jahre später verschärfte die Absatzkrise zusätzlich. All die süßen Spätlesen und Auslesen, die seit mehr als einem Jahrzehnt den Schwerpunkt auf den Weinlisten vieler Winzer und auch der Weinproben von Rudolf gebildet hatten, erschienen den Weintrinkern nun verdächtig und aus der »Chemieküche« zu stammen[427].

Der ohnehin schwache Weinabsatz meiner Eltern im Verkauf an private Kunden kam fast gänzlich zum Erliegen. Für meine Mutter stellte sich damals nicht nur einmal die Frage, ob es sich überhaupt lohne, weiterhin diese kleinen Mengen abzufüllen. Für deren Verkauf war meist niemand zuhause, weil es draußen im Weinberg und auf dem Feld genug zu tun gab[428]. Der Flaschenwein und die Selbstvermarktung dämmerten im Halbschlaf vor sich hin. Von 1979 bis 1982 füllte man jeweils immer nur einen Müller-Thurgau ab. Die Mengen lagen dabei meist um die fünfhundert Flaschen[429]. Bis 1988 änderte sich daran nur wenig. Wahrscheinlich war es das Festhalten am Gewohnten, das diesen recht unbedeutenden Zweig des Betriebes am Leben erhielt. Es gehörte dazu, dass man ein paar Weine, zur Not auch ältere Jahrgänge, auf der Flasche hatte. Für die wirtschaftliche

Bilanz spielten sie von Anfang an keine große Rolle. Jetzt nahm ihre Bedeutung noch mehr ab[430].

Der Blick in die Bilanzen bestätigt dies. Selbst in den ersten euphorischen Jahren nach der Flurbereinigung erzielte Rudolf mit dem Flaschenweinverkauf nie mehr als 2 bis 3 % seines Umsatzes. Die anderen von ihm angestoßenen betrieblichen Veränderungen spiegeln sich jedoch deutlich in den Zahlen wider. Die Verdoppelung der landwirtschaftlichen Fläche zwischen 1969 und 1980 ging mit einer Verdreifachung des Umsatzes und einer Vervierfachung des Gewinns einher. Zu Beginn dieses Zeitraumes pendelten die Gewinne zwischen 20 und 30 % gegenüber dem Umsatz. Dafür waren vor allem die Investitionen in die technische Ausstattung und die Kosten der Neuanlagen mit verantwortlich. Zum Ende des Zeitraums stieg der Gewinnanteil am Umsatz auf über 40, in manchen Jahren sogar 50 %.

Für seine Meisterarbeit im Weinbau arbeitete Rudolf die unterschiedlichen Deckungsbeiträge für die auf dem Acker und im Weinberg geleisteten Arbeitsstunden heraus und verglich sie mit den Ergebnissen seiner Meisterarbeit in der Landwirtschaft von 1968. An ihnen wird der Produktivitäts- und Gewinnschub vor allem auf dem Acker durch die nun größeren Flächen und ihre Mechanisierung exemplarisch deutlich. Der Deckungsbeitrag bei Getreide und Zuckerrüben verfünffacht sich annähernd. Der Anstieg im Weinbau erscheint dagegen sehr bescheiden. Die Entwicklung entspricht dem bundesdeutschen Trend. Allgemein stiegen die durchschnittlichen Betriebseinkommen in der Landwirtschaft bis in die 1980er an. Sie konnten mit dem Anstieg des gewerblichen Vergleichslohns mithalten[431]. Das »eigentliche Einkommensproblem der Landwirtschaft«[432] lag in den starken Unterschieden zwischen den wirtschaftlich erfolgreichen Betrieben und denen, die gerade so ihre gestiegenen Kosten deckten.

Rudolf blieb mit seiner Wirtschaftsweise dem treu, was er von Vater und Großvater vorgelebt bekommen hatte. Die Fläche wuchs zwar, und der Maschinenbestand wurde punktuell erweitert. Die meisten großen Geräte kaufte er jedoch zusammen mit dem Schwager. Sie teilten sich die Kosten und den Unterhalt. Dem weit verbreiteten Drang zur »einzelbetrieblichen Übermechanisierung«[433] widerstand mein Vater. Da auch die stark gewachsene Fläche weiterhin von ihm und meiner Mutter bewirtschaftet wurde und nur selten fremde Hilfskräfte benötigt wurden, blieben auch diese Kosten überschaubar. So lange wie möglich halfen Christinas Eltern und Rudolfs Mutter auf dem Hof und draußen auf dem Feld und im Weinberg mit. Die erwirtschafteten Gewinne reinvestierten sie zum weitaus größten Teil in die Struktur des Betriebes. Meine Eltern kauften kontinuierlich Äcker und Weinberge hinzu[434]. In den zwölf Jahren zwischen 1968 und 1980 erwarben sie mehr als 30 Morgen Land hinzu. Die Kosten dafür wurden stets aus den laufenden Einnahmen gedeckt. Rudolfs Wirtschaftsweise blieb trotz der Ausgaben für die Mechanisierung und den Umbau der Gebäude recht sparsam und am Gewinn orientiert.

Vom Leitbild des »Ganzen Landwirts« entfernte sich Rudolf. Die damit einhergehende maximale Vereinfachung und »kognitive Entlastung«[435], die Uekötter im Hinblick auf die Spezialisierung im norddeutschen Ackerbau ausmacht, trifft jedoch nicht zu. Noch bis weit in die 1980er Jahre verharrten die meisten Betriebe im rheinhessischen Hügelland im Nebeneinander von Acker- und Weinbau. Erst danach erfolgte auch dort ein weiterer Spezialisierungsschub[436].

Rudolf nutzte im Gegenzug sogar den arbeitsärmeren Winter, um nach dem Meister in der Landwirtschaft ein reichliches Jahrzehnt später auch im Weinbau seine Meisterprüfung abzulegen. Die Initiative dazu ging auf seinen Schwager zurück. Otto verschob in dieser Zeit den Schwerpunkt seines Betriebs stark in Richtung Weinbau und Flaschenweinvermarktung[437]. Gegen den allgemeinen Trend in der bundesdeutschen Landwirtschaft und das »unhinterfragbare Dogma«[438] der Spezialisierung nutzten beide die Möglichkeit, ihr Wissen auf eine breitere Basis zu stellen. Diesen Weg beschritten nicht wenige Betriebsleiter in Rheinhessen. Die bestehende Gemischtstruktur stellte besondere Anforderungen an sie, der sie mit einer doppelten Ausbildung Rechnung trugen.

Es verwundert daher nicht, dass Rudolf sich im Rahmen seiner Meisterarbeit zum Winzer mit diversifizierter Wirtschaft, aber eindeutiger Schwerpunktbildung bekennt: »Auf keinen Fall möchte ich den Ackerbau einschränken. Er soll das Übergewicht in unserem Betrieb behalten. Wir werden in den nächsten Jahren mit einer Weinschwemme zu rechnen haben. In dieser Zeit wird der Ackerbau die Gewinne bringen und somit für einen Ausgleich sorgen.«[439] Der nächste Anstoß für eine Veränderung kam zum Ende der Achtzigerjahre von außerhalb. Erst dadurch sollte sich der Betrieb grundlegend wandeln.

»Die Wagners standen auf einem Sockel«

Mit diesen knappen Worten umschreibt meine Mutter die Familie in der Nachbarschaft, in die sie einheiratete. Nach einer gedehnten Pause, in der sie mich während unseres Gesprächs ungläubig anschaut, konkretisiert sie ihre Aussage. »Es gab keine Berührungspunkte zwischen unseren Familien, obwohl wir nur ein paar Meter weiter wohnten. Die Wagners gehörten zur Oberklasse und mein Vater war nur der Gemeindeeinnehmer. Er hat die Steuern und Abgaben eingetrieben. Im Dorf war er dafür nicht immer gut gelitten. Das haben wir zu spüren bekommen«[440].

Meine Eltern haben 1973 geheiratet. Meine Mutter war damals zwanzig Jahre alt. Mein Vater ist mehr als acht Jahre älter. Durch seinen weit verzweigten Freundeskreis aus der Weinbauschule kam er in viele bäuerliche Familien. Mein Vater führt im Gespräch von selbst das Bild des »Sockels« an. Meine Mutter scheint es auch ihm gegenüber immer mal wieder erwähnt zu haben. Ihm ist es wichtig, diese Sicht zu relativieren. Er habe das in den Siebzigern selbst so nicht wahrgenommen. Auf einem Sockel fühlten sie sich nie[441]. Selbst- und Fremdwahrnehmung klaffen hier ein Stück weit auseinander. Mein Vater deutet an, dass diese dem bäuerlichen Denken entstammenden Kategorien sich längst aufgelöst hätten. Einiges spricht für diese Sicht. 1973 war die »Deagrarisierung« in vollem Gange. Neben dem wirtschaftlichen vollzog sich auch ein gesellschaftlicher und kultureller Bedeutungsverlust der Landwirtschaft und des ländlichen Raumes sowie der damit verbundenen Lebens- und Erfahrungswelten[442]. In Dörfern, in denen immer weniger Menschen in der Landwirtschaft arbeiteten – wodurch sich bäuerliche Denk- und Lebensweisen auflösten –, verloren bisherige Kategorien wie Landbesitz und Stellung innerhalb der bäuerlichen Sozialstruktur zunehmend an Bedeutung.

Hinzu kam für Rudolf sicherlich auch das Naturell seines Vaters. Im Unterschied zu Jean pflegte Hans nicht einen auf Außendarstellung abzielenden Lebensstil. Hans wollte nicht als einer der »Herren im Dorf« wahrgenommen werden, auch zu der Zeit nicht, als diese Zuschreibung noch stärker im Bewusstsein verankert war. Das mag auf meinen Vater abgefärbt haben. Als er die Volksschule verließ, wandelte sich das Umfeld bereits. Viele seiner Schulfreunde verließen die bäuerliche Lebenswelt und ihr Denken. Gleichzeitig wuchs Essenheim durch die Nähe zur Stadt Mainz. Der Zuzug beschleunigte die »Entbäuerlichung« im Dorfbild und reduzierte den Anteil derer, die in bäuerlichen Kategorien dachten. Mit den Vorzügen bestimmter Weizensorten, der richtigen Düngermenge bei Rüben und Gerste sowie den neuesten Entwicklungen beim Pflanzenschutz kannten sich nur noch wenige aus. Für früher alltägliche Themen engte sich die Zahl der möglichen Gesprächspartner beträchtlich ein.

Trotzdem lebten die tradierten Denkmuster weiter. Sie hatten in den Siebzigern noch Bestand und existieren auch bis heute in abgeschwächter Form fort. Der Sockel, auf dem die Wagners nach Meinung meiner Mutter für den Außenstehenden noch immer thronten, macht dies deutlich. In der Fremdwahrnehmung hob sich die Familie ihres Mannes ab. Die eigene Mutter bestätigte ihr diesen Eindruck. Als Christina ihr eröffnete, dass sie sich mit Rudolf verabredet hatte, war ihre erste Reaktion bezeichnend: »Ist es diesen Leuten überhaupt recht, dass du dich mit ihrem Sohn triffst?« Wer in der Landwirtschaft und damit in der bäuerlichen Lebenswelt blieb, der hielt auch weiterhin an Teilen ihrer Gedankenwelt fest. Und dazu gehörte zwangsläufig auch die durch den Grundbesitz mitbestimmte Stellung.

Wenn mein Vater über diese Zeit spricht, in der er als junger Erwachsener mit seinen Freunden aus der Weinbauschule feierte, dann tauchen auch bei ihm die gleichen Denkmuster auf. Sie reduzieren sich dann aber auf die Zuschreibungen von Land und betrieblichem Vermögen. Eine daraus abgeleitete Position im Sozialgefüge des Dorfes spielt kaum mit hinein. Mein Vater berichtet von der Braut eines Klassenkameraden aus der Weinbauschule. Sie brachte anscheinend nicht nur nach Ansicht der Eltern des Bräutigams und seiner Geschwister zu wenig Besitz von zuhause mit. Auch die Lehrerin der Landwirtschaftsschule machte der Braut Vorhaltungen, dass sie unmöglich in eine solche Familie einheiraten könne. Das passe nicht zusammen und führe nur zu Problemen. Im Hintergrund schienen die Eltern des Bräutigams aktiv geworden zu sein, um die Verbindung im letzten Moment zu verhindern. Die üppige Mitgift einer zukünftigen Braut schien bereits für den Übergang an die nächste Generation auf dem Hof fest eingeplant[443].

Die Episode erinnert stark an die weiter oben beschriebenen Abläufe und das Zusammenspiel der verschiedenen Akteure bei der Eheanbahnung im 19. oder zu Beginn des 20. Jahrhunderts. Nur Details schienen sich verändert zu haben. Aus einem Einzelfall lassen sich sicherlich keine allgemein gültigen Aussagen treffen. Er verdeutlicht aber doch, dass hier der wirtschaftliche Aspekt der Partnerwahl ausschlaggebend gewesen sein dürfte und weniger Rangdenken und die Zugehörigkeit zu einer bestimmten Schicht. Die Generation, die in den Siebzigern heiratete, hatte sich von den Denkmustern ihrer Eltern und Großeltern entfernt.

Das Aufbrechen der über viele Generationen praktizierten Realteilung durch Jean und Hans machte meinen Vater völlig frei von wirtschaftlichen Aspekten bei der Wahl seiner Partnerin. Er bekam einen Betrieb, der für den Start so viel Fläche besaß, dass er überlebens- und ausbaufähig war. Rudolf musste keine Schulden für die Ausbezahlung seiner Schwestern abtragen. Seine Schwester bestätigte ihm gegenüber den Ansatz und bekräftigte: »Du musst keine Hektar heiraten.«[444]

Meine Mutter musste lächeln, als sie im Gespräch auf ihre erste Zeit in der Hauptstraße 30 kommt und von einer Begegnung mit einer der Freundinnen ihrer Schwiegermutter erzählt. Die Freundin stammte aus einem Weingut am Rhein und fuhr in losen Abständen mit ihrem Mercedes und mit reichlich Schmuck behängt zum Sonntagskaffee vor. Sie dürfte damals knapp sechzig Jahre alt gewesen sein. Als ihr meine Mutter als frisch vermählte Gattin des Betriebsnachfolgers vorgestellt wurde, musterte die Freundin sie eingehend und frage sie dann, was für eine »geborene« sie denn sei[445]. Die Frage nach der Herkunft aus einer der bekannten und angesehenen Familien kam meiner Mutter auch damals in den frühen Siebzigern schon wie aus einer anderen Zeit vor. Die Alten hielten an etwas fest, was es so kaum noch gab.

»Wir müssen weg von der reinen Produktion«

Anfang Juni 1988 schickte die *Mainzer-Rhein-Zeitung* einen Redakteur nach Essenheim, um meinen Vater zu interviewen. Der Bauernverein im Dorf, dessen Erster Vorsitzender er war, feierte seinen vierzigsten Geburtstag. Das Jubiläum sollte im Rahmen eines erstmals stattfindenden gemeinsamen Festes aller Vereine im Ort begangen werden. Zusammen mit Manfred Schmahl, der auch im Vorstand aktiv war, stand er dem Redakteur Rede und Antwort. Beide beklagten sie, dass der Bauernverein mittlerweile in erster Linie mit der »Hinausberatung« beschäftigt sei. Jedes Jahr hörten Betriebe auf oder Kollegen wechselten vom Haupt- in den Nebenerwerb. Seit dem Bericht im *Landboten*, drei Jahre zuvor, hatten wieder zwei Kollegen ihren Betrieb altersbedingt aufgegeben. Nur jeder dritte bis vierte Hof habe einen Nachfolger. Aufgabe des Bauernvereins sei es daher häufig, den Kollegen beim Ausstieg aus dem Beruf und »über die ersten Klippen des neuen Arbeitslebens« hinweg zu helfen.

Die beiden Berufskollegen verharrten aber gegenüber dem Redakteur nicht im Wehklagen, trotz der Herausforderungen, die sie für Weinbau und Landwirtschaft in naher Zukunft ausmachten. »Wir sehen die Zukunft realistisch. [...] Die Schrumpfung der bäuerlichen Betriebe wird weitergehen. Sie wird eher noch stärker werden«[446].

Für meinen Vater bestand daher die Hauptaufgabe darin, neue Wege in der Präsentation der eigenen Produkte aufzutun. »Wir müssen weg von der reinen Produktion hin zur Vermarktung.« Das Fehlen funktionierender Genossenschaftsstrukturen im näheren Umfeld, die Konkurrenz durch die Weine Südeuropas und ein allgemein angespannter Markt für Agrarprodukte zwängen dazu, alle Möglichkeiten auszuloten. Im zusammen geplanten Domherrnfest, das man nach der Großlage »Mainzer Domherr« benannte, sahen beide eine Chance, das Dorf und seine Weinlagen wieder mehr ins Bewusstsein zu rücken.

Das Fest war ein voller Erfolg. Es lockte »tausende von Besuchern«[447] in die Essenheimer Höfe. Der Südwestrundfunk hatte sogar ein Kamerateam geschickt. Die Nachberichte der beiden Mainzer Tageszeitungen lobten das von den Dorfvereinen gebotene bunte Programm. Der Ansturm der Gäste bestätigte die Organisatoren und alle fleißigen Helfer. Ein Fest in den alten Gemäuern des Dorfkerns, in leer stehenden Scheunen und ungenutzten ehemaligen Schweine- und Kuhställen entfaltete eine große Anziehungskraft auf die urbane Bevölkerung des nahen Rhein-Main-Gebietes. Eine Wiederholung im kommenden Jahr war daher gesetzt.

In den ersten Jahren feierte man mit dem Domherrnfest noch einmal den »Ganzen Landwirt«. Die zahlreichen Höfe des alten Ortskerns wurden dafür wieder aus ihrem Dornröschenschlaf erweckt. In den meisten praktizierte längst kein Landwirt oder Winzer mehr. Die Scheunen und verwaisten Ställe wurden leer geräumt. Fast überall spielte Musik, und die Weine aus dem Dorf wurden ausgeschenkt.

Auch in unserem Hof hielt die Vergangenheit noch einmal Einzug. Unter dem Schleppdach, das sonst die Traktoren und sonstigen Geräte vor dem Regen schützte, entstand ein offener Stall. Die in Massen ins Dorf strömenden Festgäste aus Mainz und Wiesbaden bestaunten die ausgestellten Tiere. Mein Vater hatte die alten Metallgitter nicht weggeworfen, als er zunächst die Kühe und dann später auch die Schweine vom Hof schaffte. Jetzt dienten sie wieder dazu, kleine Abtrennungen einzurichten. Die alte Vielfalt mit Vieh, Schweinen, Pferden, Hasen und Hühnern erstand wieder auf, wenn auch nur für drei Tage.

Bei genauerer Betrachtung passte aber nur die Grundkonstellation des Streichelzoos. Die Abteilung »Großvieh« bestand aus zwei halbwüchsigen Rindern, die so zutraulich und fast dressiert waren, dass sie nach dem Bürgermeister auch zahllosen Kindern zum Ausritt dienten. Als Pferde hatte der Reit- und Fahrverein zwei Ponys abgestellt. Beide suchten in der Nacht das Weite, überwanden die zu niedrigen Gatter und trabten nach Hause. Ihnen schien die ganze Angelegenheit nicht geheuer zu sein. Zur Sau, die im Gehege daneben auf frischem Stroh lag, gehörten immerhin noch ein paar Ferkel. Im ehemaligen Schweinestall hingegen war die provisorische Küche untergebracht, in der die Landfrauen kochten. Der pensionierte Schmied beschlug vor interessierten Zuschauern ein Pferd. Im Kelterhaus und dem Innenhof saßen die weinseligen Gäste bis spät in die Nacht eng gedrängt an Tischen und Bänken und malten sich ihr ganz eigenes Bild eines Bauernhofes aus, wie es ihn im ganzen Dorf zu dieser Zeit gar nicht mehr gab. Weniger als zwei Jahrzehnte hatten ausgereicht, um den »Ganzen Landwirt« zum Museumsstück zu degradieren. In den meisten Betrieben existierten zwar Acker- und Weinbau weiterhin nebeneinander, aber außer einem Schwein hielt niemand mehr größere Schlacht- oder Nutztiere.

Reine Weinbaubetriebe, wie anderswo in Rheinhessen, gab es aber auch noch nicht. Die Spezialisierung schien für den Moment eine Pause eingelegt zu haben. Der viehlose Gemischtbetrieb hielt sich bei uns anscheinend etwas länger als in vielen anderen Ortschaften der Region. Es lag gewiss nicht an den vereinzelten kritischen Stimmen aus der Agrarwissenschaft. Sie sahen in der Verengung auf einen reinen Weinbaubetrieb eine Gefahr. Der spezialisierte Winzer sei gezwungen, den Ertrag in seinen Weinbergen auf ein ungesundes Maß zu steigern, um die eigene Existenz zu sichern. Das schade nicht nur den Böden, sondern dem gesamten ökologischen Gefüge im Weinberg[448].

Ein Blick auf den Bericht der Bundesregierung zur Lage der Landwirtschaft für 1988/89 bestätigt vielmehr, dass der reine Weinbaubetrieb in finanzieller Hinsicht kein erstrebenswertes Modell darstellte. Im Vergleich mit den anderen Betriebsformen schnitten die reinen Weinbaubetriebe zwar hinsichtlich des Unternehmensgewinns besser ab als die Obstbaubetriebe. Gegenüber den Gemischtbetrieben, den reinen Futterbaubetrieben mit Kühen und Rindern sowie den Veredlungsbetrieben (Schweine, Hühner) lagen sie deutlich zurück[449].

Die von meinem Vater in seiner Hausarbeit von 1981 prognostizierte »Weinschwemme« hatte zusammen mit der »Mutter aller Lebensmittelskandale«, dem Glykolskandal, den Weinbau in eine tiefe Krise gestürzt[450]. Der Absatzeinbruch als Folge der Weinpanschereien, der eine ganze Reihe mittlerer und auch größerer Kellereien in den Ruin stürzte, ließ mehrere Jahrgänge in den Weinkellern der Winzer als schwer vermarktbaren Klotz zurück. Die rheinland-pfälzische Landesregierung reagierte mit finanziellen Hilfen für die betroffenen Weinbaubetriebe[451]. Der Vertrauensverlust der Verbraucher konnte damit aber kaum ausgeglichen werden. Innerhalb weniger Wochen waren die bisher so beliebten süßen und edelsüßen Spät- und Auslesen dermaßen in Verruf geraten, dass sie kaum noch jemand trinken wollte. Winzer und Kellereien bekamen die Wut ihrer Weinkunden zu spüren. Reihenweise wurden Flaschen zurückgebracht, weil man in jedem süßen Wein das Frostschutzmittel vermutete.

Dabei markierte der Glykolskandal nur den letzten Akt eines traurigen Schauspiels, das sich über sehr viele Jahre erstreckt hatte. Die riesige Nachfrage nach Spätlesen, Auslesen und den noch süßeren und seltenen Beeren- und Trockenbeerenauslesen entfachte die von der Gier getriebene Fantasie einzelner Kellereien, Abfüllbetriebe und auch Winzer. Die erste Hälfte der Achtzigerjahre mit ihren Weinpanscherprozessen deutete schon vor dem Glykolskandal an, dass die Verfälschung von Weinen mit Zucker in nicht unerheblichem Maße praktiziert wurde. Einfache, leichte Weine wurden auf diese Weise durch die Zugabe von Kristall-, Invert- oder Flüssigzucker zu edelsüßen »Schätzen«. Der Markt nahm sie dankbar ab und honorierte die falschen Auslesen mit beachtlichen Preisaufschlägen.

Die aus den späten Siebzigern und der Zeit vor dem Glykolskandal überlieferten Kaufverträge Rudolfs machen diesen Unterschied deutlich. In den meisten Jahren erntete er nur wenige Spätlesen. Noch rarer waren die Auslesen. Sie bildeten Einzelerscheinungen eines Jahrgangs. In manchen Jahren wartete mein Vater vergeblich darauf, dass sich die Oechslegrade in den Trauben ausreichend erhöhten. Als letzte Möglichkeit blieb dann die Handlese in zwei getrennte Eimer. In den einen kamen die durch die Edelfäule eingetrockneten und damit süßeren Trauben. In den anderen Eimer erntete man den Rest. Die zusätzliche Arbeit lohnte sich. 1978 zahlte die Kellerei für eine Spätlese das Dreifache und für eine Auslese aus dem sehr guten Jahrgang 1976 fast das Vierfache, wie für einen Qualitätswein. Mit mehr als vier Mark für den Liter bekam man als Winzer in dieser Zeit einen heute fast unglaublich anmutenden Preis für seine Fassware. Die vier Mark entsprechen hinsichtlich der Kaufkraft einem heutigen Literpreis von mehr als 5,50 Euro[452]. Heute kann man froh sein, wenn die Kellereien bereit sind, 80 Cent für den Liter Fasswein zu bezahlen. Für viele Betriebe ist das nicht kostendeckend.

Die Kellerei von der Mosel, die im März 1978 zunächst die Spätlese meines Vaters kaufte, holte zwei Wochen später auch eine noch größere Partie eines einfachen Qualitätsweins aus dem neu ausgestatteten vorderen Gewölbekeller in der Hauptstraße 30. Sieben Jahre später verurteilte das Landgericht in Mainz ihre Besitzer »im bis dahin größten Weinpanscherprozess«[453] zu mehrjährigen Haftstrafen. Sie hatten zwischen 1972 und 1980 mehr als zehn Millionen Liter einfachen Qualitätswein mit Zucker so »verbessert«, dass er sich als höhere Qualität mit einem guten Preisaufschlag verkaufen ließ. Es ist also nicht ganz unwahrscheinlich, dass auch aus Rudolfs Qualitätswein auf diesem Weg eine Spät- oder Auslese wurde, die in einer großen Abfüllung zusammen mit anderen Weinen der Region ihren Weg ins Regal der Supermärkte oder in den Export fand.

Die für die reinen Weingüter existentielle Krise als Folge des Glykolskandals ist auch in Rudolfs Betrieb abzulesen. Sie schlägt sich aber nicht im Gewinn nieder. 1985 markierte in dieser Hinsicht das beste Jahr, das er bis dahin hatte. Auch 1987 kommt noch einmal ganz nahe an dieses Ergebnis heran[454]. Die Erträge aus dem Ackerbau und die konsequente Vergrößerung der Anbaufläche ermöglichten ein beträchtliches Gewinnwachstum. Sichtbar wird die Krise im Weinbau in der Anzahl der eigenen Abfüllungen. Hatten meine Eltern 1983 und 1984 noch jeweils vier eigene Weine auf Flaschen gefüllt, um sie in dem bisher üblichen bescheidenen Rahmen an ihre Kundschaft zu verkaufen, so verzichteten sie im Jahr des Skandals, der seit Mai 1985 zunächst noch langsam seine Kreise zog, gänzlich auf eine eigene Abfüllung. Und auch ein Jahr später rangen sie sich nur zu einer einzigen durch. Es waren sechshundert Flaschen eines einfachen, halbtrockenen Müller-Thurgaus, die sie im April zur Qualitätsweinprüfung anmeldeten.

Bis 1988 zog sich das Schema weiter[455]. Süße Weine kamen gar nicht mehr zur Abfüllung. Der Absatz eigener Flaschenweine war fast zum Erliegen gekommen, ohne dass es größere Auswirkungen auf die Bilanz des Betriebes zeitigte. Es verwundert daher nicht, dass meine Mutter im Rückblick andeutet, dass sie in dieser Zeit mehr als einmal zusammen darüber nachdachten, ob der Flaschenwein in dieser Form überhaupt noch Sinn machte, wo man selten Kunden auf den Hof bekam und der meiste Wein eigentlich nur bei der jährlichen Kirchweih im Dorf über den Ausschank im Weinbrunnen wegging. Den Rest des Jahres verstaubten die Flaschen in ihren Regalen im ehemaligen Pferdestall[456]. Dort lagerten sie neben den noch reichlich vorhandenen süßen Spät- und Auslesen aus den Siebzigern, um die selbst hartgesottene frühere Liebhaber nun einen großen Bogen schlugen.

Die Aussagen meines Vaters im Interview mit dem Redakteur aus Mainz verwundern daher vor diesem Hintergrund. Er selbst hatte den Verkauf der eigenen Flaschenweine fast eingestellt und richtete sein Engagement lediglich auf die Erweiterung des Ackerbaus aus. Dennoch verwies er als Vorsitzender des Bauernvereins mit Nachdruck im Interview auf die Notwendigkeit, sich »von der reinen Produktion« abzuwenden und ein verstärktes Augenmerk auf die Selbstvermarktung zu legen. Das diente vor allem der Ankündigung des gemeinsam organisierten Dorffestes, mit dem man den Weg suchte, »der aus dem ›Weintal‹ führen soll«[457]. Eine Notwendigkeit, den eigenen Betrieb in dieser Hinsicht zu verändern, dürfte er kaum gesehen haben. In den vier zurückliegenden Jahren hatte er die Ackerfläche um noch einmal fast 40 Morgen ausgedehnt. Die Ausrichtung seines Betriebes mit einem Schwerpunkt auf Getreide und Zuckerrüben erschien in dieser Situation genau die richtige zu sein, auch wenn ihm die Abhängigkeit der bäuerlichen Einkommen von den marktstützenden Mechanismen der europäischen Agrarpolitik bewusst war[458]. Das System der Festpreise für verschiedene landwirtschaftliche Produkte fachte nicht allein die Überproduktion an, sondern erschöpfte den EU-Haushalt und trieb ihn in eine ernsthafte finanzielle Krise[459].

Die großen Betriebe profitierten deutlich stärker von diesem System. Das bundesdeutsche Nord-Süd-Gefälle hinsichtlich der landwirtschaftlichen Gewinne war offensichtlich[460]. Aber anders als manche kritischen Agrarwissenschaftler analysierten, profitierten nicht allein die großen Betriebe im Norden. Auch mittlere landwirtschaftliche Betriebe, wie der meiner Eltern, bestärkten diese Rahmenbedingungen auf dem eingeschlagenen Weg. Gerade weil der Weinabsatz in einer tiefen Krise verharrte, erschien die Erweiterung des Ackerbaus in Fläche und Produktion 1988 mehr als sinnvoll.

Die ersten beiden Domherrnfeste veränderten den Blick meiner Eltern auf die Möglichkeiten der Weinvermarktung. Es war dieser im Rückblick so kleine Anstoß, der nach einigen Jahren zu weitreichenden Veränderungen führen sollte.

Meine Eltern bezeichnen die Feste auf ihrem Hof als eine Art »Initialzündung« für alles, was sie danach machten[461]. Sie brachten die ersten Erfahrungen mit einer Weinvermarktung, die beide bisher in dieser spezifischen Form nicht kannten. Für meinen Vater wurde schnell klar, dass Verkauf nur funktionierte, wenn man »die Leute auf den Hof bekam«[462].

Das erste Fest entfaltete eine große Euphorie, aber schon ein paar Wochen später ebbte der Verkaufsschwung bereits wieder ab. Immerhin füllte mein Vater im Folgejahr sechs Weine ab. Seit 1978 hatte es so eine umfangreiche Aufstockung des Flaschenlagers im Pferdestall nicht mehr gegeben. Vier der sechs Weine wurden aber erst gegen Ende des Jahres auf Flaschen gezogen. Es brauchte also den Anschub eines zweiten Domherrnfestes, um die Bestände so weit zu reduzieren, dass das Sinn machte.

Erstmals wagte es Rudolf, mit einem Faber Kabinett von einem leichten Weißwein mehr als tausend Liter auf Flaschen zu ziehen. Das hatte er sich davor nur mit Rotweinen oder edelsüßen Weißen getraut, die länger lagerfähig waren. Die meisten Abfüllungen lagen weiterhin aber bei überschaubaren etwa 600 Litern.

Das Geschäft mit eigenem Flaschenwein kam trotz des punktuellen Anschubs nur sehr langsam und stockend in Gang. Nach den Festen blieben zwar einzelne Kunden treu und kamen immer mal wieder, um Weine nachzukaufen, es zeichnete sich aber auch im folgenden Jahr ab, dass der Effekt nicht besonders lange nachhielt. Es waren jetzt zumindest nicht mehr nur Freunde und Bekannte, die zum Weineinkauf in den ehemaligen Pferdestall kamen.

Über das Beratungsangebot der Oppenheimer Weinbauschule versuchten sich Christina und Rudolf zusätzliches Wissen für die Vermarktung anzueignen. Die Kalkulation von Preisen, die Verbindung von Speisen und Wein bei Proben sowie die Beschreibung und Ansprache der eigenen Weine im Kundengespräch standen in verschiedenen Kursen auf der Agenda. Es war ein langsames Herantasten an ein bisher nebenbei betriebenes, komplexes Themenfeld. Eine Sammlung von Weinlisten, die einen halben Ordner füllt, stammt aus dieser Zeit. Meine Eltern versuchten über den eigenen Tellerrand zu schauen und sich daran zu orientieren, was andere Weingüter nicht nur im unmittelbaren Umfeld der eigenen Weinbauregion anboten. Gespräche und Weinproben mit seinem Freundeskreis, der seit dem Besuch der Weinbauschule 1964/65 bestand, dienten dem fachlichen Austausch. Wichtige Impulse zur Steigerung der eigenen Qualität kamen auch von dort und läuteten eine langsame Schwerpunktverschiebung mit ein.

Ein ganzer Schwung zu Beginn der 1990er Jahre angeschaffter Fachliteratur zum Weinbau unterstreicht dies. Neben klassischer Fachliteratur zur Kellertechnik, der Weinbereitung und der Rebsortenwahl kam Anekdotenhaftes, das zur Ausschmückung und Auflockerung von Weinproben genutzt werden konnte. Heinz von Opels 1993 erschienenes Buch »25 Chancen für den deutschen Winzer«, das Rudolf intensiv durcharbeitete, dürfte ihm mit seinem Fokus auf den Möglichkeiten einer eigenen Vermarktung wichtige Impulse gegeben haben[463]. Zu seinem fünfzigsten Geburtstag 1994 ließ sich mein Vater Bassermanns »Geschichte des Weinbaus« in einer schmucken Neuauflage schenken. Rudolf versuchte sich auf verschiedenen Ebenen dieses für ihn nicht ganz neue Wissensgebiet des Weinbaus noch einmal zu erschließen. Seit der Meisterprüfung 1981 hatte sich zu viel verändert, und die Selbstvermarktung stellte ganz andere Forderungen an den Winzer als die bisher praktizierte Produktion von »Grundweinen«, die an große Kellereien als Fassware verkauft wurden, um dann in riesigen Großabfüllungen mit Millionenauflage zu verschwinden.

Meine Mutter nahm neben den Kursen, die sie mit meinem Vater zusammen besuchte, an verschiedenen Seminaren einer privaten Kochschule teil. Das Angebot richtete sich gezielt an Personen, die Wein und Speisen enger miteinander zu verbinden suchten. Als Hauswirtschaftsmeisterin brachte sie die notwendigen Vorkenntnisse mit. Im

Rückblick wirkt diese Phase wie eine systematische, auf breiter Basis angelegte Erschließung eines neuen Wissensgebietes. Die Zielrichtung erscheint klar: Der Verkauf der eigenen Weine funktionierte nur dann, wenn es gelang, interessierte Menschen auf den Hof zu bekommen. Zusammen schürften sie nach Wissen. Das Projekt Selbstvermarktung trugen sie gemeinsam, so wie sie auch in den Jahren zuvor schon die Erweiterung des Ackerbaus als Paar getragen hatten. Aus der gemeinsamen Arbeit auf dem Feld wurde nun ein gemeinsames Werkeln an einer Neuausrichtung des Gemischtbetriebs[464].

Nach dem dritten Domherrnfest starteten sie das erste eigene gastronomische Experiment. Fünf Tage während der Kirchweih 1990 öffneten meine Eltern erstmals in Eigenregie den Hof. Elf Weine standen auf der handgeschriebenen Karte. Dazu gab es Spießbraten und belegte Mohnstangen. Eine überschaubare Karte, die aus der kleinen privaten Küche im Wohnhaus bewerkstelligt werden konnte, auch wenn der große Innenhof gut gefüllt war. Die letzte Position auf der Weinkarte nahm wieder einmal die 1976er Kerner Auslese ein. Sie begleitete auch noch die nächsten Jahre die verstärkten Bemühungen meiner Eltern, über ein wiederkehrendes gastronomisches Angebot den Verkauf der eigene Weine anzukurbeln. Sie wirkt zu Beginn der Neunziger wie ein Relikt einer anderen Weinzeit. Eine Art »Süßwein-Dinosaurier«, der von nicht wenigen Kunden mit einem Lächeln bedacht wurde, während sie in der Sonne vor der ehemaligen Mistgrube saßen und ihren trockenen Grauen Burgunder genossen.

Aus dem erfolgreichen Experiment wurde eine Dauereinrichtung. Ab Mai 1991 öffneten meine Eltern jedes Jahr über den Sommer für vier Monate ihren Hof an den Wochenenden, um die eigenen Weine zu präsentieren. Dazu kochte meine Mutter täglich frisch. Die ganze Familie musste mithelfen: Christinas Mutter in der Küche, ihr Vater hinter der Theke und wir als Jugendliche im Service.

Hatte mein Vater sich mit den Umbauten in den 1960er noch Zeit gelassen, so modelte er jetzt zügig die Gebäude in der Hauptstraße um und passte sie an die sich wandelnden Anforderungen an. Der Innenhof sollte seinen Charme des alten Gemischtbetriebes behalten. Für das erste Domherrnfest waren die Wände der alten Ställe notdürftig weiß gekalkt worden. Jetzt begann eine behutsame Renovierung in Eigenregie. Die Kosten sollten im Rahmen bleiben. Raum für Raum wurde der alte Bruchstein freigelegt. Der Weinverkauf wanderte aus dem schlauchartigen Pferdestall in den etwas geräumigeren ehemaligen Schweinestall, der bisher als Autogarage gedient hatte. Dort ist er noch heute.

Der Umzug entsprach der neuen Ausrichtung. Vom Schweinestall kam man direkt in die Tenne. Es waren zwei große, nebeneinander liegende hohe Räume, die früher zum Vieh- und Getreidehandel des jüdischen Nachbarn Hermann Stern gehört hatten. Seit dreißig Jahren standen hier die Anhänger und der Schlepper. All das zog in eine drei Jahre zuvor neu errichtete Lagerhalle an den Ortsrand, die eigentlich noch in dem Ansinnen gebaut worden war, den stetig wachsenden Ackerbau und seine größer werdenden Gerätschaften aufzunehmen. Mit dem Mähdrescher und der ausladenden Feldspritze kam man nämlich kaum noch durch den engen Ortskern, geschweige denn in die schmale Zufahrt zum Hof in der Hauptstraße.

Im vorderen Raum der Tenne baute mein Vater zusammen mit seinem Schwiegervater und Sibi, dem ersten polnischen Saisonarbeiter, der dann fast drei Jahrzehnte in jedem Jahr für ein paar Monate zu uns kam, eine Theke für den Weinausschank. Die alten Bruch- und Backsteine wurden auch hier freigelegt. Darunter tauchten die alten Bleistiftnotizen der Sterns auf. Kleine Additionen, in denen die Verkäufe an Saatgetreide und Futter zusammengefasst worden waren. Sie erstrecken sich über die gelben Backsteine. Aus dem Landhandel der Zwanziger und dem sich daran anschließenden Stall, in dem die Kühe und Schweine zum Verkauf angeboten oder eingestellt wurden, um nach Nordhausen in die Zweigstelle der Sterns transportiert zu werden, wurden nun die rustikalen Räume der Straußwirtschaft und der vielen Weinproben, die meine Eltern in den folgenden Jahren veranstalteten.

Wenige Jahre später erweiterten in den Wintermonaten Kulinarische Weinproben, in denen das Zusammenspiel von Wein und Speisen bei einem selbst kreierten Sechs-Gänge-Menue zelebriert wurde, das Programm. Die mitunter rastlos erscheinenden Aktivitäten meiner Eltern trieben den Weinverkauf tüchtig an. 1992 füllten meine Eltern schon siebzehn verschiedene Weine über das Jahr hinweg ab[465]. Sie schienen zuversichtlich, die mehr als 30.000 Flaschen, die sie sich in den Pferdestall und die extra dafür gedämmte Scheune legten, auch verkaufen zu können. Es war mehr als das Fünffache dessen, was sie in den Jahren davor dort eingelagert hatten.

Erstmals zogen sie mit einem trockenen Grauen Burgunder Kabinett den Wein auf Flaschen, der in den folgenden Jahren ein wichtiger Motor des weiteren Wachstums der jährlich abgefüllten Flaschen darstellte. Auf der aus Italien strömenden Welle des Pinot Grigio segelte mein Vater erfolgreich mit und prägte mit seiner eigenen Interpretation der Trendsorte einen ersten »Bestseller« im Sortiment. Die im Frühjahr gefüllte Menge war so schnell vergriffen, dass er nur wenige Monate später ein weiteres Fass abfüllte. Die im gleichen Jahr erzielten ersten Prämierungsergebnisse bestätigten Rudolf, dass er auch qualitativ einen guten Weg eingeschlagen hatte. Die Silbermedaille für eine 1991er Ortega Auslese vom Römerberg wurde gefeiert. Sie steht für meinen Vater auch heute noch sinnbildlich für den Zeitpunkt, an dem er an den Erfolg der Schwerpunktverschiebung innerhalb des Gemischtbetriebs glaubte[466].

Den ab 1988 aus seinen jährlichen Übersichten ablesbaren Gewinnrückgang bei Getreide und Zuckerrüben vermochte er mit der zunächst vorsichtig eingeleiteten Umorientierung aufzufangen. Spätestens ab 1993 schloss der Flaschenwein zusammen mit der Gastronomie zum Ackerbau auf. In den Jahren danach drängte er ihn schnell in den Hintergrund. Die bewirtschaftete Rebfläche von knapp 20 Morgen reichte dann kaum noch aus, um mit dem eigenen Wein über das ganze Jahr zu kommen. Sehr ertragreiche Jahrgänge, die im Fasswein die ohnehin schon schlechten Marktpreise noch einmal sinken ließen, wurden für ihn zum Segen, um ausreichend Trauben ernten zu können und den Keller gut gefüllt zu bekommen. Für den Sommerbetrieb im Weingut lag dann ein ausreichender Vorrat in den Kellern bereit.

Der Erfolg, den meine Eltern genossen und in dem sie eine Bestätigung sahen, darf nicht darüber hinwegtäuschen, dass er mit einem immensen Arbeitsaufwand und dem zeitweise fast vollständigen Verzicht auf Freizeit erkauft wurde. Am gemeinsamen Familienurlaub im Sommer wurde zwar nicht gerüttelt, aber viele Wochenenden über das Jahr hinweg waren mit der Straußwirtschaft, Kulinarischen Weinproben und Kulturveranstaltungen im Innenhof des Weingutes mehr als reichlich ausgefüllt. Zeit zum Durchatmen blieb manchmal kaum noch[467]. Zumal die Kreativität meines Vaters, neue Veranstaltungsformate zu kreieren, selbst meine Mutter mitunter an ihre Grenzen brachte.

Immer häufiger kam es zu ernsthaften Interessenkonflikten. Die Arbeitsspitzen im Acker- und Weinbau überlagerten sich nicht zwangsläufig. Die Probleme erwuchsen aus den Aktivitäten auf dem Hof. »Wir mussten Getreide dreschen, weil es höchste Zeit wurde und der nächste Regen angekündigt war und daheim sitzt der Hof voller Gäste«[468].

Der Gedanke dürfte bei meinem Vater über mehrere Sommer hinweg gereift sein. Im Rückblick erklärt er die 1997 gefällte Entscheidung als recht einfaches Abwägen betriebswirtschaftlicher Aspekte. »Wir hätten in einen neuen Mähdrescher investieren müssen. Das hat sich für mich nicht mehr gelohnt.«[469] Durch die schon in den Jahren zuvor nur noch zurückhaltend betriebene Ausweitung der Ackerflächen rentierte sich eine Neuanschaffung in dieser Größenordnung auch zusammen mit seinem Schwager nicht mehr. Nur wenige Jahre der Abkopplung vom überlebenswichtigen Wachstumskurs in der Fläche reichten aus, um die Anschaffung eines landwirtschaftlichen Großgerätes nicht mehr in einen Entwicklungsschub umwandeln zu können. Ein wenig vorgeschoben wirkt dieses Argument trotzdem. Den eigenen Mähdrescher schafften in diesem Zeitraum viele Kollegen nach und nach ab. Die neuen und größeren Geräte lohnten sich oft nur noch dann, wenn sie gemeinsam genutzt wurden. Einige wenige investierten und droschen für die anderen im Lohn das Getreide.

Eine andere in diesem Zusammenhang von meinem Vater geäußerte Bemerkung deutet an, was wirklich hinter dem Entschluss gestanden hatte, im November 1997 in einem Rutsch alle Felder zu verpachten und sich innerhalb weniger Wochen vollständig vom Ackerbau zu trennen. »Es musste eine Entscheidung getroffen werden. Ziehen wir einen Strich. Und ich war froh, als ich das los war!«[470] Die Erleichterung, die in diesen Worten mitschwingt, ist offensichtlich. Es scheint vor allem die Doppelbelastung gewesen zu sein, die auf Dauer nicht funktionierte. Der Weinbau erforderte mehr und mehr Aufmerksamkeit. Nicht nur in zeitlicher, sondern auch in kognitiver Hinsicht. Mein Vater strebte nach qualitativer Verbesserung. Die sehr erfolgreichen Winzer im Freundeskreis spornten ihn an. Er suchte stetig hinzuzulernen. Das band einen Großteil der freien Zeit und der Aufmerksamkeit. Entwicklungen und Neuerungen im Ackerbau traten demgegenüber in den Hintergrund. Die Weinberge, der Keller und die Suche nach neuen Vermarktungsmöglichkeiten nahmen meine Eltern voll in Beschlag. Das dürfte mit dazu beigetragen haben, dass sich beide auch emotional lösten. Meine Eltern zogen einen Strich unter drei Jahrzehnte des kontinuierlichen Aufbaus, um den Betrieb noch einmal ganz neu zu positionieren. Mein Vater war zu diesem Zeitpunkt dreiundfünfzig Jahre alt.

Der Erfolg im Weinbau und im Verkauf der eigenen Weine besiegelte das Schicksal des Ackerbaus in unserer Familie. Eine über fünf Generationen am gleichen Ort gepflegte Tradition fand schlagartig ihr Ende. Die Verengung auf den Weinbau markierte eine letzte Stufe der Spezialisierung. Der in den 1960er Jahren eingeleitete Prozess, der mit der Abschaffung der Kühe und Rinder begonnen hatte, erlebte nun seinen Abschluss. Meine Eltern sind in dieser Hinsicht aber kein Einzelbeispiel. Die tiefe Krise im Weinbau der 1980er Jahre ließ nicht wenige Betriebe ihren Weg heraus aus dem »Weintal« mit einer stärkeren Selbstvermarktung und der Eröffnung einer Straußwirtschaft suchen. Die Spezialisierung, die eine Pause eingelegt hatte, erhielt dadurch einen neuen Schub. Die Zahl der Gemischtbetriebe ging stark zurück. »Du musst dich entscheiden für eine Richtung, wenn du größer wirst. Die Mechanisierung ist auf Dauer zu teuer. Es ist schwer, sie für den Acker- und den Weinbau ständig auf dem neuesten Stand zu halten.«[471]

Mit großem Elan stürzten sich Christina und Rudolf nun in die neue Aufgabe. Die durch den Wegfall von Getreide und Zuckerrüben frei gewordene Zeit ersetzten sie nahtlos durch neue Aktivitäten und neue Weinideen. Im ersten Jahr ohne Ackerbau füllten sie mit mehr als 77.000 Flaschen Wein so viel ab wie noch nie zuvor. Die Vielfalt liebten sie beide weiterhin. Es waren zweiundzwanzig Weine, die auf die Flasche kamen. Zum ersten Mal wurde die gesamte Ernte in die Selbstvermarktung einbezogen. Fasswein verkauften sie von diesem Jahr an nie wieder. In das Geschäft mit Fachgeschäften und Weinhandlungen trauten sie sich nicht recht. Meinem stets mit spitzem Bleistift kalkulierenden Vater lag der über hohe Rabatte funktionierende Verdrängungswettbewerb in diesem Marktsegment nicht. Alles, was in der Scheune eingelagert wurde, sollte direkt an private Kunden verkauft werden, die auf den Hof kamen und ihren Wein einfach selbst mitnahmen.

Dass die Aufgabe des Ackerbaus den Kopf frei machte für neue Ideen, zeigt die in diesem Jahrgang offensichtliche Experimentierfreude. Mit der nach der Mutter benannten trockenen Rotweincuvée Emilie hatten meine Eltern schon in den Jahren zuvor einen erfolgreichen eigenen Markenwein kreiert, der ein Jahr in den alten Stückfässern des Groß- und Urgroßvaters gereift war. Nun kamen die ersten im kleinen Barrique gelagerten Rot- und Weißweine hinzu. Die Steigerung des Verkaufs glich schon im ersten Jahr die bisherigen Einnahmen des Ackerbaus vollständig aus.

Im Gespräch charakterisiert mein Vater den Wandel als eine »neue Freiheit«. »Nun hing alles von unseren Ideen ab. Und Ideen hatten wir genug.«[472] In seinen Worten schwingt kein Zwang zur Rechtfertigung mit. Die Beendigung der bäuerlichen Tradition des Gemischtbetriebs, in dem Acker- und Weinbau über viele Generationen hinweg nebeneinander existierten und sich hinsichtlich eines ganzjährigen Arbeitsrhythmus' und der Ertragsschwankungen ausglichen, belastete ihn nicht. Das verwundert ein wenig, weil er durchaus in Traditionen dachte und auch empfand. Das einzureißen, was seit Johannes II. von den verschiedenen Generationen in der Hauptstraße aufgebaut worden war, fiel ihm nie leicht. Das Jahr 1997 und den angestoßenen tiefgreifenden Wandel deutet er trotzdem im Rückblick als Befreiungsschlag. Es war eine Flucht aus dem engen Korsett eines Agrarmarktes, in dem andere die Preise bestimmten, die Gewichtung der Ackerfrüchte und die zeitweise obligatorische Stilllegung von Flächen vorschrieben. Über allem hing die drohende Ungewissheit eines Einkommens, das über mehrere Jahre zurückgegangen war und letztlich von der Agrarpolitik der EU abhängig blieb. Ein enger werdendes Reglement begrenzte eigene Gestaltungsspielräume so weit, dass sich Rudolf mit seinem vergleichsweise kleinen Ackerbaubetrieb nur noch schwer als Unternehmer wahrnahm.

Die Fokussierung auf den Weinbau ordnete er daher weniger als Einengung und schon gar nicht als »Wissenserosion« oder »kognitive Entlastung« ein[473]. Sie ermöglichte erst die Erweiterung des eigenen Gestaltungshorizontes, den er voll auskostete. Die Entscheidung unserer Eltern schuf die Grundlage dafür, dass der Betrieb auch in der nächsten, nunmehr sechsten Generation am gleichen Ort fortbesteht. Ein schwerpunktmäßig auf den Ackerbau ausgerichteter Gemischtbetrieb hätte keinesfalls die Sogkraft ausgeübt, die uns drei Brüder nach und nach zurück auf den Hof führte.

Unsere Familie ist seit der Mitte des 16. Jahrhunderts in Essenheim nachweisbar. Seit fünf Generationen besteht unser Betrieb an der gleichen Stelle, wir sind die sechste, die 2003 das Weingut von den Eltern in der Hauptstraße übernommen hat. Wir konnten auf einem gut bestellten Feld in unsere landwirtschaftliche Zukunft starten. Meine Eltern hatten eine hervorragenden Grundlage gelegt, auf der wir aufbauen konnten. Wir leben und arbeiten mit drei Generationen noch immer dort, wo Johannes II. und seine Frau Anna Elisabetha durch die Häusertheilung der Familie Weyel ihr Stück am Erbe zugesprochen bekamen. Die Gebäude sehen noch größtenteils so aus, wie Johannes sie erweitert und mein Vater sie umgebaut hat. Mit ein wenig Gespür und detektivischem Blick kann man gut erkennen, was jede Generation verändert und wie sie sich dadurch in den Gebäuden verewigt hat.

Mit der vor einigen Jahren eingeleiteten Umwandlung des Weinguts zum Bio-Betrieb sind wir ein Stück weit zurück zu den Wurzeln gegangen. Es wächst jetzt wieder Klee zwischen den Weinbergen, um den Boden zu lockern und Stickstoff aus der Luft als natürlichen Dünger zu binden. Kühe und Rinder halten wir zwar nicht, aber den Stallmist für die Weinberge bekommen wir von Pferdehaltern aus dem Dorf. Als »Ganzen Landwirt« würde ich mich dennoch nicht betrachten. Dazu fehlen uns die Kenntnisse des Ackerbaus, den mein Vater noch beherrschte. Manche dieser Dinge, die er als junger Bauer in der Schule gelernt hat, kommen nun wieder zur Geltung. Der ökologische Weinbau ähnelt sehr stark der Wirtschaftsweise der frühen 1960er Jahre, bevor die Agrikulturchemie die Richtung der modernen Landwirtschaft maßgeblich bestimmte.

Wir werden im Weingut und in den Weinbergen immer wieder an unsere Vorfahren erinnert. Wir arbeiten auf dem gleichen Land, und unsere Weine reifen in den gleichen Kellern. Manche der Holzfässer stammen noch vom Urgroßvater Jean. Der größte Teil unserer Barriques lagert in ehemaligen Kuh- oder Schweineställen.

An jede Generation stellte der Beruf als Acker- und Weinbauern ganz eigene Anforderungen. Es galt früher, den Betrieb in einer wirtschaftlichen Größe zu erhalten, die die Existenz, aber auch eine einmal erreichte Position im Dorf sicherte. Über die Generationen sind wiederkehrende Muster bei der Auswahl der Lebenspartner und bei der wirtschaftlichen Absicherung durch ein zweites Standbein außerhalb des Betriebes zu erkennen. Seit dem Geometer, der all das gerne hinter sich gelassen hätte, galt außerdem die Ausbildung der Kinder und die Aneignung von Wissen als Faktor für den Erhalt der sozialen Stellung. Mancher unserer Vorfahren, wie unser Urgroßvater Jean, wollte nach außen hin gerne als einer der »Herren im Dorf« wahrgenommen werden. Sein Sohn lehnte das ab. Und für die Generation danach, für meinen Vater, spielten in einer sich rasant deagrarisierenden dörflichen Umwelt diese Denkmuster kaum noch eine Rolle. Zumindest in der Selbstwahrnehmung galt das. In der Fremdwahrnehmung bestand der »Sockel« noch eine Weile fort.

Jede der fünf Generationen hatte mit ganz eigenen Herausforderungen klarzukommen und sich den Veränderungen in der Landwirtschaft zu stellen. Politische Zäsuren, wirtschaftliche Krisen und traumatische Kriegserlebnisse kamen hinzu. All das erforderte von dem Paar, das in der Hauptstraße 30 jeweils den Betrieb führte, Konstanz, aber auch den Mut, sich an neue Gegebenheiten anzupassen. Ihnen allen war gemein, dass sie ein Gut übernahmen, das ihnen nie ganz alleine gehörte. Sie bewahrten es, arbeiteten ein langes Leben, um es dann weiterzugeben. All das wirkt zusammen und hat unseren Hof über so viele Generationen hinweg erhalten. Jede der fünf beschriebenen Generationen hat ihren Anteil daran, dass wir als sechste Generation am gleichen Ort heute weiter leben und arbeiten können.

Ein Dank!

Kein Buch entsteht ohne die Unterstützung ganz unterschiedlicher lieber Menschen.

Hajo Gevers vom Wallstein Verlag danke ich für das mir entgegengebrachte Vertrauen sowie die hervorragende Betreuung und das akribische Lektorat. Dr. Gunter Mahlerwein, Simeon Guthier und Stefan Mossel haben mir mit fachlichen Hinweisen über die eine oder andere Klippe der Agrar- und der Regionalgeschichte hinweggeholfen. Allen dreien danke ich für die kritische Durchsicht des Textes und die vielen gewinnbringenden Ergänzungen, Anmerkungen und inhaltlichen Verbesserungen.

Dirk Wambach möchte ich für die Dokumente zur Agrar- und Weingeschichte danken, die er mir aus seiner Familie zur Verfügung gestellt hat. Für wichtige Hinweise zur rheinhessischen Weinbaugeschichte danke ich Heribert Erbes und Otto Schätzel. Dr. Esther Abel von der Gedenkstätte Hadamar danke ich für wichtige Hinweise zur besseren Einordnung der Krankenakte von Elisabeth Gutenberger.

Prof. Dr. Ulrich von Hehl fühle ich mich zu vielfältigem Dank verpflichtet. Er hat meine Zeit an der Universität Leipzig und im wissenschaftlichen Betrieb ganz entscheidend geprägt und ist mehr als ein »akademischer Vater« für mich gewesen.

Meinen Eltern sowie meiner Tante danke ich ganz herzlich, dass sie sich so viele Stunden Zeit genommen haben, um mich mit in ihre Erinnerungen zu nehmen.

Ohne meine Großfamilie im Weingut hätte ich wahrscheinlich nie ein Buch geschrieben. Die Großfamilie verschafft mir die nötigen zeitlichen Freiräume und hält mir den Rücken frei, damit ich unbeschwert am Text arbeiten kann.

Meiner lieben Frau Nina und meinen vier Kindern möchte ich ganz besonders danken. Sie tragen geduldig alle meine Projekte außerhalb des Familienbetriebs mit und unterstützen mich, wo sie nur können.

Anmerkungen

1 Archiv des Heimat- und Geschichtsvereins Essenheim, Handbuch von Lorenz Strub, fortgeführt von seinem Sohn Peter Strub, 1812-1868. (Kopie). Das Gedicht stammt von Johann Gaudenz Freiherr von Salis-Seewis. Es erschien 1788 im »Göttinger Musenalmanach«. Peter Strub hat bei der Übertragung kleinere Veränderungen vorgenommen. Das Gedicht erhält dadurch einen Bezug auf den Tod des eigenen Kindes und die Trauer des Vaters. Unter anderem hat er im ersten Vers der letzten Strophe »Das arme Herz« durch »Lieb Kind Dich hat« ersetzt. Vgl. Musenalmanach, Göttingen 1788, S. 118f. Ich danke Stefan Mossel recht herzlich für die freundliche Überlassung einiger Handbücher verschiedener Familien aus dem Bestand des Dorf- und Geschichtsvereins Essenheim.

2 Archiv des Heimat- und Geschichtsvereins Essenheim, Handbuch von Adam Probst III., darin Eintragungen von Georg Wolf III. (ab 1796), 1855-1902 (Kopie), S. 50.

3 Vgl. ebd., S. 12.

4 Archiv des Heimat- und Geschichtsvereins Essenheim, Handbuch von Lorenz Strub, Anmerkung 24.11.1868.

5 Familienarchiv Wagner, Erklärung von Peter Strub und seiner Mutter Elisabetha Strub, o.D. Eine genaue Datierung der Erklärung ist unmöglich. Es liegt nahe, dass sie nach dem letzten Verkauf von Äckern 1863 geschlossen wurde.

6 Für den Hinweis zu den familiären Verbindungen zwischen den Familien Strub und Wagner danke ich Stefan Mossel.

7 Archiv des Heimat- und Geschichtsvereins Essenheim, Handbuch von Lorenz Strub, Gedicht o.D. Das »Rheinische Wörterbuch« umschreibt »verhaseliert« wie folgt: »eine Sache durch nachlässige Handhabung verlieren; verschwenden durch wüstes, planloses Treiben«. Rheinisches Wörterbuch, digitalisierte Fassung im Wörterbuchnetz des Trier Center for Digital Humanities, Version 01/23, online unter: https://www.woerterbuchnetz.de/RhWB (abgerufen am 20.3.2024).

8 Mahlerwein, Gunter: Die Herren im Dorf. Bäuerliche Oberschicht und ländliche Elitenbildung in Rheinhessen 1700-1850. Mainz 2001. Mit den »Herren im Dorf« beschreibt Mahlerwein die dörfliche Oberschicht, die sich durch ihren Besitz, ihr Wirtschaften, ihr Heiratsverhalten, ihren Lebensstil und die Vernetzung innerhalb des Dorfes sowie darüber hinaus von der dörflichen Mittel- und Unterschicht abhebt. Mahlerwein entwirft diese Schichtung für das südliche Rheinhessen. Seine vorzügliche Studie, die zudem noch äußerst spannend geschrieben ist, spannt einen Bogen vom Ende des 18. bis in die Mitte des 19. Jahrhunderts. Seine Beobachtungen können durchaus bis in die Mitte des 20. Jahrhunderts Geltung beanspruchen. Vgl. auch Mahlerwein, Gunter: Akteure im Strukturwandel. Zur

Agrargeschichte des 20. Jahrhunderts, in: Geschichte in Wissenschaft und Unterricht 61 (2010), Seite 43-55; Ders.: Grundzüge der Agrargeschichte. Bd. 3: Die Moderne (1880-2010). Köln 2016.

9 Archiv des Heimat- und Geschichtsvereins Essenheim, Handbuch von Lorenz Strub, Eintrag 1832.

10 Ebd., Stammbaum der männlichen Strubs und Anmerkungen dazu.

11 Mahlerwein: Herren, S. 93.

12 Archiv des Heimat- und Geschichtsvereins Essenheim, Handbuch von Lorenz Strub, Der Letzte seines Stammes.

13 Vgl. Mahlerwein: Herren, S. 422. Mahlerwein hat für die Familie Hirsch in Alsheim gezeigt, dass von durchschnittlich zehn Kindern nur etwa die Hälfte das Erwachsenenalter erreichte.

14 Vgl. ebd., S. 422f.

15 Wunder, Heide: Die bäuerliche Gemeinde in Deutschland. Göttingen 1986, S. 136.

16 Familienarchiv Wagner, Interview Johannes Rudolf Wagner, 25.10.2023.

17 Hans Wagner ist um 1550 geboren. Gestorben ist er vor 1599. Sein Sohn Johannes Wagner war von 1655-1672 Schultheiß im Dorf, sein Enkel Johann Adam Wagner von 1672-1687. Für diesen Hinweis und einen ausführlichen Stammbaum, der bis in die Mitte des 16. Jahrhunderts zurückreicht, danke ich Stefan Mossel.

18 Familienarchiv Wagner, Stammbaum von Emilie Wagner; Stammbaum Johannes Wagner II., erstellt von Stefan Mossel. Meine Großmutter Emilie hat Teile des Stammbaums bis ins späte 17. Jahrhundert rekonstruiert. Der Stammbaum von Stefan Mossel für Johannes II. reicht bis auf den um 1550 geborenen Hans Wagner zurück. Mit dem Teilungsvertrag von 1852 zwischen den Töchtern von Johann Peter Weyel II. kam der erste Wagner in die Hauptstraße 30. Johannes Wagner II. hatte Elisabetha Weyel geheiratet.

19 Vgl. Mahlerwein: Herren, S. 80-83. Seine Definition hinsichtlich der Fläche bezieht sich auf das 18. Jahrhundert. Die in den von mir ausgewerteten Hand- und Hausbüchern aufgeführten Flächengrößen für die Familien, die durch Eheschließungen unterstrichen, dass sie sich zur gleichen Schicht zugehörig fühlten, beginnen für das 19 . Jahrhundert bei etwa 10-15 Hektar, also 40-60 Morgen.

20 Familienarchiv Wagner, Interview Johannes Rudolf Wagner, 25.10.2023.

21 Mahlerwein: Herren, S. 437.

22 Als Beispiel sei hier auf drei Studien verwiesen: Türk, Henning: Ludwig Andreas Jordan und das Pfälzer Weinbürgertum. Bürgerliche Lebenswelt und liberale Politik im 19. Jahrhundert. Göttingen 2016; Jordans, Barbara: 200 Jahre Rheinhessen im Spiegel eines Weinguts. Das Weingut Merz in Ockenheim. Ingelheim 2015; Deckers, Daniel: Der Wein der »Gutehoffnungshütte«. 100 Jahre Weingut St. Antony. Wien/Köln 2021.

23 Frie, Ewald: Ein Hof und elf Geschwister. Der stille Abschied vom bäuerlichen Leben. München 2023.

24 Vgl. Verordnung, die Bezeichnung gleichnamiger Ortsbürger betreffend vom 19.12.1832. Großherzoglich Hessisches Regierungsblatt Nr. 100, Seite 879f., online unter: https://wiki.genealogy.net/Beizeichen_%28Namensbestandteil%29/Verordnung_Gro%C3%9Fherzogtum_Hessen (abgerufen am 21.3.2024).

25 Hesse, Wilhelm Friedrich: Rheinhessen in seiner Entwicklung von 1798 bis Ende 1834. Ein statistisch staatswirtschaftlicher Versuch. Mainz 1835, S. 72f.

26 Vgl. Kiefert, Hans-Joachim: Wilhelm Friedrich Hesse und sein Kommunalschulplan, in: Archiv für hessische Geschichte und Altertumskunde, N.F. 25 (1955/57), S. 219; Mossel, Stefan: Essenheim. Geschichte und Geschichten. Ingelheim 2013, S. 204.

27 Mahlerwein: Herren, S. 2. Vgl. hierzu auch: Henning, Friedrich-Wilhelm: Landwirtschaft und ländliche Gesellschaft in Deutschland. Bd. 2: 1750-1976. Paderborn 1978, S. 72-93; Achilles, Walter: Deutsche Agrargeschichte im Zeitalter der Reformen und der Industrialisierung. Stuttgart 1993, S. 51-61.

28 Hesse: Rheinhessen, S. 70. Vgl. zur Entwicklung Mahlerwein: Herren, S. 153-157.

29 Vgl. u.a. Mahlerwein: Herren, S. 159f.; Frieß-Reimann, Hildegard: Mennonitische Agrarreformer, in: Simon, Michael/Frieß-Reimann, Hildegard (Herausgeber): Volkskunde als Programm. Updates zur Jahrtausendwende. Münster 1996, S. 61-74; Konersmann, Frank: Das Gästebuch der mennonitischen Bauernfamilie David Möllinger Senior 1781-1817. Alzey 2009.

30 Mahlerwein, Gunter: Rheinhessen 1816-2016. Die Landschaft, die Menschen und die Vorgeschichte der Region seit dem 17. Jahrhundert. Mainz 2015, S. 169.

31 Archiv des Heimat- und Geschichtsvereins Essenheim, Handbuch von Lorenz Strub, Eintrag für das Jahr 1816.

32 Ebd., Eintrag für das Jahr 1817.

33 Vgl. Henning: Landwirtschaft, S. 96f.

34 Ebd.

35 Mahlerwein: Herren, S. 60. Vgl. hierzu auch Pfister, Christian: Bevölkerungsgeschichte und historische Demografie 1500-1800. München 1998, S. 94-98.

36 Vgl. Archiv des Heimat- und Geschichtsvereins Essenheim, Handbuch von Lorenz Strub, Eintrag für das Jahr 1837. Im 19. Jahrhundert wanderten zahlreiche Familien aus dem Dorf aus. Eine Liste der Essenheimer Auswanderer des 19. Jahrhunderts hat Stefan Mossel erstellt. Sie ist online unter: https://www.mossel.de/auswanderer-aus-essenheim/19-jahrhundert.html (abgerufen am 26.9.2024).

37 Ein Morgen entspricht 2.500 Quadratmetern. Vier Morgen sind also ein Hektar. Da im 19. Jahrhundert und bis in die 1960er Jahre der

Morgen als fast ausschließliches Flächenmaß in unserer Familie angewandt wurde, nutze ich ihn zur besseren Vergleichbarkeit durchgängig für meine Darstellung.

38 Hesse: Rheinhessen, S. 30f.

39 Vgl. Bronner, Johann Philipp: Der Weinbau in der Provinz Rheinhessen, im Nahetal und Moselthal. Heidelberg 1834, S. 107. Für die von Bronner genannten Rebsorten sind heute mitunter andere Namen geläufiger: Östreicher ist Silvaner, Ruhländer ist Grauer Burgunder und Valteliner ist der heute kaum noch in Rheinhessen anzutreffende Veltliner.

40 Vgl. Privatarchiv Dirk Wambach, Notizbuch von Adam Probst III., Eintragungen für die Weinlese 1887, 1892, 1893 und 1901.

41 Vgl. Familienarchiv Wagner, Interview Johannes Rudolf Wagner, 24.10.2023.

42 Mit dem Begriff Rind werden hier die männlichen und weiblichen Jungtiere bezeichnet.

43 Vgl. Archiv des Heimat- und Geschichtsvereins Essenheim, Handbuch von Adam Probst III., S. 50.

44 Vgl. Hesse: Rheinhessen, S. 13f.

45 Elsheim verfügte auch über eine protestantische Bevölkerungsmehrheit. Sie war aber weniger deutlich ausgeprägt als bei Stadecken und Essenheim. Elsheim gehörte zum Kanton Oberingelheim. Hesse zählt für Essenheim 68 jüdische und 70 katholische Gemeindemitglieder, also jeweils etwa 6% der Einwohner. Vgl. Hesse: Rheinhessen, S. 13.

46 Vgl. Mahlerwein: Herren, S. 83. Zur Bevölkerungsentwicklung vgl. Mossel: Essenheim, S. 17f.

47 Vgl. Mahlerwein, Rheinhessen, S. 133.

48 Vgl. Mossel: Essenheim, S. 19f. Nimmt man die Familien Blodt, Mossel, Schmahl, Probst und Wagner hinzu, dann sind neun der zehn Bürgermeister und neun der elf Ersten Beigeordneten des 19. Jahrhunderts erfasst.

49 Vgl. Familienarchiv Wagner, Häusertheilung vom 16.10.1852.

50 Eine genaue Datierung ist nicht möglich. Es kann angenommen werden, dass der Aufbau des Hauses nach den Verwüstungen während der Pfälzischen Erbfolgekriege erfolgte. Vgl. hierzu: Mossel: Essenheim, S. 14. In Essenheim wurden 1689, wie in weiten Teilen links des Rheins, zahlreiche Gebäude zerstört.

51 Familienarchiv Wagner, Häusertheilung vom 16.10.1852.

52 Die Umrechnung dieser Summe in heutige Kaufkraft ist schwierig. Aus den Aufzeichnungen von Adam Probst III. bekommt man recht brauchbare Vergleichswerte, die helfen können, den Betrag einzuordnen. Für 1.200 Gulden konnte man knapp zwei Morgen Ackerland ersteigern oder zwölf Stück Wein eines durchschnittlichen Jahrgangs erwerben. Das entspricht ungefähr 14.400 Litern. Vgl. Archiv des Heimat- und Geschichtsvereins Essenheim, Handbuch von Adam Probst III., S. 11.

53 Vgl. ebd., S. 60. Die Synagoge wurde in den Jahren 1856 und 1857 errichtet und am 12.9.1857 eingeweiht. Die Hälfte der Bausumme spen-

dete Jakob Lehmann, der als Auswanderer in Amerika ein Vermögen verdient hatte. Vgl. auch Mossel: Essenheim, S. 129. Hesse setzt 1834 als Wert für die Gebäude eines 100-Morgen-Betriebs 7.000 Gulden an. Davon entfallen 3.000 auf das Wohnhaus und 1.500 auf die Scheune. Vgl. Hesse: Rheinhessen, S. 70f.

54 Vgl. Mahlerwein: Herren, S. 119.

55 Vgl. Archiv des Heimat- und Geschichtsvereins Essenheim, Handbuch von Adam Probst III., S. 122.

56 Ebd., S. 121.

57 Vgl. Familienarchiv Wagner, Kassenbuch Marie Wagner, S. 150.

58 Vgl. ebd., Interview Johannes Rudolf Wagner, 25.10.2023.

59 Vgl. ebd., Inventarium Elisabetha Wagner, geb. Schwarz vom 15./16.5.1879.

60 Vgl. hierzu und zur Terminologie Mahlerwein: Herren, S. 153-157. Die Begrifflichkeit der »rationellen Landwirtschaft« in Abgrenzung zur Subsistenzwirtschaft, die alleine der Eigenversorgung diente, geht auf Albrecht Daniel Thaer zurück. Vgl. Haushofer, Heinz: Die deutsche Landwirtschaft im technischen Zeitalter. Stuttgart 1963, S. 25-30. Zur rationellen Landwirtschaft vor allem die S. 30-33; Henning: Landwirtschaft, S. 91; Achilles: Agrargeschichte, S. 163f.

61 Vgl. Familienarchiv Wagner, Interview Johannes Rudolf Wagner, 24.10.2023.

62 Zitiert nach: Götz, Simon/Gremm, Christopher: Die Wiege der TU Darmstadt, online unter: https://www.tu-darmstadt.de/universitaet/aktuelles_meldungen/archiv_2/2019/2019quartal4/neuesausdertueinzelansichtbreitespalte_247104.de.jsp (abgerufen am 26.9.2024).

63 Vgl. Mahlerwein: Rheinhessen, S. 175-183.

64 Ebd., S. 181.

65 Vgl. Archiv des Heimat- und Geschichtsvereins Essenheim, Handbuch von Adam Probst III., S. 116.

66 Vgl. Holzamer, Wilhelm: Vor Jahr und Tag. Berlin 1908.

67 Vgl. Familienarchiv Wagner, Interview Johannes Rudolf Wagner, 24.10.2023.

68 Vgl. ebd., Ernennungsurkunde vom 9.2.1866. Vgl. auch das Patent im Hauptstaatsarchiv Darmstadt, Bestand G 31 P, Nr. 747; Großherzoglich Hessisches Regierungsblatt 1866, Beilage 8, S. 108.

69 Vgl. Mahlerwein: Rheinhessen, S. 239f.

70 Ebd., S. 240.

71 Vgl. Familienarchiv Wagner, Interview Johannes Rudolf Wagner, 24.10.2023.

72 Vgl. ebd., Stammbaum von Emilie Wagner.

73 Vgl. Privatarchiv Dirk Wambach, Notizbuch von Adam Probst III.,Verzeichnis der Höchstbesteuerten in der Gemeinde Essenheim für 1890/91.

74 Vgl. Familienarchiv Wagner, Interview Johannes Rudolf Wagner, 24.10.2023.

75 Vgl. ebd., Loszettel für Elisabetha Wagner, geb. Krämer vom 15.2.1883 und vom 10.6.1897.

76 Zahlen nach Türke, Klaus: Der Weinbau in Rheinhessen. Eine agrar- und sozialgeographische Untersuchung. Mainz 1970, S. 33f.

77 Vgl. zu den Zahlen 1893-1904 Vogeley, Karl: Landwirtschaftliche Betriebsverhältnisse Rheinhessens mit besonderer Berücksichtigung des Weinbaus. Berlin 1907, S. 40.

78 Türke: Weinbau, S. 34.

79 Die Reblaus wurde erstmals 1892 in Rheinhessen nachgewiesen (Schimpsheim). Vgl. Türke: Weinbau, S. 55.

80 Vgl. Privatarchiv Dirk Wambach, Notiz der Erndte für Adam Probst III., Eintragung für das Jahr 1872. Adam Probst kaufte in diesem Jahr Wein in Ebersheim (Mainz) und in Nieder-Walluf.

81 Vgl. ebd., S. 39 und Grafik 1a im Anhang.

82 Eine beeindruckend ausführliche Beschreibung von Güte und Qualität der Jahrgänge des Jahrhunderts und ihres Vegetationsverlaufs in Rheinhessen und dem Rheingau gibt Schlamp, Jacob: Die Weinjahre des 19. Jahrhunderts, Wiesbaden 1879. Vgl. auch die Notizen von Adam Probst III. für die herausragenden Jahrgänge in Güte und Menge für Essenheim 1857-59, Privatarchiv Dirk Wambach, Notiz der Erndte für Adam Probst III.

83 Vgl. Familienarchiv Wagner, Interview Johannes Rudolf Wagner, 24.10.2023.

84 Vgl. Lebensbeschreibung von Jacob Schlamp, verfasst 1875/76, S. 80f. Schlamp beschreibt den Wissensvorsprung, den er durch die Übernahme der Gallisierung besaß. »Die 50er und 51er, welche wir zu ca. f 100 pro Stück einkauften und nach Dr. Gall verbesserten, verkauften wir nach höchstens einem Jahr Lager für f 600-700 pro Stück. Die Weinproduzenten, Weinhändler und Weinspekulanten haben Dr. Gall unendlich viel zu verdanken«. Ich danke Otto Schätzel recht herzlich für die Überlassung einer Kopie.

85 Vgl. Türke: Weinbau, S. 40f.

86 Vgl. Familienarchiv Wagner, Interview Johannes Rudolf Wagner, 24.10.2023.

87 Vgl. ebd.

88 Verhältnis Eigentum zu Zugewinn: Geometer/Elisabetha 1,19:1; Jean/Marie 0,8:1; Hans/Emilie 1,6:1; Rudolf/Christel 5,3:1.

89 Vgl. Familienarchiv Wagner, Interview Johannes Rudolf Wagner, 25.10.2023. Zum Landwirtschaftlichen Verein vgl. auch Mahlerwein, Gunter: Wein und Politik. Rheinhessen im 19. Jahrhundert, in: Wagner, Andreas: Weinbau in Rheinhessen. Beiträge des Kulturseminars der Weinbruderschaft Rheinhessen zu St. Katharinen am 14. November 2015 (Schriften zur Weingeschichte, 190). Wiesbaden 2016, S. 31-42; Erbes, Heribert: Landwirtschaftlicher Verein und Landwirtschaftskammer in Rheinhessen von 1831 bis 1906, in: Heimatjahrbuch Alzey-Worms 59 (2024), S. 63-67.

90 Vgl. Familienarchiv Wagner, Interview Johannes Rudolf Wagner, 24.10.2023.

91 Ein Ausschnitt der von ihm erstellten Gemarkungskarte ist abgedruckt in Mossel: Essenheim, S. 232. Dort findet sich auch ein Lageplan mit Rathaus und Kriegerdenkmal. Der »Situationsplan« war eine Auftragsarbeit von 1896 für Jakob Wolf XVII. Vgl. ebd., S. 22.

92 Vgl. Familienarchiv Wagner, Ackerbuch für Adam Mossel, o.D.; sowie ebd., Ackerbuch von Jakob Schmahl V.; Ausschnitt aus dem Ackerbuch von Familie Scharth. Jürgen Scharth danke ich recht herzlich für die Überlassung eines Ausschnitts in Kopie.

93 Die Verordnung, die Organisation der Geometer im Großherzogtum Hessen betreffend, nennt neben der Entlohnung auch die Aufgaben der Geometer. »Die Geometer zweiter Klasse sind diejenigen, welche im Stande sind, die Grenzregulierung, die Aufnahme und Theilung ganzer Gewannen und solcher Districte, welche nicht über 100 Morgen Flächeninhalt haben, vorzunehmen und ein Nivellement von geringer Ausdehnung mit Hülfe der Wasserwaage zu besorgen«. Vgl. Großherzoglich-Hessisches Regierungsblatt 1832, Nr. 65 vom 31.7.1832.

94 Vgl. Familienarchiv Wagner, Interview Hiltraud Frank, 15.12.2023.

95 Vgl. ebd., Brief an Johannes Wagner VIII. vom 12.8.1883. »Lieber Kamerad J. Wagner, da ich mit dem Geld hier mehr anfangen kann, versteigert meinen Kram nach der nächsten Traubenlese und schickt mir das Geld.«

96 Vgl. ebd., Interview Hiltraud Frank, 15.12.2023.

97 Als grober Richtwert gilt, dass man für 30 Morgen ein gutes Pferd brauchte. Vgl. ebd., Interview Johannes Rudolf Wagner, 24.10.2023.

98 Vgl. ebd., Steigbriefe vom 23.6.1889, 6.10.1892, 31.12.1892, 18.7.1900.

99 Vgl. ebd., Interview Johannes Rudolf Wagner, 24.10.2023.

100 Vgl. ebd., Versicherungsurkunde Johannes Wagner VIII. vom 31.3.1902.

101 Vgl. Mahlerwein: Agrargeschichte, S. 70.

102 Vgl. Familienarchiv Wagner, Interview Johannes Rudolf Wagner, 24.10.2023.

103 Schiffer, Fritz: Betriebswissenschaftliche Untersuchungen über den Weinbau in Rheinhessen. Berlin 1928, S. 193.

104 Vgl. Henning: Landwirtschaft, S. 189.

105 Vgl. Familienarchiv Wagner, Interview Johannes Rudolf Wagner, 24.10.2023.

106 Vgl. Mahlerwein: Agrargeschichte, S. 113; Henning: Landwirtschaft, S. 155.

107 Vgl. Uekötter, Frank: Die Wahrheit ist auf dem Feld. Eine Wissensgeschichte der deutschen Landwirtschaft (Umwelt und Gesellschaft, 1). Göttingen 2012, S. 75; Hudde, Wilhelm/Schmiel, Martin: Handbuch des landwirtschaftlichen Bildungswesens. München 1965, S. 104-107.

108 Vgl. Uekötter: Wahrheit, S. 133.

109 Vgl. Familienarchiv Wagner, Interview Johannes Rudolf Wagner, 25.10.2023.

110 Ebd.
111 Ebd.
112 Ebd.
113 Ebd., Brief von S. Schäfer vom 22.2.1929.
114 Ebd., Entwurf o.D. (1929).
115 Wer die Bücher im Hause Mossel zusammengetragen hat, lässt sich nur vermuten. Einiges spricht dafür, dass ein nicht unbedeutender Teil vom jüngsten Bruder von Karl Adam Mossel I., Ernst Jakob, angeschafft wurde. Er absolvierte eine Lehre als Kaufmann beim Mainzer Weinhändler Lauteren. 1897-1900 arbeitete er in England, 1900-1901 in Madrid. In den 1920ern war er Mitglied des Provinziallandtages der Provinz Rheinhessen, Vorsitzender der Freien Bauernschaft Rheinhessen und stellvertretender Vorsitzender der Landwirtschaftskammer Hessen. Stefan Mossel danke ich für diesen Hinweis.
116 Vgl. Familienarchiv Wagner, Interview Johannes Rudolf Wagner, 25.10.2023.
117 Vgl. ebd.
118 Vgl. ebd., Interview Johannes Rudolf Wagner, 24.10.2023.
119 Das »Landwirtschaftliche Gemeindelexikon« von 1909 verzeichnet für Essenheim bei einer Gesamtnutzfläche von 1.019 ha 257 landwirtschaftliche Betriebe. 184 wurden im Haupterwerb bewirtschaftet. Ein gutes Drittel davon (67) verfügte über 5-10 ha Nutzfläche. 22 verfügten über 10-20 ha und nur fünf über 20 ha. Vgl. Landwirtschaftliches Gemeindelexikon für das Großherzogtum Hessen, Darmstadt 1909, S. 40f.
120 Vgl. Familienarchiv Wagner, Interview Johannes Rudolf Wagner, 25.10.2023.
121 Vgl. ebd.
122 Vgl. Schiffer: Weinbau, S. 190, Tafel X.
123 Bronner: Weinbau, S. 185.
124 Mahlerwein: Agrargeschichte, S. 113.
125 Zeitschrift für die Landwirtschaftlichen Vereine des Großherzogtums Hessen, Nr. 27 vom 7.7.1842.
126 Vgl. Crome, August Friedrich: Handbuch der Statistik des Großherzogtums Hessen. Darmstadt 1822, S. 411f.
127 Vgl. Vogeley: Betriebsverhältnisse, S. 31f. Auch Vogeley verweist 1907 noch auf den hohen Verbrauch an Stallmist für die Weinberge, der den Äckern dann fehle.
128 Vgl. Türke: Weinbau, S. 39.
129 Folgende Berufe werden genannt: Wachtmeister, Werkmeister, Inhaber eines Sattler- und Tapeziergeschäfts, Polizei-Serchant. Vgl. Familienarchiv Wagner, Kassenbuch Marie Wagner, S. 6-21.
130 Ebd., Kassenbuch Johannes Wagner XI., S. 181.
131 Vgl. Jordans: Merz, S. 140f.
132 Vgl. 100 Jahre Staatliche Lehr- und Versuchsanstalt Oppenheim 1895-1995, hrsg. von der SLVA Oppenheim. Oppenheim 1995, S. 15f.; Jordans: Merz, S. 178f.

133 Vgl. Familienarchiv Wagner, Kassenbuch Johannes Wagner XI.; Kellerbuch Johannes Wagner XI.

134 Auf den Feldern wechselten Roggen, Gerste und Hafer. Ab 1908 wurde wieder Weizen angebaut. Der Umfang blieb aber sehr gering. Nicht aufgeführt werden Zucker- und Futterrüben sowie Kartoffeln. Da sie aber auf der Einnahmenseite durch Verkäufe auftauchen, ist von einem überschaubaren Anbau auf kleiner Fläche auszugehen, oder sie wurden als Unterkulturen gepflanzt.

135 Vgl. Kluge, Ulrich: Agrarwirtschaft und ländliche Gesellschaft im 20. Jahrhundert (Enzyklopädie deutscher Geschichte, 37). München 2005, S. 6f.

136 Jährliche Einnahmen aus dem Verkauf von Getreide, Heu und Vieh, gemittelter Durchschnitt für drei Phasen

1902-1906	2839 M
1907-1911	3739 M
1912-1914	5427 M

Vgl. Familienarchiv Wagner, Kassenbuch Johannes Wagner XI.

137 Vgl. Priebe, Hermann: Die subventionierte Unvernunft. Berlin 1985, S. 47.

138 Vgl. Familienarchiv Wagner, Kassenbuch Johannes Wagner XI.; Kellerbuch Johannes Wagner XI.. Hermann Stern war der Nachbar von Jean. Er wohnte mit seiner Familie in der Hauptstraße 28. Stern betrieb einen überregionalen Viehhandel mit Daniel Beretz. Beretz' Frau war die Schwester von Hermann Sterns Frau Martha. Albert Mayer wohnte in der Hauptstraße 19. Er handelte mit Wein und Kolonialwaren. Mayer, Beretz, Stern und Jean Wagner waren annähernd gleich alt. Sie waren geschäftlich über Jahrzehnte eng miteinander verbunden. Vgl. zu den jüdischen Familien Mossel: Essenheim, S. 135-138. Hugo Mayer taucht zwar immer wieder als Käufer auf. Er ist aber im Dorf nicht zu verorten.

139 Vgl. zum Rebsortenspiegel die Aufstellung bei Schiffer: Weinbau, S. 62. Schiffer nennt für 1928 folgende Gewichtung: Silvaner 68,9 %, Riesling 11,8 %, Portugieser 8,3 %, Kleinberger 2,5 %, Traminer 1,9 %, Burgunder 2,4 %, andere Sorten 4,2 %. Vgl. Familienarchiv Wagner, Interview Johannes Rudolf Wagner, 25.10.2023.

140 Vgl. Vogeley: Betriebsverhältnisse, S. 99.

141 Aus den Jahrgängen 1801-1880 errechnet Schiffer dieses Risiko. Es liegt bei 22,5 % für eine Missernte und bei 21,2 % für eine geringe Ernte. Vgl. Schiffer: Weinbau, S. 161.

142 Vgl. Familienarchiv Wagner, Interview Johannes Rudolf Wagner, 24.10.2023.

143 Vgl. Vogeley: Betriebsverhältnisse, Anhang.

144 Die in den Kassenbüchern gemachten Angaben für das Personal sind schwankend und nicht immer eindeutig. Es gibt wechselnde Knechte und Mägde für diesen Zeitraum. Für manche Jahre nennt Jean aber auch nur sich und seinen Sohn, sowie zwei Tagelöhner mit jeweils 200 Arbeitstagen. Vgl. Familienarchiv Wagner, Kassenbuch Johannes Wagner XI., S. 74f., 78f.

145 Vgl. ebd., Steigbrief für Johannes Wagner XI. vom 18.7.1900; Versicherungsurkunde für Johannes Wagner VIII. vom 31.3.1902.
146 Vgl. zur unterschiedlichen Entwicklung der Gewinnchancen innerhalb der Landwirtschaft: Kluge: Agrarwirtschaft, S. 9.
147 Vgl. Familienarchiv Wagner, Steigbrief für Johannes Wagner XI. vom 18.3.1919.
148 Vgl. ebd., Interview Johannes Rudolf Wagner, 24.10.2023.
149 Vgl. ebd., Brief von Regina Stern vom 11.9.1981.
150 Vgl. ebd., Kaufvertrag vom 16.7.1937.
151 Vgl. ebd., Brief von Regina Stern vom 25.2.1947.
152 Vgl. ebd., Interview Johannes Rudolf Wagner, 24.10.2023.
153 Vgl. ebd., Interview Johannes Rudolf Wagner, 25.10.2023.
154 Vgl. Archiv des Heimat- und Geschichtsvereins Essenheim, Handbuch von Adam Probst III.; Hand- und Tagebuch für die Witwe Jungbluth 1842 (Kopie).
155 Vgl. Familienarchiv Wagner, Kassenbuch von Johannes Wagner XI., Eintrag vom 28.12.1924, S. 50. Vgl. auch Mossel: Essenheim, S. 137.
156 Vgl. Familienarchiv Wagner, Interview Johannes Rudolf Wagner, 24.10.2023.
157 Vgl. ebd., Anlagebuch Johannes Wagner XI., Eintrag für das Jahr 1912 und Entwurf eines Schreibens an das Finanzamt von 1935.
158 Bei Schwartzkopf handelte es sich um eine Maschinenbaugesellschaft mit Sitz in Berlin. In den 1920ern firmierte sie unter Berliner Maschinen-Actien-Gesellschaft. Vgl. Kleines Salings Börsen-Jahrbuch für 1920/21, Berlin 1921, S. 331.
159 Vgl. Familienarchiv Wagner, Anlagebuch Johannes Wagner XI., Eintrag für das Jahr 1914. AEG hatte sich verdoppelt, und Schwartzkopf war sogar um das zweieinhalbfache gestiegen.
160 Vgl. ebd., Interview Johannes Rudolf Wagner, 24.10.2023.
161 Vgl. Mahlerwein: Agrargeschichte, S. 114f.; Achilles: Agrargeschichte, S. 331f.; Henning: Landwirtschaft, S. 155-158.
162 Vgl. Familienarchiv Wagner, Interview Johannes Rudolf Wagner, 24.10.2023.
163 Der Umfang des Einsatzes von Kriegsgefangenen im Ersten Weltkrieg ist schwer aus den Quellen zu erschließen. Es taucht im Kassenbuch der Vermerk »2 Kriegsgefangene bezahlt« für 1917 mehrmals auf. Vgl. ebd., Kassenbuch Marie Wagner, S. 30.
164 Vgl. ebd., Interview Johannes Rudolf Wagner, 25.10.2023.
165 Vgl. ebd., Kellerbuch Johannes Wagner XI., S. 10-20.
166 Vgl. Türke: Weinbau, S. 39 und Grafik 1a im Anhang.
167 Vgl. Jordans: Merz, S. 74. Jordans weist die Sorte für das Jahr 1866 in Ockenheim nach.
168 Nordblom, Pia: »Die Brücke von flüssigem Gold«. Weinbau in Rheinhessen in der Zeit des Nationalsozialismus, in: Wagner, Andreas: Weinbau in Rheinhessen. Beiträge des Kulturseminars der Weinbruderschaft Rheinhessen zu St. Katharinen am 14. November 2015 (Schriften zur Weingeschichte, 190). Wiesbaden 2016, S. 49.

169 Vgl. Krieger, Christof: Weinpropaganda im Dritten Reich. Zell 2018, S. 470; Nordblom: Brücke, S. 50.; Würz, Markus: Kampfzeit unter französischen Bajonetten. Die NSDAP in Rheinhessen in der Weimarer Republik. Stuttgart 2012, S. 50f.; Nordblom, Pia: »Volksgemeinschaft« im Weinglas? Zur Beziehungsgeschichte von Weinbau und Nationalsozialismus in Rheinhessen, in: Matheus, Michael: Weinkultur und Weingeschichte an Rhein, Nahe und Mosel (Mainzer Vorträge, 22). Stuttgart 2019, S. 125-141.
170 Vgl. Nordblom: Brücke, S. 48.
171 Vgl. Kahlenberg, Friedrich P. (Bearbeiter): Die Berichte Eduard Davids als Reichsvertreter in Hessen 1921-1927. Wiesbaden 1970, S. 227.
172 Vgl. ebd., S. 241, Bericht Nr. 163 vom 17.9.1926.
173 Vgl. Krieger: Propaganda, S. 38. Das Zitat stammt aus der Schulchronik der Volksschule Bernkastel.
174 Deckers, Daniel: Eine Geschichte des deutschen Weins. Im Zeichen des Traubenadlers. Mainz 2010, S. 77f.
175 Ebd., S. 76.
176 Vgl. Mahlerwein: Agrargeschichte, S. 117; Kluge: Agrarwirtschaft, S. 23f.
177 Vgl. Schlamp: Lebensbeschreibung, S. 73-81.
178 Ebd., S. 80.
179 Vgl. Fontane, Theodor: Vor dem Sturm. München [3]1990, S. 171. Fontane lobt darin im Kapitel »Nullum vinum nisi hungaricum« den Rheinhessenwein. Man sitzt bei einer Flasche Liebfrauenmilch zusammen. An den Rheinhessen selbst lässt man kein gutes Haar. »›Daß diesen Rheinhessen so was in die Fässer läuft!‹ hob er an und ließ den Inhalt seines Glases im Lichte spielen. ›Die schlechtesten Kerle den schönsten Wein! Von allen Blutsaugern, die anno 1806 und nun wieder in diesem Jahre durch Bingenwalde gekommen sind, sind keine so verschrien wie diese. Man kann die Kinder mit ihnen zu Bette jagen‹«.
180 Vgl. als Beispiel Fontane, Theodor: L'Adultera. München [3]1990, S. 30. Fontane erwähnt hier den 1811er Rheinwein. Vgl. ebenso: Stendhal: Rot und Schwarz. München 2006, S. 189. Bei Stendhal wird Rheinwein in der gehobenen französischen Gesellschaft genossen. Dabei fehlt nicht der zarte Hinweis darauf, dass dieser »vor Ort gekauft, neun Franc die Flasche kostete«. Vgl. Tolstoi, Lew: Krieg und Frieden. Bd. 1. München [3]2018, S. 368. Hier wird Rheinwein in großen Mengen zum Sauté konsumiert.
181 Vgl. Deckers: Geschichte, S. 50.
182 Vgl. Schiffer: Weinbau, S. 190, Tafel X.
183 Vgl. Familienarchiv Wagner, Interview Johannes Rudolf Wagner, 24.10.2023.
184 Vgl. Bassermann-Jordan: Friedrich von: Geschichte des Weinbaus. Frankfurt a.M. [2]1923, (Nachdruck) Landau 1991, S. 189f.
185 Vgl. Deckers: Geschichte, S. 44.
186 Vgl. Schiffer: Weinbau, S. 188f.
187 Ebd.

188 Vgl. Jordans: Merz, S. 169.
189 Vgl. Familienarchiv Wagner, Kellerbuch Johannes Wagner XI., Eintrag 1924.
190 Vgl. ebd., Kellerbuch Karl Adam Mossel, Einträge 1921-1924.
191 Vgl. Nordblom: Brücke, S. 50; Türke: Weinbau, Anhang Grafik 1b.; Hahn, Helmut: Die deutschen Weinbaugebiete (Bonner Geographische Abhandlungen, 18). Bonn 1956, Anhang: Tabelle II. Hahn differenziert dies noch. Er errechnet für Oppenheim und Umgebung für den Zeitraum 1908-1938 einen Rückgang von 32,9%. In Ingelheim und Umgebung blieb sie mit -1,4% relativ gleich. Worms und Umgebung verzeichneten eine starke Zunahme um 44,6%, Mainz und Umgebung um 6,2%.
192 Vgl. Kahlenberg: Berichte, S. 177.
193 Vgl. Krieger: Propaganda, S. 56-60.
194 Familienarchiv Wagner, Anlagebuch Johannes Wagner XI., Entwurf o.D. (1931). Die Differenzierung zwischen unterschiedlichen Lagen und ihrer Güte schien spätestens in den 1930ern auch im Selztal verbreitet gewesen zu sein. Bieser weist in seiner Anzeige darauf hin, dass er über ein großes Lager an »1a Weinen verschiedener Jahrgänge und Lagen« verfüge. Es sind hiermit nicht Lagen gemeint, wie wir das heute verstehen. Es dürfte ein Unterschied zwischen einzelnen Ortschaften gemacht worden sein. Vgl. Festschrift zum großen nationalen Gesangswettstreite des Männergesangvereins Essenheim. Mainz 1930, Anzeige Georg Bieser.
195 Vgl. Familienarchiv Wagner, Kellerbuch Johannes Wagner XI., jährliche Eintragungen für verschiedene Jahrgänge.
196 Vgl. Krieger: Propaganda, S. 139-318.
197 Vgl. Familienarchiv Wagner, Kellerbuch Karl Adam Mossel, Einträge 1927-1933.
198 Vgl. ebd., Entwurf eines Schreibens von Karl Adam Mossel, o.D. (1929).
199 Vgl. Henning, Friedrich-Wilhelm: Das industrialisierte Deutschland 1914 bis 1992. Paderborn [9]1997; S. 91.
200 Vgl. hierzu mit dem Schwerpunkt auf der Landwirtschaft Mahlerwein: Agrargeschichte, S. 117.
201 Vgl. als Beispiel für diese Deutung: Henning: Deutschland, S. 119f.
202 Sie belief sich in etwa auf ein Drittel der im Schnitt jährlich durch Weinverkäufe erzielten Einnahmen. Vgl. Familienarchiv Wagner, Anlagebuch Johannes Wagner XI.
203 Die Rebfläche im Dorf war seit der Erhebung von Hesse 1834 deutlich angewachsen. 1925 waren in Essenheim 158 ha oder 632 Morgen mit Reben bestockt. Drei Viertel entfielen auf die weißen, ein Viertel auf die roten Sorten. Österreicher (Silvaner) dominierte mit 40%, gefolgt vom Portugieser (30%). Der Rest verteilte sich mit jeweils 10% auf Riesling, Traminer und Kleinberger (Elbling). Auch in Essenheim sank die Rebfläche. Eine nächste Zahl ist für 1954 überliefert. 91 ha

befanden sich im Anbau. 30 ha waren mit weißen, 50 ha mit roten Reben bestockt. Auf 11 ha stand ein gemischter Satz aus weißen Reben. Vgl. Die Rheinweine Hessens, herausgegeben vom Hessischen Weinbauverband. Mainz 1927, S. 111f.; Lebensfreude aus Rheinhessen. Das Buch vom Rheinhessenwein, hrsg. vom Weinbauverband Rheinhessen. Mainz 1954, S. 152.

204 Vgl. Familienarchiv Wagner, Interview Johannes Rudolf Wagner, 24.10.2023.

205 Zuckmayer, Carl: »Als wär's ein Stück von mir«. Frankfurt a.M. 1966, S. 469

206 Vgl. Familienarchiv Wagner, Interview Johannes Rudolf Wagner, 25.10.2023.

207 Vgl. ebd., Interview Johannes Rudolf Wagner, 24.10.2023.

208 Vgl. ebd., Interview Johannes Rudolf Wagner, 25.10.2023.

209 Vgl. ebd., Interview Johannes Rudolf Wagner, 24.10.2023.

210 Vgl. Mossel: Essenheim, S. 218; Familienarchiv Wagner, Interview Johannes Rudolf Wagner, 24.10.2023. Der Lehrer Johannes Wagner stammt, auch wenn es Vor- und Nachname nahelegen, nicht aus unserer Familie. Wagner war nebenbei als Historiker aktiv und verfasste eine umfangreiche Geschichte Essenheims. Er begeisterte seine Schüler, auch wenn ihm große Strenge nachgesagt wurde. Im Dorf gründete er eine Fußballgruppe. Wagner diente im Zweiten Weltkrieg als Major. Von seinem Fahrer wurde er wegen kritischer Äußerungen denunziert. Am 10. Januar 1945 hat er sich im Gefängnis in Pirna das Leben genommen. Vgl. Mossel: Essenheim, S. 219.

211 Vgl. Familienarchiv Wagner, Interview Johannes Rudolf Wagner, 24.10.2023.

212 Vgl. ebd.

213 Vgl. ebd., Interview Hiltraud Frank, 15.12.2023.

214 Vgl. ebd., Anlagebuch Johannes Wagner XI., Eintrag für das Jahr 1913, Notizen von Ernst Wagner o.D.

215 Vgl. Würz, Markus: Kampfzeit, S. 205-217.

216 Vgl. Würz, Markus: Die Anfänge des Nationalsozialismus in Essenheim bis 1933, in: Mossel: Essenheim, S. 61.

217 Vgl. Würz, Markus: »Gruß aus Hitlershausen (z. Zt. noch Stadecken genannt)« – Die ›Burg‹ der NS-Bewegung im nördlichen Rheinhessen, in: Kißener, Michael (Herausgeber): Rheinhessische Wege in den Nationalsozialismus. Worms 2010, S. 252f.

218 Würz: Burg, S. 254.

219 Vgl. Mahlerwein: Rheinhessen, S. 271.

220 Vgl. Bundesarchiv Berlin, R 9361-I, 42802, OPG Karl Wolf III., 5.8.1889.

221 Vgl. ebd., Vernehmung Friedrich Wilhelm Schott vor dem Kreisgericht der NSDAP vom 1.8.1934; Schreiben Schott an das Kreisgericht der NSDAP vom 28.10.1934.

222 Vgl. Würz: Anfänge, S. 63.

223 Vgl. Familienarchiv Wagner, Interview Johannes Rudolf Wagner, 24.10.2023.
224 Vgl. ebd., Brief von Regina Stern vom 11.9.1981.
225 Vgl. ebd., Kaufvertrag vom 3.3.1937 und vom 16.7.1937.
226 Vgl. ebd., Interview Johannes Rudolf Wagner, 25.10.2023.
227 Vgl. ebd., Interview Johannes Rudolf Wagner, 24.10.2023.
228 Vgl. ebd., Kaufvertrag Hans Rudolf Wagner vom 7.2.1941.
229 Kluge: Agrarwirtschaft, S. 21.
230 Vgl. Familienarchiv Wagner, Versicherungsurkunde Johannes Wagner VIII. vom 31.3.1902; Versicherungsurkunde Hans Rudolf Wagner vom 10.11.1951.
231 Vgl. ebd., Interview Johannes Rudolf Wagner, 24.10.2023.
232 Vgl. ebd.
233 Vgl. Türke: Weinbau, Anhang Grafik 1a; Kreuz, Rad, Löwe. Rheinland-Pfalz, ein Land und seine Geschichte. Bd. 3: Historische Statistik, hrsg. vom Statistischen Landesamt Rheinland-Pfalz. Mainz 2012, S. 144f.
234 Kreuz, Rad, Löwe. Bd. 3: Historische Statistik, S. 144.
235 Familienarchiv Wagner, Mitteilung der Hess. Lehr- und Versuchsanstalt vom 30.6.1931.
236 Vgl. Rodrian, Heinrich: Wo der Winzer sein Wissen holt, in: Lebensfreude aus Rheinhessen, S. 81; 100 Jahre Staatliche Lehr- und Versuchsanstalt Oppenheim 1895-1995, S. 15f.
237 Vgl. Familienarchiv Wagner, Bestellungspläne Hans Rudolf Wagner.
238 Vgl. Rodrian: Winzer, S. 81.
239 Vgl. Krieger: Propaganda, S. 140-145.
240 Vgl. ebd., S. 320-325, 470.
241 Nordblom: Volksgemeinschaft, S. 132.
242 Vgl. Krieger: Propaganda, S. 333f.
243 Vgl. Familienarchiv Wagner, Kassenbuch Marie Wagner, Aufstellung für 1934 und 1938; Kellerbuch Johannes Wagner XI., S. 21-24.
244 Vgl. ebd., Interview Johannes Rudolf Wagner, 24.10.2023.
245 Vgl. ebd.
246 Vgl. Kreuzburg, Julia: Die »Arisierung« des jüdischen Weinhandels in Rheinhessen. Unveröffentlichte Masterarbeit Universität Mainz 2016, S. 56f.; Dies.: Jüdische Weinhändler im Spiegel nationalsozialistischer Medien. Zur Arisierung in Rheinhessen, in: Zeitschrift für die Geschichte Rheinhessens 1 (2021), S. 169-195.
247 Vgl. Familienarchiv Wagner, Interview Johannes Rudolf Wagner, 24.10.2023.
248 Vgl. ebd., Interview Johannes Rudolf Wagner, 25.10.2023.
249 Ebd., Fotoalbum Emilie Wagner.
250 Vgl. ebd., Auseinandersetzung und Auflassung für Emilie Fischborn vom 7.4.1914, Übergabe vom 9.5.1950.
251 Vgl. ebd., Tauschvertrag vom 9.5.1950.

252 Vgl. ebd., Interview Johannes Rudolf Wagner, 25.10.2023.
253 Vgl. ebd., Interview Hiltraud Frank, 15.12.2023.
254 Vgl. ebd.
255 Vgl. Villingener Hefte, Sonderheft Paul Kammer. Villingen 2003, S. 5, online unter: https://www.villingen-online.de/download/heimatkundlicher_arbeitskreis/sonderhefte/Sonderheft_Paul-Kammer.pdf (abgerufen am 26.9.2024).
256 Vgl. Kammer, Paul: Über den Begriff der Bildung in den modernen freien Volksbildungsbestrebungen in Deutschland. Gießen 1930, S. 50-54, 77-79.
257 Vgl. Familienarchiv Wagner, Interview Johannes Rudolf Wagner, 25.10.2023.
258 Vgl. ebd.
259 Kluge: Agrarwirtschaft, S. 27. Vgl. ausführlicher Münkel, Daniela: Nationalsozialistische Agrarpolitik und Bauernalltag. Frankfurt a.M. 1996, S. 112-120.
260 Ebd., S. 115.
261 Vgl. ebd., S. 117.
262 Vgl. Familienarchiv Wagner, Gerichtliches Verzeichnis der Höfe vom 12.9.1934; Erbhöferolle vom 5.4.1935; Erbhofübergabevertrag vom 7.2.1941.
263 Reichsgesetzblatt, Teil I, S. 685, 29.9.1933.
264 Münkel: Agrarpolitik, S. 117.
265 Vgl. Familienarchiv Wagner, Erbhöferolle, Eintragung vom 11.1.1937.
266 Vgl. ebd., Interview Johannes Rudolf Wagner, 25.10.2023.
267 Vgl. ebd.
268 Vgl. ebd.
269 Münkel: Agrarpolitik, S. 115 f., Abbildung 3.
270 Vgl. Familienarchiv Wagner, Interview Johannes Rudolf Wagner, 25.10.2023.
271 Vgl. Mossel: Essenheim, S. 89.
272 Vgl. Familienarchiv Wagner, Interview Johannes Rudolf Wagner, 25.10.2023.
273 Vgl. ebd., Kellerbuch Johannes Wagner XI.
274 Türke: Weinbau, S. 39.
275 Vgl. Diehl, Dennis: Reblausbekämpfung und Flurbereinigung, in: Wagner, Andreas: Weinbau in Rheinhessen. Beiträge des Kulturseminars der Weinbruderschaft Rheinhessen zu St. Katharinen am 14. November 2015, Wiesbaden 2016, S. 75-78. Ausführlicher: Ders.: Das Weinbergsaufbaugesetz von 1953 und seine Bedeutung für den Wiederaufbau der rheinland-pfälzischen Weinberge. Unveröffentlichte wissenschaftliche Prüfungsarbeit für das 1. Staatsexamen, Universität Mainz 2009, S. 14-29; Guthier, Simeon: Geschichte genussvoll entdecken. Tradition und Weinkultur in Rheinhessen. Mainz 2022, S. 166-169.
276 Vgl. Türke: Weinbau, Anhang Grafik 2.

277 Vgl. Corni, Gustavo/Gies, Horst: Brot, Butter, Kanonen. Die Ernährungswirtschaft in Deutschland unter der Diktatur Hitlers. Berlin 1997, S. 478.
278 Vgl. Familienarchiv Wagner, Interview Johannes Rudolf Wagner, 25.10.2023.
279 Corni/Gies: Ernährungswirtschaft, S. 467.
280 Vgl. Familienarchiv Wagner, Interview Johannes Rudolf Wagner, 25.10.2023.
281 Vgl. Mossel: Essenheim, S. 112-120. Dort finden sich auch zwei Berichte von Georg Schmahl V. zum Kriegsende.
282 Vgl. ebd., S. 195.
283 Vgl. Familienarchiv Wagner, Brief von Regina Stern vom 11.9.1981.
284 Vgl. ebd., Interview Johannes Rudolf Wagner, 25.10.2023, Interview Hiltraud Frank, 15.12.2023.
285 Vgl. zum. Gesetz: RGBl. 1933 I, S. 529. Zum Krankenmord in der NS-Zeit vgl. Klee, Ernst: »Euthanasie« im NS-Staat. Die »Vernichtung lebensunwerten Lebens«. Frankfurt a.M. ^{2}2010; Aly, Götz (Herausgeber): Aktion T4: 1939-1945. Die »Euthanasie«-Zentrale in der Tiergartenstraße 4. Berlin 1989.
286 Euthanasiepredigt des Bischof von Münster, Clemens August von Galen, vom 3.August 1941, online unter: https://www.uibk.ac.at/theol/leseraum/texte/599.html?print=1 (abgerufen am 20.3.2024).
287 Vgl. Nowak, Kurt: Widerstand, Zustimmung, Hinnahme. Das Verhalten der Bevölkerung zur »Euthanasie«, in: Frei, Norbert (Herausgeber): Medizin und Gesundheitspolitik in der NS-Zeit (Schriften der Vierteljahrshefte für Zeitgeschichte. Sondernummer). München 1991, S. 246f.
288 Archiv der Gedenkstätte Hadamar, Patientenakte 3497 (Elisabeth Gutenberger), Antrag vom 7.12.1944 mit Anlagen.
289 Ebd., Fragebogen vom 2.1.1945.
290 Vgl. ebd., Schreiben vom 17.1.1945. Walter Schmidt war Oberarzt in Eichberg und SS-Untersturmführer. Im Rahmen der Aktion T4 war er in Eichberg an der Tötung von behinderten Erwachsenen und Kindern beteiligt. Er räumte dies in einem Prozess nach dem Krieg ein. Schmidt war zuvor in Hadamar als Assistenzarzt tätig gewesen. Vgl. Klee, Ernst: Deutsche Medizin im Dritten Reich. Karrieren vor und nach 1945. Frankfurt a.M. 2001, S. 311f.
291 Archiv der Gedenkstätte Hadamar, Patientenakte 3497 (Elisabeth Gutenberger), Schreiben vom 23.1.1945.
292 Ebd., Entwurf vom 19.2.1945.
293 Vgl. ebd., Notiz vom 20.2.1945.
294 Ebd., Brief vom 26.2.1945.
295 Vgl. ebd., Schreiben vom 30.1.1946 und 2.4.1946.
296 Ebd., Schreiben vom 30.1.1946.
297 Ebd., Entwurf vom 22.3.1945.
298 Vgl. Familienarchiv Wagner, Interview Johannes Rudolf Wagner, 24.10.2023.

299 Vgl. ebd., Interview Hiltraud Frank, 15.12.2023.
300 Vgl. ebd.
301 Vgl. Mossel: Essenheim, S. 247 (Güldner-Treffen 1955). Die Fotos mit dem immer selben Motiv (zahlreiche Traktoren, stolze Besitzer, arrangiert vor der Kirche oder in einem großen Gehöft) finden sich in unterschiedlichen Variationen in verschiedenen Familienalben. Vgl. Familienarchiv Wagner, Fotoalbum Emilie Wagner.
302 Vgl. ebd., Betriebsbeihilfe beim Bezug von Dieselkraftstoff vom 27.12.1951; Bestellschein vom 23.10.1951.
303 Vgl. ebd., Interview Johannes Rudolf Wagner, 24.10.2023.
304 Vgl. zur kritischen Einordnung v.a. Uekötter: Wahrheit, S. 277-289.
305 Vgl. Kluge: Agrarwirtschaft, S. 38.
306 Vgl. Familienarchiv Wagner, Kaufvertrag Emilie Wagner vom 14.2.1956.
307 Vgl. Uekötter: Wahrheit, S. 287.
308 Vgl. Familienarchiv Wagner, Kaufvertrag vom 19.1.1950.
309 Vgl. ebd., Kaufvertrag vom 20.12.1951.
310 Vgl. ebd., Interview Johannes Rudolf Wagner, 24.10.2023.
311 Vgl. ebd., Interview Johannes Rudolf Wagner, 25.10.2023.
312 Vgl. ebd., Quittung Harald Stock 1953; Kassenbuch Johannes Wagner XI., Abrechnung für 1952. Der Lohn wurde nicht in einer Summe zum Monatsende ausgezahlt, sondern quartalsweise abgerechnet. Dazwischen erhielt Harald Stock kleine Geldbeträge für seine Auslagen wie den Kauf von Schuhen, einen Kinobesuch, Zigaretten oder neue Strümpfe. Die Art der Abrechnung gleicht der mit den Knechten und Mägden.
313 Kluge: Agrarwirtschaft, S. 38. Eine ähnliche Argumentation findet sich auch bei Uekötter: Wahrheit, S. 289.
314 Vgl. Hahn: Weinbaugebiete, Anhang: Tabelle III.; Kreuz, Rad, Löwe. Bd. 3: Historische Statistik, S. 145.
315 Durchschnittlicher jährl. Weinertrag in Litern je Hektar Rebfläche

	Hans/Jean	*Ingelheim und Umland*	*Rheinhessen*
1909-1913	625	1950	2200
1914-1918	3351		
1919-1923	2962	1650	2100
1928-1932	4708		
1933-1937	5838	4600	4450
1938-1942	3175		
1943-1947	3918		
1948-1952	7450	6100	5800
1953-1955	6527		

Vgl. Familienarchiv Wagner, Kellerbuch Johannes Wagner XI., Hahn: Weinbaugebiete, Anhang: Tabelle III.; Kreuz, Rad, Löwe. Bd. 3: Historische Statistik, S. 145.
316 Vgl. Familienarchiv Wagner, Bescheinigung der Ortspolizeibehörde vom 26.5.1952 und 25.7.1957.

317 Vgl. ebd., Interview Johannes Rudolf Wagner, 24.10.2023.
318 Mahlerwein: Agrargeschichte, S. 119.
319 Vgl. Familienarchiv Wagner, Interview Johannes Rudolf Wagner, 24.10.2023.
320 Vgl. ebd.
321 Vgl. Kluge: Agrarwirtschaft, S. 16f. und 26.
322 Vgl. Kammer: Begriff, S. 50-52.
323 Ebd., S. 76.
324 Vgl. Familienarchiv Wagner, Kellerbuch Johannes Wagner XI., Kaufbestätigung Helmut Schwerdt vom 2.6.1956; Abrechnung von Willi Bingenheimer vom 22.10.1957.
325 Vgl. Mahlerwein: Agrargeschichte, S. 107.
326 Vgl. Familienarchiv Wagner, Feldbuch Hans Wagner, Bestellungs- und Düngepläne 1945-1968.
327 Die Düngemittellieferungen stiegen für das gesamte Bundesgebiet zwischen 1950/51 und 1953/1954 kontinuierlich an. Dies gilt für Stickstoff, Kali und Phosphat. Der Anstieg je Hektar landwirtschaftlicher Nutzfläche beträgt alleine in diesen drei Jahren knapp 20%. Vgl. Statistisches Jahrbuch 1956, S. 154.
328 Vgl. Familienarchiv Wagner, Interview Johannes Rudolf Wagner, 24.10.2023.
329 Vgl. Das Erziehungssystem. Kraftwerk der Traubenproduktion, online unter: https://www.hs-geisenheim.de/praxis/wein-sensorik/erziehungssystem/ (abgerufen am 26.9.2024); Müller, Edgar (Herausgeber): Der Winzer. Lehr- und Arbeitsbuch in zwei Bänden. Bd. 1: Weinbau. Stuttgart 1999, S. 272f.
330 Vgl. Familienarchiv Wagner, Schreiben der Farbenfabrik Bayer, Leverkusen, wissenschaftliche Abteilung vom 25.8.1956.
331 Vgl. als Beispiel: ebd., Analyse Theo Massing vom 30.10.1951. Die Rechnung in diesem Fall sah dann folgendermaßen aus: 1951er Elsheimer Sylvaner, Mostgewicht 70°, Gesamtsäure 14 g, Zuckerung auf 92°, 20%-ig nass: 100 Liter Most, 10,3 kg Zucker und 18,8 Liter Wasser ergeben 125 Liter Gärgut. Der Umfang der »Nassverbesserung« wurde im Weingesetz von 1909 in §3 geregelt: »Der Zusatz an Zuckerwasser darf jedoch in keinem Falle mehr als ein Fünftel der gesamten Flüssigkeit betragen«. RGBl., Teil I, S. 393-402, 7.4.1909.
332 Vgl. Familienarchiv Wagner, Allgemeine Zeitung Mainz vom 3.10.1961.
333 Vgl. ebd., Interview Johannes Rudolf Wagner, 24.10.2023.
334 Vgl. Mahlerwein: Agrargeschichte, S. 119.
335 Vgl. Familienarchiv Wagner, Interview Johannes Rudolf Wagner, 24.10.2023.
336 Vgl. Türke: Weinbau, Anhang Grafik 1a.
337 Vgl. Familienarchiv Wagner, Kellerbuch Johannes Wagner XI., Kaufbestätigung Helmut Schwerdt vom 2.6.1956, Kaufbestätigung Willi Bingenheimer vom 26.2.1957.

338 Mahlerwein beziffert dieses für 1955 auf 2.899 DM. Vgl. Mahlerwein: Agrargeschichte, S. 119.
339 Vgl. Familienarchiv Wagner, Notizen für die Steuerklärung 1955 (o.D.); Steuerbescheid für 1955.
340 Vgl. Statistisches Jahrbuch 1956, S. 499.
341 Vgl. Familienarchiv Wagner, Interview Johannes Rudolf Wagner, 24.10.2023; Interview Hiltraud Frank, 15.12.2023.
342 Vgl. ebd.
343 Ebd.
344 Vgl. Familienarchiv Wagner, Interview Johannes Rudolf Wagner, 24.10.2023.
345 Vgl. ebd.
346 Familienarchiv Wagner, Interview Hiltraud Frank, 15.12.2023.
347 Ebd.
348 Vgl. ebd.
349 Familienarchiv Wagner, Interview Christina Wagner, 4.12.2023.
350 Vgl. Mahlerwein: Agrargeschichte, S. 143. Mahlerwein schätzt, dass 1956 etwa ein Drittel der Betriebsnachfolger eine Landwirtschaftsschule besuchte.
351 Vgl. Uekötter: Wahrheit, S. 173-177.
352 Ebd., S. 175.
353 Ebd., S. 173.
354 Ebd., S. 172.
355 Ebd., S. 173.
356 Vgl. Familienarchiv Wagner, Feldbuch Hans Wagner, Bestellungs- und Düngeplan 1964/65.
357 Vgl. Mahlerwein: Agrargeschichte, S. 55f.
358 Vgl. Familienarchiv Wagner, Interview Johannes Rudolf Wagner, 24.10.2023.
359 Vgl. ebd., Feldbuch Rudolf Wagner, Bestellungs- und Düngeplan 1988/89.
360 Mit Zuckerrüben erwirtschaftete Rudolf 1989 41% seines Umsatzes im Bereich Ackerbau. Zuckerrüben standen auf 17% der Ackerfläche.
361 Vgl. ebd., Interview Johannes Rudolf Wagner, 24.10.2023.
362 Vgl. ebd.
363 Ebd., Interview Johannes Rudolf Wagner, 25.10.2023.
364 Vgl. ebd., Interview Hiltraud Frank, 15.12.2023.
365 Ebd., Interview Johannes Rudolf Wagner, 24.10.2023.
366 Priebe: Unvernunft, S. 18f.
367 Vgl. Familienarchiv Wagner, Interview Johannes Rudolf Wagner, 24.10.2023.
368 Vgl. ebd.
369 Vgl. Mahlerwein: Agrargeschichte, S. 11; Henning: Deutschland, S. 217-221; Ders.: Landwirtschaft, S. 262-272; Kluge: Agrarwirtschaft, S. 39f.; Priebe: Unvernunft, S. 173-175; Mahlerwein: Akteure, S. 43-55.
370 Vgl. Kreuz, Rad, Löwe. Bd. 3: Historische Statistik, S. 138f.

371 Uekötter: Wahrheit, S. 12. Vgl. auch Mahlerwein: Agrargeschichte, S. 152.
372 Familienarchiv Wagner, Interview Johannes Rudolf Wagner, 24.10.2023.
373 Ebd., Interview Johannes Rudolf Wagner, 25.10.2023.
374 Ebd.
375 Ebd.
376 Priebe: Unvernunft, S. 28.
377 Vgl. Uekötter: Wahrheit, S. 366.
378 Familienarchiv Wagner, Meisterarbeit Johannes Rudolf Wagner, 27.1.1968.
379 Vgl. ebd.
380 Vgl. Uekötter: Wahrheit, S. 373.
381 Vgl. Familienarchiv Wagner, Feldbuch Rudolf Wagner, Bestellungs- und Düngeplan 1970/71.
382 Vgl. Mahlerwein: Agrargeschichte, S. 167; Priebe: Unvernunft, S. 56-59, 81; Henning: Landwirtschaft, S. 263 f.; Kluge: Agrarwirtschaft, S. 39.
383 Vgl. Uekötter: Wahrheit, S. 359. Der Einsatz von Stickstoff stieg zwischen 1949 und 1985 um mehr als das Fünffache an. Vgl. Henning: Landwirtschaft, S. 264.
384 Familienarchiv Wagner, Interview Johannes Rudolf Wagner, 24.10.2023.
385 Ebd., S. 365.
386 Vgl. Priebe: Unvernunft, S. 64-71; Mahlerwein: Agrargeschichte, S. 172 f., zu den Ertragssteigerungen 1881-2006 vgl. dort die Tabelle S. 150.
387 Vgl. Familienarchiv Wagner, Interview Johannes Rudolf Wagner, 15.1.2024.
388 Vgl. ebd., Interview Johannes Rudolf Wagner, 24.10.2023.
389 Ebd., Meisterarbeit Johannes Rudolf Wagner, 27.1.1968.
390 Vgl. Mahlerwein: Agrargeschichte, S. 173; Kluge: Agrarwirtschaft, S. 42; Priebe: Unvernunft, S. 86.
391 Familienarchiv Wagner, Interview Johannes Rudolf Wagner, 24.10.2023.
392 Priebe: Unvernunft, S. 86.
393 Vgl. Familienarchiv Wagner, Interview Johannes Rudolf Wagner, 15.1.2024.
394 Vgl. Erbes, Heribert: Der Weinbau in Rheinhessen. Vergleich der Entwicklung in den letzten 200 Jahren mit den angrenzenden Gebieten, in: Heimatjahrbuch Alzey-Worms 39 (2004), S. 190.
395 Familienarchiv Wagner, Interview Christina Wagner, 4.12.2023.
396 Vgl. ebd., Interview Johannes Rudolf Wagner, 24.10.2023.
397 Ebd., Interview Johannes Rudolf Wagner, 15.1.2024.
398 Vgl. ebd., Interview Christina Wagner, 4.12.2023.
399 Der Landbote, 27 (1985), S. 33.

400 Vgl. Landwirtschaftliches Gemeindelexikon, S. 40f.
401 Vgl. Familienarchiv Wagner, Feldbuch Rudolf Wagner, Verpächterlisten 1970-1983.
402 Ebd., Hausarbeit zur Winzermeisterprüfung 1981, S. 14a.
403 Vgl. ebd., Interview Christina Wagner, 4.12.2023.
404 Vgl. ebd., Interview Johannes Rudolf Wagner, 24.10.2023.
405 Ebd.
406 Vgl. ebd., Interview Johannes Rudolf Wagner, 15.1.2024.
407 Vgl. ebd., Interview Johannes Rudolf Wagner, 24.10.2023.
408 Vgl. ebd., Feldbuch Rudolf Wagner, Rebsortenspiegel 1976. Allgemein zur Flächenentwicklung der Rebsorten in Rheinland-Pfalz und Rheinhessen vgl. Kreuz, Rad, Löwe. Bd. 3: Historische Statistik, S. 142; Kissinger, Hans-Günther: Entwicklung und Bedeutung der Rebsorten in Rheinhessen, in: Heimatjahrbuch Alzey-Worms 36 (2003), S. 151-157; Guthier: Weinkultur, S. 160-165.
409 Vgl. Guthier: Weinkultur; Mahlerwein: Rheinhessen, S. 365f.
410 Vgl. Kreuz, Rad, Löwe. Bd. 3: Historische Statistik, S. 140.
411 Vgl. Guthier: Weinkultur, S. 63; Kreuz, Rad, Löwe. Bd. 3: Historische Statistik, S. 287f.; https://weingeschichte-rheinhessen.de/a09-traktor-und-supermarkt (abgerufen am 15.2.2024); https://www.statistik.rlp.de/de/wirtschaftsbereiche/landwirtschaft/zeitreihen-land/tabelle-10/ (abgerufen am 15.2.2024); Kreuz, Rad, Löwe. Bd. 3: Historische Statistik, S. 290f.; Koch, Hans-Jörg: Wechselwirkungen zwischen Weinbaugeschichte, Weinrecht und Weinkultur, online unter: www.regionalgeschichte.net, URN: urn:nbn:de:0291-rzd-007666-20202012-8 (abgerufen am 26.9.2024).
412 Vgl. Familienarchiv Wagner, Interview Johannes Rudolf Wagner, 24.10.2023.
413 Ebd., Hausarbeit zur Winzermeisterprüfung 1981, S. 7.
414 Vgl. ebd., Interview Johannes Rudolf Wagner, 15.1.2024.
415 Verordnung (EWG) Nr. 2500/74 des Rates vom 2. Oktober 1974 zur Änderung der Verordnung (EWG) Nr. 1913/74 zur Festlegung der Grundregeln für die Destillation von Tafelwein der Art A II in der Zeit vom 15. August 1974 bis zum 31. Oktober 1974 (OJ L 268 3.10.1974, p. 9, ELI: http://data.europa.eu/eli/reg/1974/2500/oj), abgerufen am 26.9.2024).
416 Familienarchiv Wagner, Hausarbeit zur Winzermeisterprüfung 1981, S. 2.
417 Ebd., Notiz für die Weinprobe des Volksbildungswerks mit dem Bauernverein Essenheim o.D. (März 1978); Weinprobenkarte, gemeinsame Weinprobe Otto Wagenknecht und Rudolf Wagner am 1.7.1978.
418 Vgl. ebd., Den Freunden des Weines, Georg Steingass, o.D. (1978).
419 Vgl. ebd., Interview Johannes Rudolf Wagner, 24.10.2023.
420 Vgl. ebd., Weinkarte zur Weinprobe des Altertumsvereins Mainz vom 8.4.1978; verschiedene Weinprobenkarten aus dem Zeitraum 1978-1984.

421 Vgl. ebd., Interview Johannes Rudolf Wagner, 15.1.2024.
422 Allgemeine Zeitung Mainz vom 4.3.1978.
423 Familienarchiv Wagner, Interview Christina Wagner, 4.12.2023.
424 Ebd., Hausarbeit zur Winzermeisterprüfung 1981, S. 14.
425 Ebd., S. 7.
426 Vgl. Wiczlinski, Verena von: Von Strukturwandel, europäischem Weinmarkt und Glykol im Glas: Stationen der rheinland-pfälzischen Weingeschichte nach dem Zweiten Weltkrieg, in: 70 Jahre Rheinland-Pfalz, hrsg. vom Präsident des Landtags Rheinland-Pfalz (Schriftenreihe des Landtags Rheinland-Pfalz, 70), Mainz 2017, S. 60.
427 Vgl. zum Glykolskandal Wiczlinski, Verena von: »Spätlesen aus der Chemieküche«. Der Glykolskandal im Jahr 1985 und seine Folgen, in: Wagner, Andreas: Weinbau in Rheinhessen. Beiträge des Kulturseminars der Weinbruderschaft Rheinhessen zu St. Katharinen am 14. November 2015 (Schriften zur Weingeschichte, 190). Wiesbaden 2016, S. 83-112; Guthier: Weinkultur, S. 144-147.
428 Vgl. Familienarchiv Wagner, Interview Christina Wagner, 4.12.2023.
429 Vgl. ebd., Anträge für die Qualitätsweinprüfung der Landwirtschaftskammer, 1977-1994.
430 Ebd., Hausarbeit zur Winzermeisterprüfung 1981, S. 3; Interview Johannes Rudolf Wagner, 15.1.2024.
431 Vgl. Priebe: Unvernunft, S. 58f.
432 Ebd., S. 59.
433 Kluge: Agrarwirtschaft, S. 42.
434 Vgl. Familienarchiv Wagner, Bilanzen 1969-1990.
435 Uekötter: Wahrheit, S. 377.
436 Vgl. Preuschen, Gerhardt: Der ökologische Weinbau. Ein Leitfaden für Praktiker und Berater. Karlsruhe [5]1990, S. 19f.
437 Vgl. Familienarchiv Wagner, Interview Johannes Rudolf Wagner, 24.10.2023.
438 Uekötter: Wahrheit, S. 374.
439 Familienarchiv Wagner, Hausarbeit zur Winzermeisterprüfung 1981, S. 15b.
440 Ebd., Interview Christina Wagner, 4.12.2023.
441 Vgl. ebd., Interview Johannes Rudolf Wagner, 25.10.2023.
442 Mahlerwein: Agrargeschichte, S. 12.
443 Vgl. ebd., Interview Johannes Rudolf Wagner, 25.10.2023.
444 Ebd.
445 Vgl. ebd., Interview Christina Wagner, 4.12.2023.
446 Mainzer-Rhein-Zeitung vom 18./19.6.1988, S. 24.
447 Allgemeine Zeitung Mainz, Lokalanzeiger für die Verbandsgemeinde Nieder-Olm vom 7.7.1988.
448 Vgl. Preuschen: Weinbau, S. 19, 25f.
449 Vgl. Bericht der Bundesregierung zur Lage der Landwirtschaft für 1988/89, Zusammenfassung, S. 2, https://dserver.bundestag.de/brd/1990/D95+90.pdf (abgerufen am 26.9.2024).

450 Schelling, Peter: Glykol – Die Mutter aller Lebensmittelskandale, in: Die Welt vom 9.7.2010, online unter: https://www.welt.de/wirtschaft/article8383454/Glykol-Die-Mutter-aller-Lebensmittelskandale.html (abgerufen am 26.9.2024). Vgl. Wiczlinski: Glykol-Skandal, S. 83.
451 Vgl. ebd., S. 104.
452 Vgl. Familienarchiv Wagner, Kaufverträge mit der Weinkellerei Heinzgünter Schmitt, Longuich/Mosel vom 6.3. und 20.3.1978, Kaufverträge mit der Weinkommission Franz Strebel, Bingen vom 15.2. und 21.3.1978. Eine D-Mark im Jahr 1978 entspricht hinsichtlich der Kaufkraft 1,39 Euro im Jahr 2023. Zur Umrechnung in ein heutiges Kaufkraftäquivalent vgl. https://www.bundesbank.de/resource/blob/615162/94b87ff6d25eceb84c9cfb801162b334/mL/kaufkraftaequivalente-historischer-betraege-in-deutschen-waehrungen-data.pdf (abgerufen am 26.9.2024); North, Michael (Herausgeber): Von Aktie bis Zoll. Ein historisches Lexikon des Geldes. München 1995, S. 133f.
453 Wiczlinski: Glykol-Skandal, S. 83. Vgl. hierzu auch Küppers, Heinrich: Rheinland-Pfalz, der Wein und Europa, in: Geschichte im Westen 27 (2012), S. 211-235.
454 Vgl. Familienarchiv Wagner, Notizen zur Betriebswirtschaft von Rudolf Wagner, 1970-90.
455 Vgl. ebd., Anträge für die Qualitätsweinprüfung der Landwirtschaftskammer, 1977-1994.
456 Vgl. ebd., Interview Christina Wagner, 4.12.2023.
457 Mainzer-Rhein-Zeitung vom 18./19.6.1988, S. 24.
458 Vgl. Familienarchiv Wagner, Interview Johannes Rudolf Wagner, 15.1.2024.
459 Vgl. Priebe: Unvernunft, S. 83.
460 Vgl. Bericht der Bundesregierung zur Lage der Landwirtschaft für 1988/89, Zusammenfassung, S. 2.
461 Vgl. Familienarchiv Wagner, Interview Christina Wagner, 4.12.2023; Interview Johannes Rudolf Wagner, 24.10.2023.
462 Ebd., Interview Johannes Rudolf Wagner, 15.1.2024.
463 Vgl. Opel, Heinz von: 25 Chancen für den deutschen Winzer. Bestandsaufnahme und Perspektiven. Mainz 1993.
464 Vgl. Familienarchiv Wagner, Interview Christina Wagner, 4.12.2023; Interview Johannes Rudolf Wagner, 24.10.2023.
465 Vgl. ebd., Anträge für die Qualitätsweinprüfung der Landwirtschaftskammer, 1992.
466 Vgl. ebd., Interview Johannes Rudolf Wagner, 15.1.2024.
467 Vgl. ebd., Interview Christina Wagner, 4.12.2023.
468 Vgl. ebd., Interview Johannes Rudolf Wagner, 24.10.2023.
469 Ebd.
470 Ebd.
471 Ebd.
472 Ebd.
473 Uekötter: Wahrheit, S. 377.

Quellen und Literatur

Archivalische Quellen

Die Interviews mit meinen Eltern, Christina und Rudolf Wagner, sowie der Schwester meiners Vaters, Hiltraud Frank, wurden im Dezember 2023 und Januar 2024 geführt. Sie sind als Audiodateien und teils transkribiert in unserem Familienarchiv hinterlegt. Zur besseren Lesbarkeit wurde auf Auslassungszeichen verzichtet. Dialektale Färbungen wurden angepasst.

Archiv der Gedenkstätte Hadamar
Patientenakte 3497 (Elisabeth Gutenberger).

Archiv des Heimat- und Geschichtsvereins Essenheim
Handbuch von Lorenz Strub, fortgeführt von seinem Sohn Peter Strub, 1812-1868. (Kopie).
Handbuch von Adam Probst III., darin Eintragungen von Georg Wolf III. (ab 1796), 1855-1902. (Kopie).
Hand- und Tagebuch für die Witwe Jungbluth 1842. (Kopie).

Bundesarchiv Berlin
R 9361-I, 42802, OPG Karl Wolf III., 5.8.1889.

Hessisches Staatsarchiv Darmstadt
Bestand G 31 P, Nr. 747.

Familienarchiv im Weingut Wagner, Essenheim

Privatarchiv Dirk Wambach, Essenheim

Gedruckte Quellen, Zeitschriften und Zeitungen

Allgemeine Zeitung Mainz.

Bericht der Bundesregierung zur Lage der Landwirtschaft für 1988/89, online unter: https://dserver.bundestag.de/brd/1990/D95+90.pdf (abgerufen am 26.9.2024).

Crome, August Friedrich: Handbuch der Statistik des Großherzogtums Hessen. Darmstadt 1822.

Festschrift zum großen nationalen Gesangswettstreite des Männergesangvereins Essenheim. Mainz 1930.

Großherzoglich-Hessisches Regierungsblatt.

Kahlenberg, Friedrich P. (Bearbeiter): Die Berichte Eduard Davids als Reichsvertreter in Hessen 1921-1927. Wiesbaden 1970.

Kaufkraftäquivalente historischer Beträge in deutschen Währungen, online unter: https://www.bundesbank.de/resource/blob/615162/94b87ff6d25eceb84c9cfb801162b334/mL/kaufkraftaequivalente-historischer-betraege-in-deutschen-waehrungen-data.pdf (abgerufen am 26.9.2024).

Kreuz, Rad, Löwe. Rheinland-Pfalz, ein Land und seine Geschichte. Bd. 3: Historische Statistik, herausgegeben vom Statistischen Landesamt Rheinland-Pfalz. Mainz 2012.

Der Landbote.

Landwirtschaftliches Gemeindelexikon für das Großherzogtum Hessen. Darmstadt 1909.

Lebensbeschreibung von Jacob Schlamp, verfasst 1875/76, transkribierte Version 2011.

Mainzer-Rhein-Zeitung.

Musenalmanach, Göttingen 1788.

Reichsgesetzblatt, Teil I, 1933.

Kleines Salings Börsen-Jahrbuch für 1920/21.

Schlamp, Jacob: Die Weinjahre des 19. Jahrhunderts. Wiesbaden 1879.

Statistisches Jahrbuch für die Bundesrepublik Deutschland.

Verordnung (EWG) Nr. 2500/74 des Rates vom 2. Oktober 1974 zur Änderung der Verordnung (EWG) Nr. 1913/74 zur Festlegung der Grundregeln für die Destillation von Tafelwein der Art A II in der Zeit vom 15. August 1974 bis zum 31. Oktober 1974 (OJ L 268 3.10.1974, p. 9, ELI: http://data.europa.eu/eli/reg/1974/2500/oj), (abgerufen am 26.9.2024).

Villingener Hefte, Sonderheft Paul Kammer. Villingen 2003, S. 5, online unter: https://www.villingen-online.de/download/heimatkundlicher_arbeitskreis/sonderhefte/Sonderheft_Paul-Kammer.pdf (abgerufen am 26.9.2024).

Zeitschrift für die Landwirtschaftlichen Vereine des Großherzogtums Hessen.

Literatur

Achilles, Walter: Deutsche Agrargeschichte im Zeitalter der Reformen und der Industrialisierung. Stuttgart 1993.

Aly, Götz (Herausgeber): Aktion T4: 1939-1945. Die »Euthanasie«-Zentrale in der Tiergartenstraße 4. Berlin 1989.

Bassermann-Jordan, Friedrich von: Geschichte des Weinbaus. Frankfurt a.M. ²1923, (Nachdruck) Landau 1991.

Bronner, Johann Philipp: Der Weinbau in der Provinz Rheinhessen, im Nahetal und Moselthal. Heidelberg 1834.

Corni, Gustavo/Gies, Horst: Brot, Butter, Kanonen. Die Ernährungswirtschaft in Deutschland unter der Diktatur Hitlers. Berlin 1997.

Deckers, Daniel: Eine Geschichte des deutschen Weins. Im Zeichen des Traubenadlers. Mainz 2010.

Deckers, Daniel: Der Wein der »Gutehoffnungshütte«. 100 Jahre Weingut St. Antony. Wien/Köln 2021.

Diehl, Dennis: Reblausbekämpfung und Flurbereinigung, in: Wagner, Andreas: Weinbau in Rheinhessen. Beiträge des Kulturseminars der Weinbruderschaft Rheinhessen zu St. Katharinen am 14. November 2015 (Schriften zur Weingeschichte, 190). Wiesbaden 2016, S. 75-78.

Diehl, Dennis: Das Weinbergsaufbaugesetz von 1953 und seine Bedeutung für den Wiederaufbau der rheinland-pfälzischen Weinberge. Unveröffentlichte wissenschaftliche Prüfungsarbeit für das 1. Staatsexamen, Universität Mainz 2009.

Erbes, Heribert: Landwirtschaftlicher Verein und Landwirtschaftskammer in Rheinhessen von 1831 bis 1906, in: Heimatjahrbuch Alzey-Worms 59 (2024), S. 63-67.

Erbes, Heribert: Der Weinbau in Rheinhessen. Vergleich der Entwicklung in den letzten 200 Jahren mit den angrenzenden Gebieten, in: Heimatjahrbuch Alzey-Worms 39 (2004), S. 189-193.

Das Erziehungssystem. Kraftwerk der Traubenproduktion, online unter: https://www.hs-geisenheim.de/praxis/wein-sensorik/erziehungssystem/ (abgerufen am 26.9.2024).
Frie, Ewald: Ein Hof und elf Geschwister. Der stille Abschied vom bäuerlichen Leben. München 2023.
Frieß-Reimann, Hildegard: Mennonitische Agrarreformer, in: Simon, Michael/Frieß-Reimann, Hildegard (Herausgeber): Volkskunde als Programm. Updates zur Jahrtausendwende. Münster 1996, S. 61-74.
Fontane, Theodor: L'Adultera. München ^{3}1990.
Fontane, Theodor: Vor dem Sturm. München ^{3}1990.
Götz, Simon/Gremm, Christopher: Die Wiege der TU Darmstadt, online unter: https://www.tu-darmstadt.de/universitaet/aktuelles_meldungen/archiv_2/2019/2019quartal4/neuesausdertueinzelansichtbreitespalte_247104.de.jsp (abgerufen am 26.9.2024).
Guthier, Simeon: Geschichte genussvoll entdecken. Tradition und Weinkultur in Rheinhessen. Mainz 2022.
Hahn, Helmut: Die deutschen Weinbaugebiete (Bonner Geographische Abhandlungen, 18). Bonn 1956.
Haushofer, Heinz: Die deutsche Landwirtschaft im technischen Zeitalter. Stuttgart 1963.
Henning, Friedrich-Wilhelm: Das industrialisierte Deutschland 1914 bis 1992. Paderborn ^{9}1997.
Henning, Friedrich-Wilhelm: Landwirtschaft und ländliche Gesellschaft in Deutschland. Bd. 2: 1750-1976. Paderborn 1978.
Hesse, Wilhelm Friedrich: Rheinhessen in seiner Entwicklung von 1798 bis Ende 1834. Ein statistisch staatswirtschaftlicher Versuch. Mainz 1835.
Holzamer, Wilhelm: Vor Jahr und Tag. Berlin 1908.
Hudde, Wilhelm/Schmiel, Martin: Handbuch des landwirtschaftlichen Bildungswesens. München 1965.
Jordans, Barbara: 200 Jahre Rheinhessen im Spiegel eines Weinguts. Das Weingut Merz in Ockenheim. Ingelheim 2015.
Kammer, Paul: Über den Begriff der Bildung in den modernen freien Volksbildungsbestrebungen in Deutschland. Gießen 1930.
Kiefert, Hans-Joachim: Wilhelm Friedrich Hesse und sein Kommunalschulplan, in: Archiv für hessische Geschichte und Altertumskunde, N.F. 25 (1955/57), S. 199-284.
Kißener, Michael (Herausgeber): Rheinhessische Wege in den Nationalsozialismus. Worms 2010.

Kissinger, Hans-Günther: Entwicklung und Bedeutung der Rebsorten in Rheinhessen, in: Heimatjahrbuch Alzey-Worms 36 (2003), S. 151-157.
Klee, Ernst: »Euthanasie« im NS-Staat. Die »Vernichtung lebensunwerten Lebens«. Frankfurt a.M. ²2010.
Klee, Ernst: Deutsche Medizin im Dritten Reich. Karrieren vor und nach 1945. Frankfurt a.M. 2001.
Kluge, Ulrich: Agrarwirtschaft und ländliche Gesellschaft im 20. Jahrhundert (Enzyklopädie deutscher Geschichte, 37). München 2005.
Koch, Hans-Jörg: Wechselwirkungen zwischen Weinbaugeschichte, Weinrecht und Weinkultur, online unter: www.regionalgeschichte.net, URN: urn:nbn:de:0291-rzd-007666-20202012-8 (abgerufen am 26.9.2024).
Konersmann, Frank: Das Gästebuch der mennonitischen Bauernfamilie David Möllinger Senior 1781-1817. Alzey 2009.
Kreuzburg, Julia: Die »Arisierung« des jüdischen Weinhandels in Rheinhessen. Unveröffentlichte Masterarbeit, Universität Mainz 2016.
Kreuzburg, Julia: Jüdische Weinhändler im Spiegel nationalsozialistischer Medien. Zur Arisierung in Rheinhessen, in: Zeitschrift für die Geschichte Rheinhessens 1 (2021), S. 169-195.
Krieger, Christof: Weinpropaganda im Dritten Reich. Zell 2018.
Küppers, Heinrich: Rheinland-Pfalz, der Wein und Europa, in: Geschichte im Westen 27 (2012), S. 211-235.
Lebensfreude aus Rheinhessen. Das Buch vom Rheinhessenwein, herausgegeben vom Weinbauverband Rheinhessen. Mainz 1954.
Mahlerwein, Gunter: Akteure im Strukturwandel. Zur Agrargeschichte des 20. Jahrhunderts, in: Geschichte in Wissenschaft und Unterricht 61 (2010), S. 43-55.
Mahlerwein, Gunter: Grundzüge der Agrargeschichte. Bd. 3: Die Moderne (1880-2010). Köln 2016.
Mahlerwein, Gunter: Die Herren im Dorf. Bäuerliche Oberschicht und ländliche Elitenbildung in Rheinhessen 1700-1850. Mainz 2001.
Mahlerwein, Gunter: Rheinhessen 1816-2016. Die Landschaft, die Menschen und die Vorgeschichte der Region seit dem 17. Jahrhundert. Mainz 2015.
Mahlerwein, Gunter: Wein und Politik. Rheinhessen im 19. Jahrhundert, in: Wagner, Andreas: Weinbau in Rheinhessen. Beiträge des Kulturseminars der Weinbruderschaft Rheinhessen zu St. Katha-

rinen am 14. November 2015 (Schriften zur Weingeschichte, 190). Wiesbaden 2016, S. 31-42.

Matheus, Michael: Weinkultur und Weingeschichte an Rhein, Nahe und Mosel (Mainzer Vorträge, 22). Stuttgart 2019.

Mossel, Stefan: Essenheim. Geschichte und Geschichten. Ingelheim 2013.

Müller, Edgar (Herausgeber): Der Winzer. Lehr- und Arbeitsbuch in zwei Bänden. Bd. 1: Weinbau. Stuttgart 1999.

Münkel, Daniela: Nationalsozialistische Agrarpolitik und Bauernalltag. Frankfurt a.M. 1996.

Nordblom, Pia: »Die Brücke von flüssigem Gold«. Weinbau in Rheinhessen in der Zeit des Nationalsozialismus, in: Wagner, Andreas: Weinbau in Rheinhessen. Beiträge des Kulturseminars der Weinbruderschaft Rheinhessen zu St. Katharinen am 14. November 2015 (Schriften zur Weingeschichte, 190). Wiesbaden 2016, S. 44-68.

Nordblom, Pia: »Volksgemeinschaft« im Weinglas? Zur Beziehungsgeschichte von Weinbau und Nationalsozialismus in Rheinhessen, in: Matheus, Michael: Weinkultur und Weingeschichte an Rhein, Nahe und Mosel (Mainzer Vorträge, 22). Stuttgart 2019, S. 125-141.

North, Michael (Herausgeber): Von Aktie bis Zoll. Ein historisches Lexikon des Geldes. München 1995.

Nowak, Kurt: Widerstand, Zustimmung, Hinnahme. Das Verhalten der Bevölkerung zur »Euthanasie«, in: Frei, Norbert (Herausgeber): Medizin und Gesundheitspolitik in der NS-Zeit (Schriften der Vierteljahrshefte für Zeitgeschichte. Sondernummer). München 1991, S. 235-252.

Opel, Heinz von: 25 Chancen für den deutschen Winzer. Bestandsaufnahme und Perspektiven. Mainz 1993.

Pfister, Christian: Bevölkerungsgeschichte und historische Demografie 1500-1800. München 1998.

Preuschen, Gerhardt: Der ökologische Weinbau. Ein Leitfaden für Praktiker und Berater. Karlsruhe [5]1990.

Priebe, Hermann: Die subventionierte Unvernunft. Berlin 1985.

Rheinisches Wörterbuch, digitalisierte Fassung im Wörterbuchnetz des Trier Center for Digital Humanities, Version 01/23, online unter: https://www.woerterbuchnetz.de/RhWB (abgerufen am 20.3.2024).

Die Rheinweine Hessens, herausgegeben vom Hessischen Weinbauverband. Mainz 1927.

Rodrian, Heinrich: Wo der Winzer sein Wissen holt, in: Lebensfreude aus Rheinhessen. Das Buch vom Rheinhessenwein, herausgegeben vom Weinbauverband Rheinhessen. Mainz 1954, S. 79-83.

Schelling, Peter: Glykol – Die Mutter aller Lebensmittelskandale, in: Die Welt vom 9.7.2010, online unter: https://www.welt.de/wirtschaft/article8383454/Glykol-Die-Mutter-aller-Lebensmittelskandale.html (abgerufen am 26.9.2024).

Schiffer, Fritz: Betriebswissenschaftliche Untersuchungen über den Weinbau in Rheinhessen. Berlin 1928.

Stendhal: Rot und Schwarz. München 2006.

Tolstoi, Lew: Krieg und Frieden. Bd. 1. München ³2018.

Türk, Henning: Ludwig Andreas Jordan und das Pfälzer Weinbürgertum. Bürgerliche Lebenswelt und liberale Politik im 19. Jahrhundert. Göttingen 2016.

Türke, Klaus: Der Weinbau in Rheinhessen. Eine agrar- und sozialgeographische Untersuchung. Mainz 1970.

Uekötter, Frank: Die Wahrheit ist auf dem Feld. Eine Wissensgeschichte der deutschen Landwirtschaft (Umwelt und Gesellschaft, 1). Göttingen 2012.

Vogeley, Karl: Landwirtschaftliche Betriebsverhältnisse Rheinhessens mit besonderer Berücksichtigung des Weinbaus. Berlin 1907.

Wagner, Andreas: Weinbau in Rheinhessen. Beiträge des Kulturseminars der Weinbruderschaft Rheinhessen zu St. Katharinen am 14. November 2015 (Schriften zur Weingeschichte, 190). Wiesbaden 2016.

Wiczlinski, Verena von: »Spätlesen aus der Chemieküche«. Der Glykolskandal im Jahr 1985 und seine Folgen, in: Wagner, Andreas: Weinbau in Rheinhessen. Beiträge des Kulturseminars der Weinbruderschaft Rheinhessen zu St. Katharinen am 14. November 2015 (Schriften zur Weingeschichte, 190). Wiesbaden 2016, S. 83-112.

Wiczlinski, Verena von: Von Strukturwandel, europäischem Weinmarkt und Glykol im Glas: Stationen der rheinland-pfälzischen Weingeschichte nach dem Zweiten Weltkrieg, in: 70 Jahre Rheinland-Pfalz, hrsg. vom Präsident des Landtags Rheinland-Pfalz (Schriftenreihe des Landtags Rheinland-Pfalz, 70). Mainz 2017, S. 55-67.

Wunder, Heide: Die bäuerliche Gemeinde in Deutschland. Göttingen 1986.

Würz, Markus: »Gruß aus Hitlershausen (z. Zt noch Stadecken ge-

nannt)« – Die ›Burg‹ der NS-Bewegung im nördlichen Rheinhessen, in: Kißener, Michael (Herausgeber): Rheinhessische Wege in den Nationalsozialismus. Worms 2010, S. 235-260.
Würz, Markus: Kampfzeit unter französischen Bajonetten. Die NSDAP in Rheinhessen in der Weimarer Republik. Stuttgart 2012.
Zuckmayer, Carl: »Als wär's ein Stück von mir«. Frankfurt a.M. a.M. 1966.
100 Jahre Staatliche Lehr- und Versuchsanstalt Oppenheim 1895-1995, herausgegeben von der Staatlichen Lehr- und Versuchsanstalt Oppenheim. Oppenheim 1995.

Liste der Personen

Johannes Wagner II. (7. März 1813-11. Mai 1899)
Anna Elisabetha Wagner, geborene Weyel (14. November 1818-8. Januar 1891)
geheiratet 5.8.1838 in Essenheim

Johannes Wagner VIII., (Geometer) (26. Januar 1845-10. August 1920)
Elisabetha Wagner, geborene Krämer (17. Januar 1851-25. Februar 1924)
geheiratet 15.2.1872 in Essenheim

Johannes Wagner XI., (Jean) (3. Oktober 1876-3. Mai 1965)
Anna Marie Wagner, geborene Wagner (13. Oktober 1880-3. Juli 1945)
geheiratet 2.11.1901 in Essenheim

Hans Rudolf Wagner, (Hans) (1. Juni 1910-24. Februar 1975)
Emilie Wagner, geborene Fischborn (16. März 1909-12. August 2003)
geheiratet 19.9.1936 in Gensingen

Johannes Rudolf Wagner, (Rudolf) (11. März 1944)
Christina Johanna Wagner (27. Oktober 1952)
geheiratet 12.5.1973 in Essenheim